GEOGRAFIA E MODERNIDADE

LEIA TAMBÉM:

A Condição Urbana
O lugar do olhar

Paulo Cesar da Costa Gomes

GEOGRAFIA E MODERNIDADE

14ª EDIÇÃO

Rio de Janeiro | 2024

Copyright © 1996 by Paulo Cesar da Costa Gomes
Capa: projeto gráfico de Leonardo Carvalho

2024
Impresso no Brasil
Printed in Brazil

CIP-Brasil. Catalogação-na-fonte
Sindicato Nacional dos Editores de Livros, RJ.

G616g 14ª ed.	Gomes, Paulo Cesar da Costa Geografia e modernidade / Paulo Cesar da Costa Gomes. – 14ª ed. – Rio de Janeiro: Difel, 2024. 368p.
	ISBN 978-85-286-0546-4
	1. Geografia – Filosofia. I. Título
95-1562	CDD – 910.01 CDU – 910.1

Todos os direitos reservados à:
DIFEL – selo editorial da
EDITORA BERTRAND BRASIL LTDA.
Rua Argentina, 171 – 3º andar – São Cristóvão
20921-380 – Rio de Janeiro – RJ
Tel.: (21) 2585-2000

Não é permitida a reprodução total ou parcial desta obra, por
quaisquer meios, sem a prévia autorização por escrito da Editora.

Atendimento e venda direta ao leitor:
sac@record.com.br

[As mudanças na geografia] Resultam ao mesmo tempo de motivações na ordem da pesquisa, na exposição, na representação dos fatos e dos movimentos, e dos debates onde ressurge sempre a oposição entre "antigos" e "modernos". Pierre Georges, Prefácio a *Deux siècles de géographie française*, p. 7.

Nós queríamos, pois, demonstrar que as descontinuidades estão na natureza das coisas e dos processos de evolução — e não somente no espírito do pesquisador —, depois ver que partido deve ser tirado destas observações no plano do raciocínio. Roger Brunet, *Les phénomènes de discontinuités en géographie*, p. 11.

O aparecimento de uma "nova geografia" foi forte e persistentemente proclamado por quase todas as gerações de geógrafos desde os tempos antigos. Freqüentemente, o adjetivo indica apenas que algumas novas informações estão ao alcance, mas ocasionalmente há inovações genuínas de técnicas ou método ou, ainda, de conceitos que ensejam um alargamento da compreensão de uma espécie de ordem no espaço terrestre. Algumas vezes, uma "nova geografia" significa que todo um mundo novo foi trazido à luz. Preston James, *All possible world*, p. 505.

Sumário

Introdução	9
Parte 1: O DEBATE DA MODERNIDADE	17
1. Os dois pólos epistemológicos da modernidade	19
2. Os elementos da estrutura do mito da modernidade	48
3. A evolução do racionalismo moderno e o pensamento da natureza	67
4. As contracorrentes	93
Parte 2: A DINÂMICA DUAL NO CONTEXTO DA GEOGRAFIA CLÁSSICA	125
5. Os fundamentos filosóficos da geografia científica	127
6. A emergência da dualidade no discurso dos fundadores da geografia moderna	149
7. Racionalismo e legitimidade científica: o caso do determinismo	175
8. Vidal: um cruzamento de influências	192
9. A renovação crítica	223

Parte 3: O ADVENTO DOS TEMPOS MODERNOS   247

    10. O horizonte lógico-formal na geografia moderna   249

    11. O horizonte da crítica radical   274

    12. O horizonte humanista   304

Conclusão   339

Bibliografia   343

Introdução

Há aproximadamente três anos, um debate sobre a reforma do ensino secundário francês relançou uma antiga discussão em torno do papel e da importância da manutenção da geografia no currículo do ensino básico. Argumentos bastante conhecidos vieram novamente à tona: a geografia nunca teria produzido resultados suficientes para fazê-la figurar ao lado das disciplinas "verdadeiramente" científicas; ela pretende integrar quase todos os ramos do saber, mas na verdade não ultrapassa o patamar das relações banais entre natureza e cultura; jamais teria se libertado dos estreitos limites de uma tautologia empirista; e se satisfaz com análises simplistas de relações superficiais, sem se elevar ao nível de abstração requerido pela ciência moderna; enfim, ela seria uma ciência "abortada", segundo os julgamentos críticos mais severos.[1]

Em resposta, os geógrafos sublinharam os progressos relativos aos diversos domínios incriminados pelos críticos, evocando notadamente a introdução de novas técnicas, o caráter mais operacional dos conceitos recentes, assim como o papel

---

[1] Esta foi, por exemplo, a opinião do conhecido sociólogo francês, Pierre Bourdieu, um dos intelectuais nomeados pelo ministério público francês na comissão que estudava a reformulação da grade de ensino secundário.

da geografia na definição de políticas de reorganização do território. A resposta enfatizou, portanto, os aspectos relacionados à modernização de seus métodos, a nova perspectiva prospectiva e, sobretudo, a ruptura que foi operada com aquilo que se identifica como sendo a "velha" geografia. O prestígio e a legitimidade se justificariam, assim, pela conformidade ao modelo normativo de ciência, e sua modernidade se exprimiria nas técnicas sofisticadas (imagens de satélite, tratamento informático de dados, sistemas de informações geográficas etc.) e nos métodos que ela emprega.

Geografia e modernidade, eis o eixo central da questão. Assim, saber se a geografia é uma ciência consiste, em um certo sentido, em meditar sobre o caráter moderno desta disciplina. Se aceitarmos, no entanto, a idéia de que a ciência de uma época se inscreve necessariamente na representação do mundo desta época e se aceitarmos, ainda, que a geografia tem justamente como principal tarefa apresentar uma imagem renovada do mundo, parece evidente que a geografia e a modernidade estejam intimamente ligadas. Ao nível do ensino secundário, por exemplo, ela tem por meta apresentar uma visão global e coerente do mundo, em que a dinâmica dos fenômenos naturais e as relações homem-natureza, ou sociedade-território, são articuladas à luz de uma perspectiva que nos é contemporânea. Neste sentido, o professor de geografia se aproxima da imagem do aedo grego que, através dos seus cantos, reatualizava a ordem do mundo através das aventuras dos deuses e heróis no interior de longas cosmogonias. Assim como o geógrafo atual, estes poetas descreviam a imagem do mundo e forneciam, ao fazê-lo, uma explicação da multiplicidade, uma cosmovisão. Trata-se de uma dimensão freqüentemente negligenciada do saber geográfico como produtor e difusor de uma cosmovisão moderna.

Que ela tenha obtido êxito ou não em estabelecer relações necessárias, leis ou teorias, a geografia é o domínio do saber que procura integrar natureza e cultura dentro de um mesmo campo de interações. Que outra disciplina moderna poderia reivindicar este papel e esta competência? A filosofia se dedicou a esta tarefa durante séculos. Ela, aliás, tem origem nas questões colocadas pelos pré-socráticos sobre o que reuniria a dispersão. Tratava-se da primeira grande aventura da razão como possibilidade de conferir uma ordem ao espetáculo da natureza em toda a sua multiplicidade. O geógrafo herdou estas preocupações e as reatualiza na compreensão do mundo atual. As cosmogonias modernas podem ser lidas nos manuais, nos tratados e nos atlas geográficos, as modernas odisséias são, portanto, escritas todos os dias nas obras geográficas.

Se a existência de relações entre o discurso geográfico e o espírito da época pode ser facilmente estabelecida, a leitura do sentido do "moderno" é bem menos evidente. Assim, a análise da modernidade geográfica deve, talvez, primeiramente passar pelo estudo das diferentes significações do conceito mesmo de moderno.

Este campo possui uma dinâmica bem mais complexa, pois uma desconfiança crescente em relação ao projeto "moderno" emerge nos últimos anos, desconfiança que se traduz no questionamento dos modelos de ciência sob diferentes aspectos. As duas últimas décadas são, aliás, marcadas por um discurso que procura uma explicação geral na idéia de crise — crise econômica, política, social e, a que nos interessa de mais perto, crise da ciência. O recurso a esta idéia faz intervirem implicitamente diversas outras noções: falência, esgotamento e incapacidade. Nessa via, este discurso se obriga a anunciar algo de novo, uma solução substitutiva que, em princípio, poderá preencher as lacunas associadas ao diagnóstico mesmo da crise. Trata-se de uma explicação que possui sempre uma dupla face: de um lado, a condenação do antigo; do outro, o anúncio da supremacia do novo.

Essa estrutura recorrente no discurso científico tem já há alguns anos conseguido arregimentar progressivamente novos adeptos. Em outros termos, a constatação de uma ciência insuficiente, limitada, pretensiosa e frágil é objeto de um verdadeiro consenso e os argumentos avançados são aceitos sem muitos protestos ou controvérsias. Existe mesmo um vocabulário próprio associado a esta idéia de crise e ciência positiva, determinista e racional; constitui denominações que praticamente perderam seus significados primitivos, servindo tão-somente para caracterizar o descrédito em relação a um certo tipo de ciência.

A ciência condenada, algumas vezes caricaturalmente, é a "ciência moderna", nascida do projeto iluminista e institucionalizada dentro de uma vertente positivista e normativa. Por positivista, se entende um saber sistemático que acredita na possibilidade de afirmar proposições a partir de um certo grau de precisão e dentro dos limites de uma linguagem lógica, ou seja, de uma maneira positiva. Por normativo, se compreende que esta possibilidade só existe quando são seguidas determinadas regras e condutas. Este tema será retomado adiante; por enquanto, é necessário ter em mente a importância do método e do reconhecimento de sua legitimidade como base desta concepção de ciência.

A associação entre a eclosão da modernidade e a formação de uma ética científica moderna, baseada nas discussões metodológicas, é imediata, existindo mesmo uma relação de reciprocidade entre esses dois acontecimentos. A modernidade fundou uma "ciência nova" (como dizia Bacon), e esta ciência constitui o espírito mesmo daquilo que se denomina de modernidade.

É natural que, no momento em que se anuncia o esgotamento das idéias que nutriam o projeto da modernidade, a ciência seja um dos alvos privilegiados e que as condições de superação façam necessariamente menção à redefinição de seu papel, de sua importância e de seus limites.

Há alguns anos, a idéia segundo a qual estaríamos no fim da modernidade ganha terreno e, nesta via, se afirma a emergência de um novo período, a pós-modernidade. Este movimento foi primeiramente identificado na arquitetura, em seguida outras manifestações se fizeram presentes em outros domínios artísticos e hoje fala-se mesmo de uma ciência pós-moderna. É certo que a natureza e a rápida difusão desta denominação tornam difícil a diferenciação entre o que seria um simples efeito de moda superficial e o que revelaria uma verdadeira transformação de fundo na sociedade. Isto não impede, no entanto, que algumas características deste movimento possam ser identificadas em diversas esferas de atividades.

Uma das primeiras manifestações é o questionamento do poder da razão em assegurar o prosseguimento do projeto da modernidade e, mais radicalmente, é a legitimidade mesma deste projeto que está sob suspeita. O sistema da racionalidade, com todos os seus derivados, constitui em verdade o grande mal-estar destes anos pós-modernos, derivando daí a filiação anti-racional ou irracional alardeadas por diversas obras contemporâneas. O questionamento da ciência, de seus métodos, de seu poder hegemônico é imediato, e a refutação deste modelo é vista como a primeira condição para a superação que conduz do moderno ao pós-moderno.

A geografia é freqüentemente acusada de estar atrasada em relação aos principais debates epistemológicos. A despreocupação teórica é comumente apontada para testemunhar a fraqueza da pesquisa em geografia e a falta de prestígio em relação às outras ciências sociais. No que diz respeito a esta corrente de contestação ao modelo clássico de ciência, os geógrafos, muito cedo, começaram a participar do debate.[2] Aliás, desde os anos setenta, uma corrente "humanista" exerce uma influência considerável sobre o pensamento geográfico. Esta endereça à ciência

---

[2] Ver, por exemplo, DEAR (M.), *State, territory and reproduction: planning in a postmodern era*, UFRJ, Rio de Janeiro, 1988 (1ª ed. *Society and Space*, 1986); CLAVAL (Paul), "Forme et fonction dans les métropoles des pays avancés", in BERQUE (A.), *La qualité de la ville. Urbanité française, urbanité japonaise*, Maison Franco-Japonaise, Tokio, 1987, pp. 56-65; GREGORY (D.), "Postmodernism and politics of social theory, Environment and Planning", *Society and Space* n. 4, 1987, pp. 245-248; HARVEY (D.), *The condition of postmodernity*, Oxford, Basil Blackwell, 1989; SOJA (E.), *Postmodern geographies*, Bristol, 1989.

um certo número de questões e de críticas aparentadas às que são levantadas pelo debate da pós-modernidade.

A pronta participação dos geógrafos neste debate se deve em parte ao fato de que as discussões sobre a pós-modernidade incidem freqüentemente sobre temas caros à tradição geográfica: o espaço, o urbano, o planejamento, o regionalismo, a escala local, a natureza etc. A geografia, que tem seus objetivos acadêmicos inscritos no projeto da modernidade, se sente naturalmente interpelada pelo questionamento do qual ela é simultaneamente o objeto e o sujeito, e se preocupa, portanto, em buscar as possibilidades, os meios e os limites de um novo quadro contextual e conceitual.

Para medir a influência do pós-modernismo sobre a geografia, é importante talvez considerar primeiramente a natureza da "geografia moderna", avaliar o progresso, as heranças e, por que não, a legitimidade da manutenção de uma tradição que construiu a identidade desta disciplina. Uma geografia pós-moderna é obrigatoriamente tributária de seu passado e, em uma certa medida, reafirma sua tradição, sem a qual as noções de continuidade e de transformação nos escapariam. A tendência pós-modernista, que se insinua na geografia, impõe, assim, um olhar retrospectivo, uma espécie de balanço do que foi a geografia moderna.

A identidade geográfica foi muitas vezes procurada através da tentativa de definição de seu objeto científico. Outras vezes, foi no método ou no "espírito geográfico" que se acreditava estar situada a especificidade desta disciplina. De qualquer maneira, a individualidade geográfica foi freqüentemente analisada segundo um ponto de vista interno, em oposição a um ponto de vista externo que a definiria em relação às outras disciplinas.

Este trabalho tem por objetivo seguir o desenvolvimento da geografia durante os dois últimos séculos, em suas múltiplas relações com o projeto da modernidade. A definição progressiva do objeto da geografia, assim como as transformações metodológicas que contribuíram em sua constituição, são desta forma os objetos privilegiados nessa análise. Todavia, não se trata aqui de buscar uma individualidade intrínseca ou reflexiva, mas sim aquela que se forjou no interior de um contexto epistemológico geral.

Para a consecução desse programa, duas tarefas fundamentais se impõem: primeiramente a identificação/caracterização do projeto da modernidade e suas modificações; após, é necessário mostrar em que medida a geografia se integra a este projeto moderno, buscando definir como as influências epistemológicas mais gerais foram traduzidas no vocabulário específico desta disciplina.

Assim, a primeira parte desta discussão se consagra à identificação dos eixos gerais que presidiram os principais debates metodológicos na ciência moderna, ou seja, seus pólos epistemológicos. Para consegui-lo, foi necessário estabelecer e precisar ao mesmo tempo os limites, o método e o alcance da abordagem aqui adotada. Assim, após traçar um breve quadro das modificações trazidas pelos tempos modernos em alguns domínios da vida social, apresentamos uma exposição da evolução científica, no interior da qual se desenham duas tendências opostas que, acreditamos, caracterizam o desenvolvimento do pensamento geográfico moderno.

A segunda e a terceira partes se debruçam sobre certas questões recorrentes no seio da geografia e para as quais foram concebidas diferentes respostas, desenhando-se o contorno de diversas correntes nesta disciplina. De um lado, este percurso foi guiado, pelo olhar de alguns geógrafos que trataram, em diferentes momentos, dos problemas metodológicos na geografia, e, de outro lado, ele seguiu, ainda que parcialmente, as idéias filosóficas que contribuíram para forjar o contexto intelectual geral, no interior do qual a geografia evoluiu.

Parte 1

O debate da modernidade

1

Os dois pólos epistemológicos da modernidade

A atualidade do debate e suas raízes

Os novos tempos pós-modernos começaram, segundo Charles Jenks, em 15 de junho de 1972, quando o grande conjunto habitacional de Pruitt-Igoe em St.-Louis, nos EUA, foi dinamitado após ter sido julgado inabitável.[1] Tratava-se de um grande projeto de Le Corbusier, síntese de todo o seu trabalho como arquiteto e urbanista moderno, fiel aos princípios da "Carta de Atenas", guia da arquitetura moderna durante quase meio século. A implosão deste conjunto significou também o desmoronamento de uma série de proposições que davam sustentação a este tipo de programa arquitetônico. Uma das mais importantes era a de fazer de cada residência uma "máquina de morar". Neste programa tudo era racionalidade e funcionalidade, ou seja, a justificativa de uma forma se baseava em sua *performance* funcional e a expressão estética deste "purismo" racionalista se traduziu pela predominância das linhas retas,

---

[1] HARVEY (D.), *op. cit.*, p. 39.

dos largos horizontes, desprovidos de qualquer ornamentação inútil ou injustificável.

A pesquisa de materiais também teve um papel relevante e, segundo Oscar Niemeyer, as possibilidades do concreto armado protendido forneceram as condições de toda a criatividade da arquitetura moderna. Neste momento, o trinômio ciência/tecnologia/arte parecia funcionar em estreita comunhão e harmonia. Brasília é um exemplo clássico, uma cidade completamente criada *ex nihilo*, um espaço concebido inteiramente a partir de um projeto prévio, onde a lógica se coloca a serviço dos nomes das ruas; onde os carros, verdadeiras carapaças do homem moderno, foram eleitos como o meio de transporte prioritário; e onde a paisagem horizontal do Planalto Brasileiro se associou às linhas retas dos grandes conjuntos arquitetônicos para criar uma harmonia lógica e despojada, característica desta estética modernista.

Se Paris foi, nos uniformes e funcionais bulevares da reforma Haussmann, o grande teatro da modernidade, celebrada por Baudelaire, Nova Iorque põe em cena talvez a triste glória do seu fim e ao lado dos grandes monolitos gêmeos do World Trade Center emergem, cada vez mais numerosos, exemplos da "nova arquitetura", como o já célebre edifício da AT&T.

Esta nova maneira de pensar a arquitetura não abandona o monumentalismo e não rompe de maneira radical com as técnicas ou com os materiais característicos do modernismo. O grande corte se situa no programa arquitetônico e na nova preocupação estética. Em oposição ao modernismo universalizante, procuram-se soluções específicas que conduzem a formas únicas, particulares, com uma preocupação decorativista, anteriormente julgada inútil. A audácia, que não estava ligada senão à grandiosidade e ao desafio técnico levado a seus últimos limites, se associa agora a uma busca quase "barroca". Algumas vezes, este novo gosto beira o *kitsch*, e o núcleo de inspiração se alimenta de uma certa nostalgia eclética dos anos 50/60. Os resultados, pela escolha das formas, das cores ou dos elementos decorativos, têm uma apreciação controvertida, mas são legitimados em nome da singularidade e da subjetividade do julgamento estético. Fica patente a afirmação de um certo particularismo ou da intenção de criar elementos únicos, em oposição à antiga conduta, que produzia projetos em série, baseados nos mesmos princípios gerais. O pós-modernismo nega o universalismo, a generalização, qualidades e procedimentos básicos no modernismo. Na medida em que valoriza o caráter único e excepcional, é necessário, então, contar com outras vias de legitimidade diferentes daquelas abertas pela racionalidade: a inspiração, o sentimento, a indeterminação, a polimorfologia, a polissemia, ou seja, vias que negam a razão totalizante, condição de toda generalização.

Dentro desta mesma perspectiva de oposição à racionalidade e à ordem lógica, em outros campos de atividade surgem aspectos também bastante significativos. Nas artes gráficas e no *design* pós-modernos, por exemplo, apesar do mesmo retorno aos anos 50/60, os resultados incorporam, muitas vezes, uma dimensão deliberadamente anárquica. A associação simples de formas, freqüentemente geométricas, a enorme exuberância de cores e a utilização de materiais incomuns produzem um resultado que insinua o irracionalismo, já que as formas, as cores ou os materiais não possuem qualquer relação com a função do objeto ou mesmo com uma mensagem metafórica. Aí reside a forte diferença em relação aos movimentos modernistas, pois estes últimos faziam permanentemente apelo a novos códigos de representação, mas sempre com uma preocupação clara de inteligibilidade. Eles pressupunham o papel mediador da razão e da lógica na representação das significações e dos conteúdos, enquanto na proposta pós-moderna as significações devem ser fluidas, mutantes e permanentemente reatualizadas. Sua estrutura se aproxima dos mitos, onde os dramas, a cada vez revividos, são significações sempre em mutação. Uma nova dimensão espaço-temporal é procurada, na qual as categorias aprioristicas são substituídas por "unidades fenomenológicas", mutáveis e relativas. Os grandes autores da estética literária moderna, por exemplo, criaram sofisticados códigos de expressão que exigem um trabalho complexo de interpretação, como em Joyce, Beckett, Proust ou Kafka. Já as novas tendências narrativas são arredias a qualquer exercício objetivo e geral de interpretação em razão de seu caráter auto-referencial. Da mesma forma, a crítica literária que interpretava estes textos com a ajuda de um instrumental semiótico é hoje fortemente contestada pela nova tendência desconstrucionista. Segundo esta perspectiva, um texto se desdobra em um "discurso em contrabando", composto de detalhes essenciais (metáforas, imagens, parênteses, aspas etc.) que se infiltram no discurso "declarado" e escapam à consciência do leitor e mesmo do autor. Assim, a "univocidade proclamada dos enunciados filosóficos se apresenta minada pela polissemia de sua literalidade".[2] O desconstrucionismo focaliza esta pluralidade quase infinita de sentidos e se opõe diametralmente às proposições de ordem do discurso da crítica estrutural moderna.

Estas transformações aparecem também dentro de uma nova linguagem cinematográfica. Dois cineastas são considerados como figuras de proa da pós-modernidade no cinema, David Lynch e Pedro Almodóvar. Eles possuem em comum uma atitude estética bastante característica, representada pela inexplicabilidade de cenas que não acrescentam nenhum sentido à linha narrativa principal; um exagero quase caricatural (personagens e situações inverossímeis); um certo *revival* dado pelo guarda-roupa, pela música e pelos diálogos; um recurso à ironia como modo de comunicação privilegiado; enfim, como resultado geral, uma estrutura "desorganizada" do cenário.

---

[2] BOUGON (P.), "Genet recomposé", *Magazine Littéraire*, n.º 286, 1991, pp. 46-48, p. 46, e DERRIDA (J.), "La mythologie blanche, la métaphore dans le texte philosophique", *Poétique*, n.º 5, 1971.

Estes exemplos, tirados do domínio da criação artística, são relativamente fáceis de perceber. Há, entretanto, transformações análogas em outras esferas que revelam todo um clima social, um espírito do tempo, no qual pode-se sentir a influência pós-modernista.

Na ciência, devido ao fato de ser uma atividade institucionalizada, esta nova atmosfera incide de forma mais lenta, porém não menos efetiva. Uma das tentativas mais conhecidas é a de Feyerabend, que propõe uma teoria científica anarquista.[3] Ele se insurge contra os modelos da ciência convencional diagnosticando a falta de criatividade e os múltiplos obstáculos da estrutura científica, que prefere reproduzir um saber sem surpresas, fundado na ordem e na lei. Para ele, as grandes inovações teóricas são muito mais fruto do acaso do que da ordem. Assim, somente através do inesperado, da desordem, pode-se realmente abalar a estrutura hegemônica do conhecimento racional. Todos os métodos convencionais são falaciosos e o poder universal da razão um logro. Existe um irracionalismo na base do saber que precisa ser considerado e a dicotomia tradicional, ciência/razão *versus* mito/magia/religião, não passa de uma ideologia autoritária que confere à ciência, subserviente ao método e amparada na pretensa validade dos resultados, a exclusividade do conhecimento. O mito e a razão devem, pois, manter relações de reciprocidade no seio de uma epistemologia anarquista.

Seus argumentos coincidem largamente com os enunciados pelas novas tendências pós-modernas. Ele propõe um novo "humanitarismo" em oposição às doutrinas baseadas na ordem constituída; retoma a idéia de uma interpretação natural, ou seja, da irreversível proximidade entre sujeito e objeto; valoriza o momento particular e único como instância na progressão do saber; e opõe a força das sensações de Copérnico à certeza pre-

---

[3] FEYERABEND (P.), *Contre la méthode*, Paris, Seuil, 1987.

tensiosa de Galileu. Finalmente, o tom de sua obra beira à ironia e ao sarcasmo, e manifesta, assim, uma total ausência de preocupação formal, normalmente a atitude esperada em discussões de ordem epistemológica.

A aplicação prática na ciência de uma conduta próxima aos princípios recomendados pelos pós-modernos pode ser ilustrada pela tentativa realizada por um grupo de pesquisadores americanos sob o nome de etnometodologia. Esta abordagem preconiza uma análise fina de cada uma das etapas sucessivas da descoberta científica, cada etapa sendo considerada como única, singular. Garfunkel, por exemplo, seguiu, com a ajuda de gravações, o diálogo de dois astrônomos quando da passagem de um quasar. A preocupação fundamental é a de extrair desta experiência um espaço-tempo fenomenal, contingente, fundado sobre um acontecimento que possui uma essência única (qüididade), sem uma ordem preestabelecida e por isso só passível de ser apreendida através de uma descrição detalhada e contextualizada.

Nas ciências sociais, a nova proposta é reintroduzir a hermenêutica como um idioma comum à filosofia e à cultura nos anos 90 e, segundo Vattimo, por este caminho, substituir os idiomas do marxismo e do estruturalismo, globalizantes, doutrinários e autoritários, que foram predominantes nos anos precedentes.[4] O horizonte da hermenêutica abriria espaço para um conhecimento não-hierarquizado, menos pretensioso em suas generalizações e mais atento às especificidades, pois não está comprometido com uma ordem lógica, estável e geral. Outros exemplos, como os de P. Veyne na História, ou de M. Maffesoli na sociologia, e diversos outros na filosofia, poderiam ser argüidos. O essencial, porém, é poder reconhecer de maneira sintética estas novas atitudes que tentam lançar as bases de um saber alternativo à ciência racional.

---

[4] VATTIMO (G.), *Ethique de l'interprétation*, La Découverte, Paris, 1981, p. 8.

Para concluir este breve quadro, é fundamental notar que ao lado de uma concepção da pós-modernidade tida como radical novidade e como o fim da modernidade, uma outra interpretação começa a ser vislumbrada, buscando nestas manifestações mais atuais vínculos e identidades com outros momentos de contestação ao poder absoluto da razão, ocorridos também no decurso da modernidade.

A razão se transformou em instituição no final do século XVIII, ela se transformou em ciência, constituída por modelos experimentais, segundo os princípios galileanos. O demiurgo platônico e a causa final aristotélica podem ser afastados e substituídos pela essência humana, pela natureza, ou, mais recentemente, por uma maneira de "ser no mundo". A razão é a fonte de toda generalização, da norma, do direito e da verdade. A ordem, o equilíbrio, a civilização, o progresso são noções saídas diretamente deste sistema moderno que se proclama como a única via de acesso a um mundo verdadeiramente humano.

Se compararmos, em grandes traços, os valores estabelecidos por este verdadeiro culto à razão e as posições atestadas pelo movimento pós-moderno, fica claro que a oposição mais importante se articula justamente em torno da negação da razão como único princípio legítimo da cultura e do saber. A valorização do particular, do desconstrucionismo, das noções de caos e de anarquia, e das estruturas míticas se inscreve em uma rede coerente de oposição ao sistema unificador da racionalidade moderna.[5]

Esta oposição atual, longe de ser o apanágio da pós-modernidade, possui em verdade uma longa lista de antecedentes. Alguns procuram mesmo ver no debate entre Heráclito e

---

[5] Segundo Eco, "o irracionalismo hermético oscila entre místicos e alquimistas, de uma parte, e, de outra parte, poetas e filósofos, de Goethe a Nerval e Yates, de Schelling a Von Baader, de Heidegger a Jung. E em numerosos conceitos da crítica pós-moderna não é difícil de reconhecer a idéia de uma deriva contínua da significação". ECO (U.), "Rationalisme et irrationalisme", *Encyclopaedia Universalis*, vol. II, pp.144-148, p.147.

Parmênides as raízes de todas estas discussões ulteriores, mas ao fazê-lo arriscam-se a apagar as especificidades de cada movimento histórico.[6] A racionalidade que examinamos é, ao contrário, obrigatoriamente localizada historicamente e se situa no período conhecido como modernidade.

Neste período, diversas "contracorrentes" desafiaram o poder hegemônico da razão, propondo outros sistemas de organização do pensamento. No fim do século XVIII, no começo do XIX, assim como na virada do século seguinte, a veemência contestadora destes movimentos alimentou perspectivas similares às sustentadas no atual discurso pós-moderno, justificando a pergunta:

> "Não seria o pós-moderno exatamente um *slogan* que permite incorporar sub-repticiamente a herança das reações que a modernidade cultural recebeu contra ela desde meados do século XIX?".[7]

Assim, fundamental é constatar, de imediato, que a modernidade, freqüentemente apresentada como um período totalmente dominado pela racionalidade, constrói sua identidade muito mais sob a forma de um duplo caráter: de um lado, o território da razão, das instituições do saber metódico e normativo; do outro, diversas "contracorrentes", contestando o poder da razão, os modelos e métodos da ciência institucionalizada e o espírito científico universalizante. Se pensarmos este período em termos do diálogo constante entre estas duas tendências, conferimos à modernidade um sentido bem menos monolítico, forjado na hegemonia única da razão. Somos levados a conceber este período como um verdadeiro campo de tensões, com

---

[6] BORNHEIM (G.), "Filosofia do Romantismo", *in* GUINSBURG (J.), *O Romantismo*, Stylus 3, Rio de Janeiro, 1985.

[7] HABERMAS (J.), "La modernité: un projet inachevé", *La Critique*, XXXVII (413), outubro de 1981, pp. 950-967, p. 951.

conflitos periódicos em torno do tema da legitimidade da atividade intelectual e de sua organização.

Esta é, sem dúvida, uma leitura possível quando, por exemplo, se percebe desde já o desenho de uma outra corrente de pensamento, dita neomoderna ou hipermoderna, que se contrapõe às manifestações pós-modernas. Na geografia, o hipermodernismo nos é apresentado por A. Pred, que se opõe à apreciação feita por Curry de sua obra como sendo o exemplo de uma geografia pós-moderna.[8] Pred afirma ver a denominação de "pós-moderno" como inexata, acrítica, decepcionante, e, por conseguinte, "o rótulo de uma época politicamente perigosa no mundo contemporâneo". Esta corrente neomoderna ou hipermoderna pretende restaurar o primado da razão e, renovando assim com o paradigma da modernidade, integra as manifestações pós-modernas como um breve momento de ruptura, ou como um momento suplementar na grande marcha da modernidade.

A ciência, como elemento fundador da modernidade, está assim comprometida em sua base por esta discussão sobre a legitimidade e os limites da razão, e se encontra no centro dos debates críticos sobre a modernidade. Se aceitarmos, ainda, que a ciência é:

> "um pensamento sem dogmas sempre voltado para o futuro, que se arrisca inteiramente sem parar em um jogo infinito com seus próprios limites; um pensamento que só progride destruindo suas certezas",[9]

compreenderemos que talvez sua identidade esteja mesmo irremediavelmente relacionada a este singular destino de se afirmar

---

[8] PRED (A.), "Straw men, straw houses", *AAAG*, vol. 82, n.º 2, 1992, pp. 305-308, e CURRY (M.), "Post-modernism, language, and the strains of modernism", *AAAG*, vol. 81, n.º 2, 1991, pp. 210-229.

[9] LECOURT (D.), *Contre la peur: De la science à l'éthique, une aventure infinie*, Hachette, Paris, 1990, p. 12.

pelas incertezas e pelos conflitos, o que nos adverte e nos faz hesitar em acatar as sedutoras imagens parciais, redutoras e definitivas.

Os dois pólos epistemológicos

O ponto de vista sustentado aqui parte de uma certa definição da modernidade. Primeiramente, considera-se que este período começa, a despeito de todas as controvérsias em torno das questões relativas às suas origens, no momento em que um novo código de valorização intervém em diversas esferas da vida social, sendo, pois, impossível identificar um evento ou uma data histórica precisa que demarcaria sua eclosão. Trata-se de uma mudança sutil e gradual que toma diferentes formas e que possui uma dinâmica espaço-temporal muito complexa para ser objeto de uma precisa localização, ainda que uma época moderna seja facilmente identificada. Assim, a historicidade deste período não é um tema central nessa análise; o mais importante é a identificação dos traços característicos dessa mudança de valores que caracteriza esse período.

Nesta via, um dos traços mais marcantes dessa época foi o novo lugar conferido à ciência. O discurso do saber é sem dúvida a interface que atravessa o conjunto de discussões da modernidade. A nova ciência é, portanto, um dos fundamentos, talvez o mais importante, do que normalmente se identifica como sendo o novo código de valores da modernidade. A geografia foi desde a Antiguidade responsável pela descrição e pela criação de uma imagem de mundo. Assim, enquanto descrição e imagem de mundo, o discurso geográfico procura, na modernidade, ser um discurso científico e moderno. Ele reproduz, assim, as características fundamentais da época e acompanha todas as suas modificações. A história da ciência geográfica pode, então, ser considerada como a história do *imago mundi* da própria modernidade.

A análise das modificações dos valores durante a modernidade retém a hipótese de que na base destes valores modernos há um duplo fundamento formado pelo par novo/tradicional. Estas duas noções existem há muito tempo, mas somente a partir da modernidade elas se constituíram em um verdadeiro sistema de valores. Para que se possa falar de um sistema centrado na tradição, é preciso que ao mesmo tempo exista um outro sistema que marque em relação a ele sua oposição, definido por aquilo que não é tradicional, ou seja, o sistema do novo; são, pois, dois sistemas que se opõem, mas que estruturam uma mesma ordem. É justamente essa ordem que guia a análise desse trabalho.

Na esfera da ciência se supõe a predominância desta ordem para explicar a constituição de modelos da ciência moderna, os quais se agregam em torno basicamente de dois pólos epistemológicos, fontes maiores de todo o movimento científico durante este período. Estes dois pólos se opõem, são concorrentes e simétricos, e formam um conjunto, um todo, por suas características definidas como diferenças, de um em relação ao outro.

De imediato é necessário compreender que a ligação entre estes dois pólos e o movimento da tradição e do novo na modernidade não deve engajar uma valorização subjetiva diferenciada de um ou de outro. O importante a ressaltar é a dinâmica de justificação e o programa metodológico projetados por estas duas orientações. A tradição, neste caso, não significa uma permanência defasada e refratária a qualquer mudança. O mesmo pode ser dito para o novo, o qual não deve nos conduzir a considerar que se trata de um movimento em permanente e completa mutação. Existem tradições no novo e novidades no tradicional. Desta maneira, as noções de novo e de tradição exprimem aqui uma forma diferente de conceber a ciência, de atribuir valor aos fatos, o que implica uma atitude diversa em relação à metodologia científica e em relação aos seus critérios de justificação.

Se é verdade que a ciência moderna se legitima pelo método, é então através das diferenças metodológicas que estes dois pólos constroem suas individualidades epistemológicas.

O primeiro pólo epistemológico é oriundo do projeto de ciência fundado no Século das Luzes. A idéia central nesta concepção é a universalidade da razão. Todas as comunidades humanas são afeitas a uma atitude racional, ou seja, o pensamento humano possui uma tendência maior a se conduzir segundo uma lógica coerente, um bom senso generalizado e um pragmatismo da ação. A verdade do mundo é, pois, o fruto de uma argumentação lógica, ordenada e sistemática. Esta argumentação deve respeitar os princípios da não-contradição, da generalização e da demonstração. O pensamento é um julgamento racional lógico sobre a realidade, e a ciência constitui a esfera onde as regras e os princípios deste julgamento são organizados sistematicamente.

O conhecimento, como uma argumentação, deve se submeter à prova pública da demonstração, seguindo uma prática que começou no curso do Século das Luzes. A aceitação de um julgamento se concretiza pela confrontação com outros pontos de vista, a partir dos quais o novo julgamento demonstra sua superioridade explicativa ou seu melhor ajuste.

O sistema da racionalidade prevê que exista um movimento de progressão que tende a uma aproximação das realidades últimas de um fenômeno, através do controle e domínio da linguagem e da lógica científica. O progresso é sem dúvida uma concepção primordial deste sistema que opera através de rupturas que denotam exatamente a ascensão gradual do conhecimento. Em suma, o racionalismo possui uma concepção do movimento, seja do movimento histórico ou científico, como uma alternância entre momentos de estabilidade e momentos de crise. A crise é o anúncio de uma modificação, é também o signo da confrontação entre dois níveis de compreensão, o antigo e o novo. Este último terá sempre êxito nesta luta pela demonstração de sua superioridade e adequação de sua argumentação, continuando, assim, a marcha inexorável que visa a uma posição mais justa, mais adequada e mais poderosa do ponto de vista dos instrumentos da racionalidade. Este raciocínio está na base dos grandes sistemas filosófico-epistemológicos característicos da modernidade, como, por exemplo, os de Kant, de Hegel, de Marx ou de Comte.

Através desta dinâmica da confrontação, o racionalismo faz da crítica o seu princípio fundador. É a partir dela que o movimento de progressão se perpetua e se renova. Desta forma, a crítica é, desde o final do século XVIII até os nossos dias, o veículo e o motor do processo da renovação moderna.

A ciência racionalista confere uma primazia fundamental ao método lógico racional. Através dele se acredita atingir a objetividade na relação com a realidade e, ao mesmo tempo, se crê assim garantir as condições mais justas e mais corretas do julgamento científico. O método é, assim, considerado como o único meio de oferecer todas as garantias lógicas da relação entre pensamento e realidade. Pelo caráter demonstrativo e pelo exercício da crítica, o método científico deve se manter em permanente aperfeiçoamento. Desta forma, a ciência racionalista enfatiza fundamentalmente as questões metodológicas, a forma científica do saber é o uso de um método que garante os limites racionais do pensamento, é ele também que diferencia o conhecimento em geral do saber científico. Assim, o racionalismo privilegia a forma, pois a maneira de apresentar um problema e de justificá-lo constitui a base para sua aceitação.

Em termos gerais, este modelo de ciência racionalista procura construir sistemas explicativos. Explicar significa ligar, segundo um corpo metodológico, fenômenos ou fatos entre si; significa também conhecer o comportamento e o movimento previsível daquilo que se quer explicar. A explicação é, portanto, o resultado de uma análise dos aspectos regulares de um dado fenômeno. Ela é o produto da operacionalização de uma ordem formal instrumentalizada por uma lógica coerente e geral, e de uma ordem material, que relaciona o modelo abstrato à realidade. Desta maneira, a explicação se apresenta sempre com um duplo e complementar alcance. O primeiro advém do objeto mesmo de observação, que é particular, concreto e dado; o segundo, ao contrário, é geral, abstrato e construído pelo raciocínio. Este tipo de ciência acredita, pois, realizar o caminho que leva do particular ao geral, e sua meta final é conseguir estabelecer afirmações universais.

O pensamento científico racionalista é, assim, sempre normativo, pois ele opera através de conceitos gerais, ligados a uma certa concepção de conjunto teórico, estabelecendo simultaneamente os meios do reconhecimento de um saber científico.

O outro pólo epistemológico também nasceu no Século das Luzes, mas se opõe absolutamente à concepção racionalista. De fato, as posições anti-racionalistas se manifestam a partir de múltiplos movimentos e qualquer caracterização mais precisa pode ser temerária. Entretanto, existe um grande ponto de convergência de todos estes movimentos contra a primazia da razão na produção do saber. A partir desta identidade negativa em relação à razão, os desenvolvimentos são variados e os outros pontos em comum só podem ser apresentados com uma certa reserva e precaução.

Na maior parte destas "contracorrentes", a razão humana não é considerada como a matriz da uniformidade pressuposta pelos racionalistas. A razão humana não é universal, ou pelo menos ela não possui sempre a mesma natureza, as mesmas manifestações e a mesma forma. A razão concebida pelos racionalistas é um valor e a atribuição deste valor é interpretada como produto de uma fé, a fé na razão. Se existe alguma coisa de geral na humanidade, trata-se justamente desta capacidade de atribuir valores às coisas, mas o sentido, a direção e a amplitude desta atribuição são sempre relativos e particulares a cada período e a cada cultura.

Assim, contra o universalismo do saber racionalista, este outro pólo valoriza o que é particular, pois um fato só adquire significado no interior de um contexto singular. Aliás, o único que deve ser valorizado, uma vez que ele contém em si a marca de sua individualidade e desta forma exprime aquilo que lhe é próprio e característico. Todo fato ou fenômeno contém, portanto, um componente irredutível à generalização e impossível de ser reproduzido completamente por uma pura abstração conceitual. A prática experimental da ciência racionalista é falsa, pois o julgamento se faz a partir de uma exterioridade que não corresponde à essência do fato observado. Em lugar de explicar, a partir da construção de um sistema abstrato e racional, a ciência deveria compreender o sentido das coisas. Enquanto para o racionalismo, pelo método científico, deveriam ser criadas as condições de distanciamento dos fatos, para este outro ponto de vista, assim agindo, perdemos a possibilidade de verdadeiramente compreender a riqueza da diversidade dos fenômenos. O sentimento, a empatia, a identidade são instrumentos epistemológicos tão importantes quanto o raciocínio lógico. A diferença fundamental é que este último reduz os fatos e limita a observação a um programa preestabelecido.

Os fatos devem ser interpretados a partir de suas expressões, isto é, através da totalidade de suas mensagens. Esta expressão não é sempre imediatamente compreendida e devemos desenvolver meios para a interpretação, fazendo uso de todos os elementos possíveis para desvendar o sentido profundo de um fato. Desta maneira, nesta concepção, a ênfase fundamental se situa no conteúdo do fenômeno. O saber é uma função da sensibilidade da interpretação, e não propriamente da forma para se conseguir isso.

A concepção racionalista, que permitiu integrar o homem e a natureza exterior sob o primado de leis gerais, é contestada, pois a comunhão entre homem e natureza não se restringe apenas ao aspecto exterior, e ainda menos ao discurso racional que pressupõe uma identidade entre a natureza das coisas e a natureza humana integradas pela razão.

A História tampouco pode ser concebida à maneira racionalista como um progresso contínuo. A História é aquilo que deveria ser: trata-se de um devir sem ordem regular ou lógica. Assim, na maior parte destas correntes, existe uma grande valorização da tradição como verdadeira depositária dos aspectos maiores e essenciais que sobreviveram às mudanças. A tradição exprime, portanto, as características singulares, vivas e dinâmicas, e estamos muito distantes da visão racionalista de uma tradição vista como obstáculo, resistente e defasado.

Finalmente, para estas correntes, a subjetividade é um elemento incontornável na aquisição do conhecimento. A aceitação da subjetividade se insurge basicamente contra a uniformidade pretendida pela racionalidade; os argumentos, no entanto, diferem segundo as correntes que considerarmos. O antropomorfismo do conhecimento, o poder do sentimento, as outras dimensões interiores e a comunicação de uma pluralidade de sujeitos são alguns dos elementos citados para a aceitação desta subjetividade.

Em suma, estas correntes contestatórias do racionalismo aceitam várias vias para a constituição do saber, inclusive a concepção racionalista, considerada como parcial, reducionista e simplificadora. A valorização do sentido, da expressão, do único, do espontâneo, da subjetividade e da multiplicidade de vias analíticas implica o fato de que estas correntes utilizam elementos de análise diferentes daqueles previstos pelo racionalismo. Implica também o fato de que existe um discurso próprio e individualizado que se opõe ao discurso da ciência institucionalizada, esta oposição sendo, aliás, o principal traço de identidade dessas "contracorrentes".

Legros, estudando a idéia de humanidade no curso dos tempos modernos, chega a conclusões bastante similares. Segundo ele, existem dois núcleos em torno dos quais é pensada a relação do homem com a natureza: o das Luzes e o do romantismo. O primeiro parte do "arrancamento" do homem da natureza, isto é, distingue-se a atitude humana de qualquer outra manifestação da natureza. A construção da humanidade, nesta perspectiva, passa pela aquisição da autonomia humana, ou a "maioridade" kantiana, conquistada pela negação racional da "atitude natural", aquela dos preconceitos, da tradição, dos costumes, das autoridades exteriores. O outro pólo, o romantismo, define uma idéia de humanidade através da relação de pertencimento do homem à natureza. Neste caso, o acesso do homem à humanidade se faz pela "inscrição em uma humanidade particular, dentro de uma maneira particular de existir humanamente: dentro de uma tradição, uma época, uma forma de sociedade, uma cultura". Segundo Legros, a partir desta distinção se abre o abismo entre o pensamento universal, centrado em uma natureza humana independente da natureza, e o pensamento particular, que naturaliza as atitudes pela tradição.

"A primeira via é seguida pelo Iluminismo, a segunda se desenha no seio do romantismo. Elas são diametralmente opostas, pois uma se erige sob a independência individual e por conseqüência é animada por uma concepção do Universal, enquanto a outra se esforça por demonstrar que o Homem Universal é uma abstração vazia, que tudo que é humano é historicamente engendrado e, por conseqüência, revelado na vontade humana de romper com todas as tradições, de anular toda coexistência, a ameaça de um isolamento, de uma desumanização, de uma perda das faculdades humanas."[10]

---

[10] É preciso notar, no entanto, que para Legros o romantismo é essencialmente um pensamento antimoderno e que a modernidade possui um sentido unicamente ralacionado ao pólo das Luzes, o que não responde absolutamente à concepção exposta aqui. LEGROS (R.), *L'idée d'humanité: Introduction à la phénoménologie*, ed. Grasset, Paris, 1990, p. 8.

A similaridade, do ponto de vista de Legros, com a abordagem proposta aqui parece interessante, pois, embora partindo de um campo de reflexão diferente e utilizando um outro gênero de argumentação, ele chegou a conclusões gerais bastante próximas das que são enunciadas aqui para a geografia. Outros registros são também igualmente paralelos, como o de Brown, a propósito da sociologia. Depois de haver discutido os conflitos entre explicação nomotética e descrições idiográficas, e oposto o humanismo sociológico ao neomarxismo e ao neopositivismo, Brown conclui que a problemática básica das ciências sociais atuais "diz respeito à querela mais fundamental e mais antiga entre positivismo e romantismo".[11] Gusdorf também identifica como traço marcante do desenvolvimento das ciências sociais na modernidade uma dualidade fundamental: "Marcada pela oposição entre romantismo e historicismo de um lado e o positivismo científico segundo a lógica da especialização do outro".[12]

Os termos do debate animado por este conflito da modernidade na ciência são múltiplos. No interior de cada disciplina, é possível identificar momentos de contestação a princípios baseados em uma racionalidade estrita até então aceitos. Cada domínio disciplinar reproduziu estas contestações sob o ângulo particular de suas preocupações e objetos científicos, e sob a influência de um determinado contexto histórico-espacial. Em 1925, por exemplo, três anos depois da publicação de *La Terre et l'évolution humaine* de L. Fèbvre, H. Rienchenbach, físico alemão, muito conhecido à época, declarava:

"A hipótese do determinismo é completamente vazia para a Física — em seu lugar deve ser colocado o con-

---

[11] BROWN (R.), *Clefs pour une poétique de la sociologie*, trad. Clignot, Actes Sud, Paris, 1989.

[12] GUSDORF (G.), *De l'histoire des sciences à l'histoire de la pensée*, Payot, Paris, 1977.

ceito de probabilidade, tomado como fundamental e irredutível".[13]

Se omitíssemos a referência à Física, poder-se-ia facilmente crer que esta afirmação provém do debate que abalou a geografia no começo deste século. Trata-se, no entanto, da Física, a mais paradigmática das ciências, a única capaz de seguir todas as etapas do método recomendado como científico: observação, experimentação, verificação, formulação de leis e enunciação de teorias.

O determinismo na Física se apoiou durante muito tempo na idéia de campo de forças, ou seja, todo fato é necessariamente e quantitativamente determinado em relação a um sistema causal de forças. Ao contrário, a posição oposta sustentava que os fenômenos físicos deviam ser considerados como fatos estatísticos, submetidos, portanto, às leis da probabilidade. Esta discussão se manteve ativa até a enunciação da teoria quântica, que pôs fim definitivamente à idéia de causalidade do tipo determinista em nível atômico. É importante, todavia, compreender que este debate não era exclusivo da Física, ligado a uma insuficiência interna à própria disciplina, mas que ele se inscrevia em um contexto bem mais amplo. Segundo Max Planck,

"em anos recentes, tem-se desenvolvido cada vez mais uma hostilidade consciente ao modo natural-científico de pensamento (...) O fato é que, com muita força e barulho, a nova maneira de pensar conquistou sucesso em todos os terrenos — na Wissenschaft e na arte, na literatura e na política, no que se escreve e no que se diz".[14]

---

[13] FORMANN (P.), "A cultura de Weimar", in Cadernos de História e Filosofia da Ciência, Campinas, 1984, p. 15.

[14] Apud FORMANN (P.), op. cit., p. 20.

Essa "nova maneira de pensar" e os conseqüentes debates e conflitos estavam sendo, à época, vividos socialmente, pressionando a Academia e sua ideologia racionalista tradicional, gerando uma atmosfera de desprestígio e desaprovação. Esse clima adverso ao racionalismo, em sua forma determinista, alimentou pressões que terminaram por gerar antagonismos no caso aqui citado da Física, mas que se estendiam, em verdade, a todas as demais ciências. A matemática havia, alguns anos antes, vivido a crise dos "formalistas" contra os "intuicionistas"; a psicologia desenvolveu o "comportamentalismo" ou *Gestalt*, em oposição ao funcionalismo então em voga; a História valorizou, então, a noção de alteridade para contestar o formalismo generalizador e evolucionista. Há ainda inúmeros outros exemplos na biologia, na antropologia ou na sociologia. As ciências, em geral, viveram à mesma época conflitos da mesma natureza. Como dizia Gustav Mie, físico da época, "mesmo a física, uma disciplina rigorosamente comprometida com os resultados da experimentação, é levada a caminhos perfeitamente paralelos aos dos movimentos intelectuais de outras áreas da vida moderna".[15]

A epistemologia constitui o núcleo para onde converge o conjunto dessas discussões gerais da ciência. Essa noção de epistemologia não é muito antiga. Ela apareceu no começo do século como concorrente da antiga Filosofia da Ciência, que possuía uma forte conotação positivista, associada a A. Comte e a Ampère e a seu *Essai sur la Philosophie des Sciences*, de 1834. Sob esta rubrica, se reunia a reflexão do conjunto das diversas disciplinas, propondo-se a exclusividade de um método único, onde o interesse maior era o par — unidade da ciência/pluralidade de disciplinas — no interior de um plano global de desenvolvimento.

Diferentemente da Filosofia da Ciência, o campo de inter-

---

[15] *Apud* FORMANN (P.), *op. cit.*, p. 23.

venção da epistemologia, mais modernamente admitido, é a análise crítica da validade e da eficácia dos conceitos fundamentais e, portanto, dos princípios e dos resultados da pesquisa científica. Diferentes modos de acesso à "verdade" científica foram concebidos como os mais seguros: experimental, matemático, histórico, realista, moral, relativo, pragmático, convencional, fenomenológico etc. Pela simples constatação desta diversidade, percebe-se o desenho de um largo leque de debates sobre a melhor conduta para a ciência. Diante desta pluralidade de posições, é sempre tentador optar por uma ou por outra perspectiva, ou mesmo ousar propor uma nova via. Um estudo epistemológico pode, entretanto, se restringir a ser um terreno de reflexão sobre as diferentes maneiras de conceber a ciência, com seus respectivos critérios de validade, examinando-os sem os óculos conceituais de uma posição apriorística.

Os caminhos da análise

A descrição destes dois pólos não pretende esgotar toda a riqueza e diversidade do movimento da ciência. Cada manifestação histórica desses pólos foi acompanhada de outros elementos e argumentos que não são examinados em nossa resumida descrição. Arriscaríamos mesmo dizer que nenhuma das correntes científicas segue exatamente ou completamente os preceitos identificados anteriormente. Trata-se, pois, de uma representação voluntariamente parcial e escolhida entre muitas outras possíveis. Parece, entretanto, que cada representação analítica deste gênero pode ajudar a observar ângulos particulares que permaneceriam obscuros em um estudo histórico geral.

Desta maneira, a meta é focalizar um aspecto dado na evolução do pensamento científico: o da oposição entre correntes epistemológicas que colocam em jogo o papel da racionalidade no discurso da ciência moderna. Estamos conscientes de um certo *parti pris* presente nesta análise, mas é justamente a adoção deste foco que nos permite enfatizar determinados aspectos. Assim, parte-se da concepção de que a ciência moderna se alimenta da controvérsia entre estes dois pólos, através da qual são asseguradas simultaneamente a manutenção do movimento permanente da ciência e a renovação dos ritos do "novo", verdadeiro mito da modernidade.

A inspiração metodológica destes pólos é diretamente tributária da concepção weberiana dos "tipos-ideais". Segundo Max Weber:

> "obtemos um tipo-ideal acentuando unilateralmente um ou diversos pontos de vista e encadeando um grande número de fenômenos ocorridos isoladamente, difusos e discretos, que se encontram em pequeno número ou mesmo inexistentes em alguns lugares, e os ordenamos segundo os precedentes pontos de vista escolhidos unilateralmente, para formar um quadro de pensamento homogêneo. Não se encontrará empiricamente em parte alguma um quadro como este em toda sua pureza conceitual; ele é uma utopia".[16]

Assim, o artifício analítico do tipo-ideal não está ligado a uma medida objetiva que pretenda representar um fenômeno segundo uma concepção abstrata média. O tipo-ideal força voluntariamente certos traços, para induzir o aparecimento de uma dada leitura. Ele é, pois, um meio conceitual de interpretação, uma imagem do real que põe em relação construções objetivamente possíveis, sem pretender, por esse procedimento, estabelecer um modelo exemplar desta realidade.

Essa dualidade polar da modernidade não é em si mesma uma hipótese, mas nos permite a construção de hipóteses sobre

---

[16] WEBER (M.), *Essais sur la théorie de la science*, Plon, Paris, 1965, p. 181.

o tipo de desenvolvimento da ciência geográfica. Sem pretender ser quadro fiel e absoluto sobre o real, esta estrutura polar se propõe a dotar esta exposição de meios de expressão próprios. Desta forma, a polaridade dual apresentada precedentemente serve para construir duas hipóteses sobre o desenvolvimento da geografia. A primeira é a de que em torno desta confrontação entre estes dois pólos surgiu um gênero de debate na geografia, encontrado recorrentemente a cada momento de transformação ou de discussão metodológica. A segunda hipótese deriva da primeira e consiste em considerar que esta dualidade das posições metodológicas na geografia se deve ao fato de que esta disciplina constitui uma expressão da modernidade, uma vez que ela apresenta exatamente uma imagem do mundo ou a descrição do mundo correspondente a este período moderno.

Após essa breve enunciação de nossos propósitos, estamos talvez aptos a apresentar as diferenças e as zonas de recobrimento entre nossa análise e os modelos mais comumente utilizados na interpretação da evolução epistemológica da geografia.

Primeiramente, seria efetivamente tentador interpretar a sucessão de escolas geográficas como constituindo etapas de mudança nos paradigmas, seguindo o raciocínio de T. Kuhn. Este tipo de concepção depende, todavia, da análise das comunidades científicas, e a explicação supõe simultaneamente a compreensão da natureza do paradigma e sobretudo a compreensão do comportamento da comunidade que o sustenta. Estimamos que exista uma estrutura comum nas "revoluções" da geografia moderna, mas a interpretação da natureza deste movimento se faz sob uma outra ótica. Em nossa análise, não há exatamente novos paradigmas, trata-se muito mais de um processo de renovação em relação às posições fundadoras da modernidade científica. Nesta perspectiva, a atitude das comunidades científicas não possui o mesmo papel e importância normalmente atribuído pela sociologia da ciência de Kuhn.

A concepção de episteme de Foucault nos foi sem dúvida

preciosa, primeiramente pela identificação, a despeito de todas as controvérsias, de um claro corte "arqueológico" no fim do século XVIII, no pensamento ocidental, que separa a Idade Clássica da modernidade; também foi precioso o estabelecimento da diferença entre estas duas épocas através de uma distinção de discursos.[17] Contudo, a episteme da modernidade, para Foucault, possui três dimensões: a das ciências físicas e matemáticas, que propõem uma ordem dedutiva e linear; a das ciências da linguagem e da produção; e, finalmente, a da reflexão filosófica. As ciências humanas, segundo ele, ocupam uma localização difusa nesta episteme, pois elas fazem apelo a estes três gêneros de reflexão sem, no entanto, definir uma dimensão própria. A modernidade epistemológica do ponto de vista das ciências humanas, segundo Foucault, é portanto composta de três modelos, que seguem as três "positividades" da modernidade: a vida, o trabalho e a linguagem, que formam juntas o discurso científico da modernidade.

Nossa análise, ao contrário, pretende partir de dois discursos diferentes e opostos, dois pólos — epistemológicos que, acreditamos, atravessam todas as ciências durante este período. O que nós interpretamos como os debates entre estes dois pólos: a explicação contra a compreensão, a estrutura contra a História e a base material contra a interpretação hermenêutica — são todas consideradas por Foucault como discussões do passado que representam o produto da busca de uma epistemologia própria nas ciências humanas. Em nosso ponto de vista, estas discussões são sempre reatualizadas no desenvolvimento da ciência e representam justamente a dualidade primordial da modernidade. Elas constituem, portanto, a interface de todo o conhecimento moderno.

No que se refere aos estudos epistemológicos históricos, é

---

[17] FOUCAULT (M.), *Les mots et les choses,* trad. port. *As palavras e as coisas,* ed. Portugália, Lisboa, 1976, Prefácio e pp. 10-11.

necessário dizer, antes de mais nada, que a abordagem apresentada aqui não se pretende absolutamente histórica. Em outros termos, não existe a pressuposição de uma causalidade cronológica que seria responsável pela evolução da geografia. A apresentação de correntes que pontuaram o desenvolvimento da geografia tem por função colocar em evidência a idéia de reatualização dos pólos epistemológicos. Se estas correntes estão dispostas de forma cronológica em nossa exposição, isto se deve unicamente à tentativa de facilitar a apresentação. Assim, a ordem da apresentação não deve, pois, ser tomada como uma sucessão evolutiva, mesmo porque, em certos casos, as correntes ou escolas são contemporâneas umas das outras. De fato, a ordem poderia ser outra sem prejuízo da argumentação sustentada aqui. Isto não quer dizer que os estudos históricos não tenham importância explicativa ou que nossa análise seja mais produtiva que uma outra fundada em parâmetros cronológicos. Esta observação serve apenas para ressaltar a proposta de abrir uma nova perspectiva sobre a história da geografia, sem com isso fazer da história o objeto central de análise.

Na apresentação de seu livro, Isaiah Berlin nos ensina que existem idéias-forças que guiam os movimentos do Iluminismo e as "contracorrentes" que lhe fazem oposição.[18] Neste sentido, a história das idéias nos serve de baliza para estabelecer o sentido tomado pela evolução da geografia. É preciso, no entanto, notar que o interesse aqui não é produzir uma história das mentalidades na geografia e, por conseguinte, neste trabalho, a história das idéias constitui somente um meio de análise. Poder-se-ia mesmo afirmar que a relação mantida com os textos apresentados é bem próxima daquela utilizada pela história das idéias, mas o ponto de vista particular escolhido em nossa análise se limita a um só aspecto: o sistema de oposição entre as correntes

---

[18] BERLIN (I.), *A contre-courant: Essais sur l'histoire des idées*, Albin Michel, Paris, 1988.

da geografia. Deste fato deriva que a leitura da História que fizemos é voluntariamente reduzida a este aspecto.

Assim, do ponto de vista histórico, não são apresentadas verdadeiras novidades ou novos dados, pois não tivemos acesso a fatos inéditos, a documentos pouco conhecidos ou a uma contextualização explicativa a partir de outros eventos diferentes daqueles já reconhecidos pelos historiadores da geografia. Os textos e os autores analisados são bastante conhecidos e a interpretação procurada não se fundamenta em seus contextos históricos imediatos. A abordagem contextual existe na medida em que se apela para a filosofia do conhecimento, a fim de estabelecer ligações com a geografia. De uma certa maneira, fomos buscar na filosofia um parâmetro sintético que, simultaneamente, incorporasse o contexto histórico e nos desse uma base de interpretação direta das proposições epistemológicas na geografia. Fazemos, assim, nossos os propósitos de Meynier, segundo os quais,

> "o pensamento puramente geográfico se liga tão freqüentemente às tendências contemporâneas, às formas da filosofia ou da pedagogia que nos é impossível passar em silêncio, sob pena de renunciar a um elemento importante de explicação. Vamos nos entender: nós não insinuamos de forma alguma que tal geógrafo tenha forçosamente lido e meditado sobre as obras filosóficas de sua época; um estudo puramente biográfico poderia esclarecer este ponto. O essencial é que geógrafo e filósofo tenham raciocinado simultaneamente de forma análoga, e freqüentemente sem que eles tenham se dado conta".[19]

---

[19] MEYNIER (A.), *Histoire de la pensée géographique en France*, PUF, Paris, 1969, p. 6.

Na medida em que o sistema de oposição entre as correntes racionalistas e as contracorrentes é o ponto de vista privilegiado, foi necessário recolocar em relevo as discussões ligadas a esta dualidade no discurso geográfico. Alguns geógrafos participaram ativamente destas discussões, procurando novas soluções em face das transformações sucessivas da ciência. Algumas vezes, as respostas trazidas foram interpretadas como etapas naturais do desenvolvimento da geografia, vistas portanto como fruto da dinâmica interna da disciplina. Contudo, uma certa correspondência pode ser, sem dúvida, estabelecida, quando a geografia é vista no seio do movimento da ciência em seu conjunto, o que traz à luz aquilo que é geral, comum a todas as disciplinas, mas contribui, ao mesmo tempo, para revelar a especificidade de cada uma delas.

Os debates que dizem respeito à natureza do conhecimento geográfico, seus métodos, sua finalidade e sua legitimidade científica são, pois, o objeto primeiro de nossa análise. Esses debates foram freqüentemente postos em termos de uma geografia geral *versus* uma geografia regional, ou de um discurso das leis *versus* a descrição, ou sobre o lugar do único *versus* o universal, ou ainda, sobre a relação entre a linguagem científica e os conceitos geográficos. Segundo Pinchemel, "em intervalos freqüentes (...) os geógrafos continuam a se perguntar sobre a geografia, a colocar questões 'eternas'. Essas questões tratam da natureza das relações entre a Terra e os homens, sobre as relações entre a geografia e as outras ciências, naturais e humanas, e sobre a natureza da geografia".[20] Isto quer dizer que o procedimento de traduzir o debate geral da modernidade, entre o racionalismo e as contracorrentes, toma uma forma específica no discurso geográfico e essa é a primeira etapa para entender a identidade entre modernidade e geografia.

---

[20] PINCHEMEL (P.), "L'histoire de la géographie", *Encyclopaedia Universalis*, p. 447.

A observação dessas discussões conduz à identificação de alguns momentos na história desta disciplina, onde esses debates foram mais fortemente vividos ou caracterizaram momentos de mudança na orientação do discurso predominante da geografia. Paul Claval considera que existiram três grandes cortes no pensamento geográfico.[21] O primeiro corresponde à transformação trazida pelo triunfo do espírito naturalista no final do século XVIII e os nomes de Humboldt e de Ritter são lembrados como os mais representativos desta mudança, que se traduziu por uma sistematização da explicação e por uma descrição metódica na geografia. O segundo corte se situou no final do século XIX; ele corresponde ao momento de institucionalização da disciplina e foi marcado por uma compartimentação do saber geográfico: a geografia geral física e a geografia regional. Finalmente, o terceiro grande corte foi aquele vivido nos anos 50 e correspondeu à transformação da geografia em uma ciência social.

Estes três grandes cortes correspondem em nossa análise a três grandes momentos, respectivamente, os tempos heróicos, a geografia clássica e a geografia moderna. No interior de cada um destes períodos encontra-se, manifestada de formas diferentes, a estrutura da dualidade. No discurso dos fundadores, a dualidade é valorizada e faz parte de um quadro filosófico que justifica a geografia. A geografia clássica, em termos gerais, aceitou a dualidade como uma dimensão implícita e inexorável que faz parte do objeto mesmo da geografia. Finalmente, na geografia moderna, cada corrente se apresentou como uma terceira alternativa, capaz em tese de superar os termos desta dicotomia.

A escolha dos autores e das obras está, portanto, relacionada à expressão desta dualidade a cada momento do desenvolvimento do pensamento geográfico. A análise da obra de um dado autor procura, assim, compreender um ponto de vista

---

[21] CLAVAL (P.), "Les grandes coupures de l'histoire de la géographie", *Hérodote*, 1982, n.º 25, pp. 129-151.

enunciado em um dado momento e não se obriga a discutir as possíveis mudanças ulteriores no pensamento deste mesmo autor. Assim, a análise de Sauer, de Hartshorne ou de Bunge diz respeito exclusivamente aos textos produzidos dentro de uma certa perspectiva que, segundo o ponto de vista sustentado aqui, coloca em relevo a dualidade de base do pensamento geográfico. Fica, portanto, claro que esta proposta não pretende acompanhar as mudanças nas perspectivas dos autores citados. Poder-se-ia, por exemplo, tomar as transformações metodológicas de Hartshorne, entre seus textos de 1939 e 1956, para mostrar a passagem de uma geografia clássica a uma geografia moderna, mesmo que ele não tenha sido um dos melhores representantes desta última. Igualmente poder-se-ia acompanhar o percurso intelectual de David Harvey para demonstrar a diversidade da geografia moderna. Entretanto, uma análise deste tipo suporia uma ênfase particular no conjunto de elementos que compõem suas obras e a importância da dualidade teria certamente empalidecido em benefício de uma análise mais próxima da história da geografia.

Da mesma maneira, a escolha dos autores para caracterizar o ponto de vista de cada corrente da geografia moderna não pressupõe que eles sejam os únicos representativos para ilustrar estas correntes. A escolha recaiu fundamentalmente sobre aqueles que exprimiram, de uma maneira mais explícita ou mais enfática, a dinâmica da dualidade no interior de uma orientação metodológica precisa.

Finalmente, o artifício que consiste em ver a dualidade por intermédio do discurso particular de cada corrente do pensamento geográfico permitiu identificar uma estrutura recorrente nestes movimentos, que se comportam de forma semelhante em diversos pontos. Esta dinâmica, como veremos, é constante nas correntes da geografia moderna e representa de uma certa maneira o movimento mesmo da modernidade em suas formas mais míticas.

2

Os elementos da estrutura do mito da modernidade

Antes da análise histórica do desenvolvimento daquilo que se chamou "o espírito da época" moderna, é necessário reconhecer alguns dos elementos característicos que dão sentido e identidade ao grande leque de movimentos considerados modernos nos diversos campos da criação social.

Três elementos fundamentais são recorrentes no discurso que apresenta o fato moderno: o caráter de ruptura, a imposição do novo e a pretensão de alcançar a totalidade.[1]

Todo fenômeno, quando se apresenta como moderno, parte de uma referência negativa àquilo que existia antes e que a partir de então se transforma no antigo ou no tradicional. O moderno possui uma ligação intrínseca com a contemporaneidade: substitui alguma coisa do passado, defasada ou, simples-

---

[1] Compagnon estabelece cinco características fundamentais da modernidade: a superstição do novo, a religião do futuro, a mania teorizadora, o apelo à cultura de massa e a paixão da negação. COMPAGNON (A.), *Les cinq paradoxes de la modernité*, Seuil, Paris, 1990.

mente, alguma coisa que não encontra mais justificativa no tempo presente. Daí vem a concepção de uma estrutura em progressão, segundo a qual o avanço e a mudança são sempre elementos necessários. O resultado é uma cadeia de derivações na qual substituições consecutivas e progressivas são regularmente estabelecidas. O "novo" torna-se sinônimo de legítimo e, em seu nome, busca-se toda gama de justificativas.

Se o novo deve periodicamente ser imposto no lugar do tradicional ou do antigo, o mecanismo primeiro desta substituição é a ruptura. É pela negação daquilo que existia, pela prova de sua inadequação, pelo desvelamento do tradicional, que o novo deve se afirmar. Assim, falar do moderno é também renovar continuamente um conflito, um debate. Logo, a proposta é de uma mudança radical, e não de uma adaptação ou de um ajuste progressivo.

Ao proceder por rupturas e ao propor algo de novo, o moderno participa sempre de um sistema global. Não se trata de setores específicos a transformar, mas de toda uma lógica a redefinir. Esta generalização está ligada à pretensão de totalidade que o "novo" espera impor ao tradicional.

Para compreender esta estrutura repetitiva que cerca sempre a eclosão do "fato moderno", podemos aproximá-la da estrutura do mito. Em sua origem, a palavra mito significa palavra, discurso, sendo considerado por alguns como um discurso-narrativa que encadeia símbolos e exerce uma função comunicativo-comunitária, religando a realidade e o imaginário de um grupo social através de uma lógica semântica.[2] Assim, as narrativas mitológicas contam lendas que são, ao mesmo tempo, mensagens exemplares que reapresentam um certo vivido, o qual é revivido no momento em que o mito se faz discurso.

Desta maneira, pode-se dizer que a modernidade se renova, como um mito, a cada vez que o combate entre o novo e o

---

[2] CASSIRER (E.), *An Essay on Man*, trad. português, *Antropologia filosófica*, Mestre Jou, São Paulo, 1977.

tradicional se constitui em um discurso sobre a realidade. Este discurso reatualiza esse combate, demonstra as rupturas, a superioridade do novo e impõe uma nova totalidade, tomada como definitiva e final.

Para fazer reviver este combate, a dinâmica do novo, que se alimenta deste discurso, necessita da existência de um outro modelo sobre o qual ela vem periodicamente restabelecer a luta e reiterar os princípios do mito que o sustenta.

> "A partir daí é tido por moderno aquilo que permite a uma atualidade que se renova espontaneamente de exprimir o espírito do tempo de forma objetiva (...) este culto do novo significa na realidade a glorificação de uma atualidade que não cessa subjetivamente de engendrar um novo passado".[3]

É neste sentido que nos é permitido refletir sobre um modelo de modernidade dual, onde a continuidade é rompida pelo confronto recorrente do "novo" e do "tradicional", cada um marcado por uma atualidade sempre renovada. As intenções iluministas de um progresso contínuo do conhecimento, de uma progressão em direção a uma sociedade melhor, são assim periodicamente recolocadas em questão pelos "contra-iluministas", que protestam contra as conseqüências da racionalização e da modernização, fazendo intervir a imagem de uma tradição estranha à racionalidade e a seus efeitos perversos, considerados como inerentes e intrínsecos.

Os fundamentos da modernidade

Segundo Jean Baudrillard, a modernidade não é "nem um conceito sociológico, nem um conceito político, nem propria-

---

[3] HABERMAS (J.), "La modernité: un projet inachevé", op.cit., p. 952.

mente um conceito histórico; é um modo de civilização característico, que se opõe ao modo da tradição, ou seja, a todas as outras culturas anteriores ou tradicionais".[4] A flexibilidade desta definição dá margem a um largo terreno de incerteza: seria possível associar, para cada momento da História e dentro de contextos geográficos bastante diversos, atitudes "modernas" que se oporiam a outras, ditas tradicionais, sem chegar efetivamente a uma noção operacional da modernidade.

A concepção de Habermas sobre a origem da modernidade é bem mais precisa no plano histórico. Ele constata que no séc. V o termo "moderno" era utilizado para diferenciar a nova ordem cristã do passado pagão. Desde então, a noção de moderno é sempre retomada para indicar uma substituição:

> "Através de conteúdos mutantes, o conceito de 'modernidade' traduz sempre a consciência de uma época que se situa em relação ao passado da Antiguidade para se compreender, ela mesma, como o resultado de uma passagem do antigo para o moderno. Este não é apenas o caso do Renascimento, que marca *para nós* o início dos tempos modernos. 'Moderno', pensava-se também sê-lo no tempo de Carlos Magno, no séc. XII e na época das Luzes — isto é, a cada vez que uma relação renovada com a Antiguidade fez nascer na Europa a consciência de uma época nova".[5]

Ainda segundo Habermas, foi apenas no fim do séc. XVIII que se manifestou mais claramente uma idéia de modernidade independente do modelo da Antiguidade. Os ideais iluministas,

---

[4] BAUDRILLARD (Jean), *Encyclopaedia Universalis*, 1990, Tomo 5, p. 552.
[5] HABERMAS (J.), "La modernité: un projet inachevé", *La Critique*, XXXVII (413), out. 1981, pp. 950-967, p. 951

a "Querela entre Antigos e Modernos" e o confronto da ciência moderna com o romantismo são, segundo ele, as marcas definitivas de uma nova consciência da modernidade que se afirma ao longo do séc. XIX.

De fato, ao longo dos dois últimos séculos, o movimento da modernidade agitou completamente as bases da organização da sociedade. Ele se desenvolveu sob diferentes formas, em diferentes domínios e com cronologias variáveis. No entanto, apesar desta variedade, este movimento apresenta laços de identidade e características comuns facilmente observáveis. Assim, mesmo se uma delimitação precisa e definitiva da época moderna constitui uma tarefa impossível, um certo marco histórico pode ser delineado.

Sem dúvida, quando se trabalha com movimentos de idéias como é aqui o caso, o primeiro obstáculo a ser superado é aquele da delimitação cronológica. Quando ele começou, quanto tempo durou e quando terminou? São questões clássicas que se colocam para qualquer movimento, corrente ou sistema de pensamento. É preciso, entretanto, considerar que os eventos que nos conduzem a estabelecer os limites de um dado período, se inscrevem em uma seqüência no interior da qual todos os fatos são a expressão das circunstâncias que os fundaram e que os explicam. Desta maneira, toda escolha é forçosamente arbitrária e destaca muito mais os imperativos daquele que a efetua do que do fenômeno em si. Dependendo do campo específico que se examina, o início da modernidade pode variar enormemente. Do mesmo modo, os eventos que caracterizam sua eclosão podem já ser considerados, ou não, como constitutivos de sua identidade em função dos objetivos da análise. O fundamental, no entanto, é identificar as características de base do *espírito da época*, procurando estabelecer suas ligações com o contexto mais geral. Trata-se, de fato, de desvelar as mudanças precisas que se inscrevem dentro de um largo processo, ou seja, tratar os fenômenos em suas manifestações mais gerais, sem aprisioná-los dentro de uma classificação estreita.

As mudanças que fundaram a identidade do período dito "moderno" manifestaram-se mais claramente por volta do fim do séc. XVII e ao longo do séc. XVIII, e são comumente associadas ao que se chama o Século das Luzes. Se a tarefa de identificar um início para a modernidade é facilitada pela identificação com o Século das Luzes, sua duração e seu desfecho não se apresentam como objeto de um absoluto consenso. A essência do pensamento científico contemporâneo, as raízes dos ideais políticos, os fundamentos ideológicos, enfim, toda uma nova ordem social que, *mutatis mutandis*, se prolonga até os dias de hoje, têm suas raízes neste movimento. Isso corresponde a dizer que, num certo sentido, nós ainda somos "modernos". A despeito de mudanças substanciais, o projeto fundamental em vigor ainda é o eco dos ideais nascidos no Século das Luzes, sendo ainda oportuno perguntar: "E não somos todos nós, de certa forma, ainda hoje, Aufklärers?".[6]

As denominações Iluminismo, *Lumières, Enlightenment, Aufklärung, Illuminazione* ou *Ilustración* nos remetem a um segundo gênero de delimitação: a espacial. As condições para a constituição de um território da modernidade nasceram simultaneamente em diversos pontos da Europa Ocidental: no sul da Inglaterra, no eixo do Reno na Alemanha, no nordeste da França. Os novos tempos nutriram-se sobretudo da atmosfera dos grandes centros urbanos: Paris, Londres e Amsterdã. Neste sentido, a modernidade possui um caráter cosmopolita patente que, à luz da nova ordem que ela mesma vai fundar, não cessará de se expandir.

Esta nova ordem não se difunde uniformemente em todo o território da Europa Ocidental, mas as novas idéias circulam rapidamente. A partir da melhoria nas condições de transporte,

---

[6] CHAUNU (P.), *La civilisation de l'Europe des Lumières*, Paris, Flammarion, 1982, p. 7.

do grande interesse pelas viagens de longa duração em outros países, e pelo aumento significativo do nível médio de instrução nesta parte da Europa, uma nova rede de comunicação se estabeleceu. As novas idéias difundiam valores julgados comuns a todas as épocas e a todas as sociedades e, de certa maneira, pressupunham a existência de uma unidade e de uma comunicação global. A necessidade de comunicação quase imediata redimensionou o espaço da época e pode-se dizer, sem exagerar, que o progresso na comunicação é tributário desse momento e da unidade do mundo moderno.

O fundamento de uma "natureza humana", uniforme e geral, também operou no sentido de permitir a eclosão de novas escalas espaciais de identificação. Existem diferenças significativas entre a sociedade européia e as tribos indígenas — que começavam a ser conhecidas como gêneros de vida — mas sob estas formas exóticas esconder-se-iam valores comuns a todos os homens. As diversas sociedades são tantas, quantas as etapas de "civilização" que figuram no interior de um eixo unilinear de desenvolvimento. Todavia, somente aos mais civilizados é dado o poder de reconhecer dentro da diversidade uma natureza comum.

"Todos sabem que há uma grande uniformidade nas ações dos homens de todas as nações e de todas as idades, e que a natureza humana permanece a mesma em seu princípio e funcionamento (...) Vocês gostariam de conhecer os sentimentos de gregos e romanos? Compreendam bem o caráter e as ações de franceses e ingleses: não poderão se enganar muito se aplicarem aos primeiros a maior parte das observações que fizeram para os segundos. A humanidade é tão semelhante, em todos os tempos e em todos os lugares, que a História não nos ensina nada de novo ou de estranho. Seu interesse principal consiste em descobrir os princípios constantes e universais da natureza humana".[7]

Então, para além das fronteiras tradicionais dos Estados nacionais da época, vê-se surgir com força a idéia da Europa enquanto uma nova base de identidade. Um espaço que define, com uma certa homogeneidade, um mesmo grau de civilização, um mesmo nível de consciência do homem moderno. Pomeau, por exemplo, termina seu livro sobre o Iluminismo aproximando a idéia da Europa do séc. XVIII daquela que nos é contemporânea. Ele acredita que o nacionalismo romântico foi ao longo destes dois séculos um dos maiores obstáculos a esta idéia de uma comunidade unida pela cultura nascida no Iluminismo.[8] Voltaire, sem dúvida um personagem-chave deste período, dizia que a Europa era como "uma grande república dividida em vários Estados"; Rousseau proclamava o fim de categorias como França, Alemanha, Espanha, para substituí-las por europeus, unidos pelas mesmas forças, gostos, atitudes, moral e objetivos.[9]

A busca de um idioma para a comunicação fez-se necessária pelos contatos cada vez mais freqüentes e pela constituição da idéia de um mundo unido como uma só comunidade. O francês foi adotado como língua "culta" dentro das mais importantes cortes européias da época e se impôs como idioma de comunicação, substituindo o latim na maior parte das publicações científicas e filosóficas. Alguns anos mais tarde, por volta da metade do século, a Polônia e a Rússia se alinharam a este movimento, como o fizeram aliás outros países não-europeus. O idioma foi a marca explícita de uma influência muito mais larga

---

[7] HUME (D.), *Essai sur l'entendement humain* (1748), citado por HAMPSON (N.), *L'Europe au siècle des Lumières*, Seuil (col. Points), Paris, 1978, p. 90.

[8] POMEAU (R.), *L'Europe des Lumières*, Stock, Paris, 1991.

[9] HAMPSON (N.), *L'Europe au Siècle des Lumières*, Seuil (col. Points), Paris, 1978, p. 57.

e difusa. A bem da verdade, a corte francesa representava o modelo de um certo modo de viver que contribuiu fortemente para criar a imagem de um mundo unido por um mesmo ideal de comportamento.

Paralelamente, uma nova idéia de centralidade surge do cosmopolitismo, fundamentalmente associada aos pontos do espaço onde nasciam as novas idéias. Esta centralidade é também responsável pela incorporação de um largo espaço agindo, ao mesmo tempo, como um espaço de progressão da nova ordem e como diferenciador entre os centros difusores de inovações e as regiões periféricas. Paris é, sem dúvida alguma, a capital do mundo, o centro civilizador por excelência, onde tudo é ruído, movimento e espetáculo. Sua influência na formação de um mundo que evolui em um tempo unificado, se fazia mais efetiva graças ao desenvolvimento dos meios de comunicação: "Paris é o mundo, o resto da Terra não passa de subúrbios".[10]

Uma nova temporalidade também se desenvolveu sob diversos aspectos. Os instrumentos de precisão para medir um tempo a partir de então linear (o relógio, o relógio de pulso, o cronômetro), aperfeiçoados ou criados no Século das Luzes, substituíram o tempo cíclico da tradição, marcado por largos períodos, pelas festas ancestrais associadas, notadamente, ao ritmo das atividades rurais. A nova produtividade exigia controles mais precisos e novas unidades cronológicas para alcançar uma maior eficiência. Além disso, as novas teorias filosóficas e as descobertas geológicas e paleontológicas desenvolviam uma nova relação com a idéia de duração e de progresso. Esta nova concepção da duração funda uma seqüência lógica de passado-presente-futuro; e esta seqüência constitui um produto fundamental do discurso de legitimidade da modernidade, na medida em que esta última pretende ao mesmo tempo ultrapassar o passado e anunciar o devir.

---

[10] Segundo R. POMEAU, citado por CHAUNU (P.), *op. cit.*, p. 39.

A modernidade funda também, neste momento, uma nova idéia de sociedade, distanciada dos códigos da honra e da tradição que constituíam o sustentáculo da estrutura medieval. Sobre a base de valores gerais de uma "natureza humana", a nova sociedade ampliou, sob todos os ângulos, o espaço e o tempo. Ela também impôs uma outra leitura da diversidade cultural, submetida, a partir daí, aos valores universalmente reconhecidos.

A reestruturação do poder

A base social desta nova organização foi dada sem dúvida pela constituição do Estado moderno. Até o séc. XVI, segundo Elias, a esfera do Estado se confunde com os interesses privados daqueles que o representam. Os monarcas absolutos constituem um dos primeiros signos de separação entre o público e o privado, isto é, os regentes deixam de lutar em nome dos direitos de uma família para fazê-lo em nome da nação.[11] Uma vez concluída a unidade física de um território, o objetivo geral era protegê-lo em face das ameaças do exterior e se assegurar em estabelecer um equilíbrio entre as influências de diferentes grupos em seu interior. A despeito da imagem voluntariosa do rei absoluto, aquilo que é verdadeiramente predominante em seu papel reside na negociação entre as diversas esferas de influência para manter uma paz interna. Nenhum destes grupos era suficientemente poderoso para pretender ameaçar a unidade, mas tinham, por outro lado, influência bastante para que seus interesses fossem representados junto ao aparelho de Estado. Desta maneira, as monarquias absolutas européias do Século das Luzes se constituíam como um núcleo do futuro Estado de Direito. Pelo estabelecimento de um código geral e isomórfico,

---

[11] ELIAS (N.), *La dynamique de l'Occident*, Presses Pocket, Paris, 1969 (2ª ed.).

regras são estabelecidas, a fim de satisfazer uniformemente (sem privilégios nem proteções particulares) as aspirações da população de um território definido.

A imagem do Estado deixa gradualmente de ser representada por um personagem físico para tornar-se aquela de um território. A Revolução Francesa foi o marco desta mudança. Ela consagrou o desaparecimento da identificação direta entre o governante e o Estado, e a generalização de um mesmo conjunto de regras e de condutas para todo o território.[12] Foi também o mais célebre momento de uma verdadeira febre legisladora que pretendia dissociar completamente o privado do público o mais precisamente possível.

A criação de uma esfera pública é muito bem descrita por Habermas.[13] Pode-se ver aí a aparição de círculos de discussões em que os problemas da organização do Estado e do Direito são debatidos publicamente e todo argumento deve passar pela prova do "bom senso". Como nos dizia Kant, "a faculdade de julgar designa igualmente o caráter específico daquilo que denominamos o bom senso, cuja a falta não pode ser substituída por nenhum ensinamento".[14] Em Paris, estas discussões se davam nos cafés, em Londres nos *pubs*. O direito à cidade no Século das Luzes multiplicou e difundiu a ágora ateniense.

O Estado intervencionista, solidamente unido pela idéia de produzir o bem comum, é assinalado como característico dos anos pós-revolucionários, a despeito do fato de que alguns de seus traços tenham já existido antes. De uma certa maneira, o modelo que aparece nos anos trinta do séc. XX, baseado nas

---

[12] Deleuze e Guattari vêem uma dinâmica complexa de "desterritorialização" e "reterritorialização" produzida pela Cidade-Estado grega (*Extensio politico*) e pelo Estado moderno (*Spatium imperial*), que são também as únicas estruturas capazes de reunir as condições gerais de uma reflexão filosófica do ser, do espaço e do tempo, uma reflexão dita "geofilosófica". DELEUZE (G.) e GUATTARI (F.), *Qu'est-ce que la philosophie?*, Minuit, Paris, 1991.

[13] HABERMAS (J.), *L'Espace public*, Paris, Payot, 1988.

[14] KANT (E.), *Critique de la raison pure*, Paris, Garnier-Flammarion, p. 172.

idéias de Keynes, é a conclusão lógica desta evolução que se inicia com a Revolução Francesa. Entre o Estado planificador dos anos trinta, criador de projetos, gerenciador, e as iniciativas dos serviços públicos, produção de dados e materiais para o reconhecimento do terreno, das administrações dos sécs. XVIII e XIX, existe uma forte correspondência.

É importante insistir no fato de que esta instituição possui como princípios fundamentais de legitimidade a isonomia, o bem comum e o estabelecimento de um equilíbrio entre os interesses públicos e privados. Todos estes princípios repousam na premissa de uma racionalidade intrínseca, que constitui realmente o eixo mais importante desta época.

As bases ideológicas da nova sociedade

A Revolução de 1789 foi um movimento de ruptura fundamental e de crítica generalizada que instaurou pela primeira vez as bases de uma nova sociedade ou de uma sociedade moderna. O "novo" se impõe pela refutação de tudo o que simbolizava o Antigo Regime, fundado sobre os valores dos costumes e das tradições. A força da razão, do progresso se impôs àquela de antigos hábitos e da História. Uma era nova era prometida pela afirmação do nascimento de um novo homem.

A Revolução de 1789 foi também o modelo de uma série de movimentos posteriores que sacudiram os Estados europeus e que emergiram em seguida em outros lugares do mundo. As revoluções do séc. XIX, a revolução bolchevista de 1917, a revolução chinesa, e até mesmo a revolução do Khmer Vermelhos no Camboja, têm muitos pontos em comum com este modelo primordial. A convicção de dispor de uma verdade lógico-racional, como teoria e base de legitimidade, fez com que estes movimentos procurassem, através da propaganda, conquistar o apoio popular para derrubar a ordem estabelecida. A ordem seria mantida, nesta concepção, de maneira artificial, pois era baseada em uma "ideologia" (no sentido marxista de uma falsa consciência) que mascara o verdadeiro sentido da História, mas que não poderia resistir a um exame crítico. Todas estas revoluções procuraram estabelecer as bases de uma nova sociedade, radicalmente diferente da antiga, marcando o nascimento de uma civilização superior. Os exemplos são numerosos. Os mais notáveis são aqueles da revolução cultural chinesa e do Khmer Vermelho que procederam em grande escala à eliminação física das pessoas submetidas ao contágio da antiga ordem.

É também interessante observar a coincidência entre a modernidade e o surgimento de um novo estilo literário ou de uma literatura sociológica, dita utópica. A obra de Thomas Morus precedeu em alguns anos uma verdadeira onda de proposições vindas deste gênero literário, que teve seu apogeu nos sécs. XVIII e XIX. A utopia projeta um mundo plausível, confortável e feliz, construído justamente pela inversão do mundo conhecido e vivido. Os autores imaginam, a partir da pura racionalidade, toda uma dinâmica deste "mundo novo", onde nada pode ser deixado ao acaso e tudo deve obrigatoriamente passar pelo crivo da razão.

Para Bureau, as características fundamentais das utopias são: a padronização e a igualdade; a segregação, ou cada coisa em seu lugar, e a geometrização do espaço. Estas características estão todas ligadas a um princípio maior de uma lógica, que é a submissão do real ao racional, verdadeira base do utopismo.[15]

O mesmo caráter utópico pode ser visto nos planos de urbanismo, elaborados segundo os critérios da circulação, centralidade e maximização de funções, que estão na origem das cirurgias urbanas. A cidade é vista como uma totalidade, passível de ser reconhecida em todas as suas funções e dinâmicas. O tradicional ou as "heranças" devem ser readaptados e colocados

---

[15] BUREAU (Luc), "Entre l'Eden et l'Utopie", *Les fondements imaginaires de l'espace québécois*, Québec/Amérique, Montreal, 1984, p. 235.

a serviço da nova racionalidade e a estética está essencialmente preocupada com uma *performance* funcional. O desenho é de fato característico: linhas retas, largos horizontes, alinhamentos de perspectivas, ângulos e fachadas, confluências simétricas, enfim, todo um programa estético em harmonia perfeita com as idéias do moderno, do novo, do funcional, que definem uma beleza urbana racional que conjuga forma e função.[16] Estes planos foram tão importantes para o desenvolvimento de uma essência moderna, que Berman, por exemplo, procura extrair o sentido da modernidade das reformas urbanas de São Petersburgo, Paris e Nova Iorque.[17]

No entanto, é preciso levar em conta as antiutopias. Em geral, elas procedem de uma projeção similar, salvo que o otimismo e a fé no poder positivo da razão são aí invertidos. Os exemplos típicos são as obras de Spengler, Aldous Huxley e de George Orwell, onde a criação de um mundo completamente racionalizado é seriamente denunciada. Da mesma maneira, todas as versões negativas do mundo urbano futuro, exploradas em muitos romances, constituem outras tantas antiutopias. O universo urbano é o ambiente privilegiado para ilustrar os poderes, desta vez negativos, da razão.

Estes exemplos mostram bem a identificação do moderno e do urbano — seja pelo estabelecimento de uma cidade ideal, modelo de harmonia e progresso, seja pelas versões pessimistas onde a cidade se torna um monstro incontrolável e sem admi-

---

[16] Choay se refere a este urbanismo como "progressista". Ela também identificou dois outros modelos, o culturalista e o naturalista, que relativizam bastante o otimismo racional e fazem talvez o papel de "contramodelos" do racionalismo urbanista. CHOAY (F.), *L'urbanisme, utopies et réalités: Une anthologie*, ed. du Seuil, Paris, 1965. Uma distinção parecida é encontrada em Ragon, que identifica no urbanismo moderno duas fontes maiores de inspiração, no séc. XIX, a "fascinação medieval" e a "fascinação moderna", e no séc. XX encontra o mesmo gênero de dicotomia através da oposição entre arquiteto-artista e arquiteto-engenheiro. RAGON (M.), *Histoire de l'architecture et de l'urbanisme modernes*, t. 1, Casterman, 1986.

[17] BERMAN (M.), *All that is solid melts into air*, Simon Schuster, Nova Iorque, 1986.

nistração possível. Ademais, trata-se da mesma associação que se encontra nos discursos de diversos geógrafos, para quem a tradição e o antigo estão ligados de uma forma intrínseca ao mundo rural e o fenômeno urbano é o evento maior da modernidade.

A reorientação dos percursos de viagem é uma outra manifestação destas mudanças de mentalidade. As viagens do séc. XVIII passaram a ser essencialmente urbanas. Era o fim da admiração de bucólicas cenas campestres, evocadoras de um ideal arcádico. Só mais tarde, com Rousseau e os românticos, o campo retomará um lugar de honra, no momento em que a literatura reinventará as narrativas de viagem e redescobrirá as paisagens (Chateaubriand, *Voyage à Clermont, Voyage au Mont Blanc*; Dumas, *Excursions sur les bords du Rhin* (1843); Flaubert, *Par les champs et par les grèves, Voyages en Corse* (1847); Victor Hugo, *Carnets de voyage et correspondance* (1834-1842); Mérimée, *Notes d'un voyage dans le midi de la France* (1835), *Notes d'un voyage dans l'ouest de la France* (1836), *Notes d'un voyage en Auvergne* (1838); *Notes d'un voyage en Corse* (1840); Sand, *Lettre d'un voyageur* (1837), *Correspondance e histoire de ma vie, Promenades autour d'un village* (1866); Stendhal, *Mémoires d'un touriste* (1838). O novo espetáculo procurado era, no entanto, sobretudo dado pelo movimento das ruas, do comércio, da indústria etc. Se até o começo do séc. XVIII, a erudição e a cultura seguiam um itinerário quase obrigatório em direção ao Mediterrâneo e sobretudo à Itália, no período posterior o percurso se inverteu:

"A viagem do séc. XVI até o final do séc. XVIII conduzia quase infalivelmente em direção ao Sul. Roma é a peregrinação forçada do artista, Montaigne não escapa à regra italiana. O Norte se instrui no Sul, alarga seus horizontes no Sul, recebe seus cozinheiros, seus mestres do Sul. Procura-se no Sul prestígio, consagração, bem cultural. O Sul envia para o Norte seus missionários, seus mestres, seus técnicos: instruir-se ao Sul, ensinar no Norte".[18]

O exemplo de Montesquieu ilustra bem a mudança deste eixo. Durante quatro anos, ele percorre toda a Europa Ocidental. Sua passagem pela Itália foi a ocasião de uma grande decepção: ele critica e menospreza suas instituições, seus costumes, etc. Ao contrário, o Norte, os Países Baixos, a Alemanha e sobretudo a Inglaterra são considerados como exemplos de desenvolvimento a imitar. Voltaire, também ele, um outro símbolo do Século das Luzes, viajou apenas pelos países do Norte.

Do ponto de vista estético, encontra-se a mesma estrutura de ruptura, de imposição do novo e de luta contra a tradição. O Século das Luzes é o século da crítica. Uma crítica que deveria, no plano estético, definir uma ordem e distinguir entre a razão e a imaginação, entre o gênio e as regras, entre o belo fundado sobre os sentimentos ou sobre o belo como uma forma de verdade, para estabelecer o código de reconhecimento estético moderno. Assim, a revolução do gosto no séc. XVIII pode ser analisada através das mesmas polaridades identificadas com relação à ciência e que colocam também em jogo o papel da racionalidade. Segundo Ferry, a reflexão sobre o Belo introduz a questão sobre o princípio do julgamento do gosto:

"Trata-se da razão, como pensam os cartesianos e com eles os teóricos do classicismo francês, ou do sentimento, da 'delicadeza do coração', como afirmará mais e mais claramente no correr do séc. XVIII uma corrente que buscava suas fontes tanto em Pascal, quanto no empirismo inglês. Se optamos em

---

[18] CHAUNU (P.), *La civilisation de l'Europe des Lumières, op. cit.*, p. 38.

favor da razão, conservaremos o julgamento de gosto sobre o modelo de um julgamento lógico-matemático: sua objetividade será garantida por analogia às ciências (...) Se, ao contrário, colocamos o sentimento no princípio da avaliação estética, se o gosto é questão mais de coração do que de razão, a autonomia da esfera estética pode bem ser obtida, mas, parece, ao preço de uma subjetivação tão radical do Belo que a questão da objetividade de critérios ver-se-á desqualificada em benefício de um relativismo total".[19]

Ao nível das realizações artísticas, esta discussão faz nascer um duplo modelo. Na arquitetura, as linhas retas, os ângulos retos, os planos simétricos e proporcionais definem um modelo que se opõe a um outro em que as proporções são livres de dimensões matemáticas, as curvas são predominantes e, no lugar da sobriedade de superfícies e de planos, desenvolve-se uma sobrecarga de ornamentação, sobre diversos planos encaixados que dão uma ordem colossal às construções. Na pintura, estes modelos se distinguem antes pelas temas: de um lado, há uma preferência pelas cenas emprestadas da Antiguidade ou da fábula. Do outro, os temas são familiares, extraídos do cotidiano. O primeiro modelo propõe, em geral, uma composição com poucos personagens, cujas atitudes são calmas e racionais. Vê-se aí uma predominância do desenho e notadamente do contorno, e as paisagens apresentam volumes equilibrados. No outro modelo, a composição pictórica apresenta muitas vezes numerosos personagens em atitudes movimentadas, voluntariosas e irracionais, e as paisagens são pitorescas, por vezes completamente desprovidas de personagens.

A modernidade nas artes é, em geral, datada do meio do

---

[19] FERRY (L.), *Homo Aestheticus*, Grasset, Paris, 1990, p. 54.

séc. XIX, sobretudo a partir da discussão entre os "Antigos e os Modernos". Sem nenhuma dúvida, estes modelos do séc. XVIII foram então revistos. Desde esta época, o classicismo perde sua carta de nobreza como estética moderna e o romantismo reinventa a tradição sobre bases diferentes daquelas do barroco da Contra-Reforma. Não obstante, a ruptura na tradição dá lugar à recriação de uma outra tradição que recupera elementos parecidos com aqueles do séc. XVIII. De fato, o impressionismo, a arte da experimentação e a arte conceitual foram buscar na ciência ou na racionalidade suas fontes de legitimação, enquanto o expressionismo e o pós-modernismo se referem justamente ao outro pólo, aquele dos sentimentos, do coração.

Gombrich se refere à modernidade estética como a uma "revolução em permanência".[20] Compagnon nos mostra como esta marcha é construída a partir de uma certa tradição, a "tradição do novo" de Octavio Paz.[21] De qualquer forma, no domínio da estética ou da ciência, o movimento "revolucionário" do Século das Luzes parece se impor, como uma luta entre a tradição e o novo, entre a razão e a emoção, como uma metáfora válida para tudo o que for concebido dentro da esfera da modernidade.

Escolhemos estas características entre muitas outras que também marcaram a eclosão da modernidade. Nos textos geográficos que fazem referência ao fato moderno, há uma certa insistência em identificar a modernidade à mundialização da economia, à industrialização, à urbanização, à metropolização, ao papel dos transportes e da comunicação. Optamos, portanto, por fazer uma descrição de características que podem ser complementares àquelas já largamente inventariadas na geografia que se ocupa da modernidade. Mais que isso, procuramos trazer à luz características que possam esclarecer a constituição

---

[20] GOMBRICH (E.), *Histoire de l'art*, Flammarion, Paris, 1982, pp. 395-429.
[21] COMPAGNON (A.), *Les cinq paradoxes de la modernité, op. cit.*, p. 8.

mesma de um discurso geográfico dentro da modernidade. Se a hipótese segundo a qual a geografia constitui o discurso da imagem moderna do mundo é válida, então, ao lado do contexto social mais geral que fornece o material da descrição geográfica, há também a marcha da ciência que condiciona a forma desta descrição.

A ciência figura sem dúvida no cume da redistribuição de horizontes à qual a modernidade está associada. Como vimos, a constituição da ciência se confunde a tal ponto com o nascimento da modernidade, que é difícil, quiçá impossível, pensar uma sem fazer referência à outra. O pensamento científico moderno é a própria essência da modernidade, sua testemunha mais eloqüente.

3

A evolução do racionalismo moderno e o pensamento da natureza

Não se trata aqui de refazer a história da ciência a partir daquilo que chamamos modernidade. Esta breve síntese tem apenas como objetivo ressaltar alguns marcos no desenvolvimento, ao longo da modernidade, da ciência em geral e da geografia em particular.

Uma das marcas fundamentais da ciência racionalista reside na natureza do saber. As ciências grega e medieval tinham a preocupação de sempre alcançar uma verdade suprema, seja relativamente a uma ordem teológica, seja relativamente a uma ordem ontológica. A questão era, pois, da essência das coisas, das causas primeiras, imutáveis, ideais e totais. Este caminho levava sempre a um mundo conceitual, onde a ciência poderia conduzir a verdades definitivas, a uma metafísica.

A revolução epistemológica do séc. XVIII busca uma história para a ciência, um caminho que caracteriza o avanço permanente, uma valorização metodológica capaz de produzir a cada momento melhores explicações. Sobrevém, então, uma mudança na natureza da ciência, que se desloca de uma metafísica a uma teoria do conhecimento, buscando uma essência na forma, e não mais no conteúdo. Esta mudança de perspectiva desembocou em uma nova concepção da natureza e, ao mesmo tempo, fez nascer um movimento de progressão do saber sem paralelo na História:

> "Este sucesso da ciência moderna constitui um *fato histórico*: não (predizível) *a priori*, mas incontornável desde que teve lugar, a partir do momento em que, no seio de uma cultura dada, este tipo particular de questão foi utilizado como chave de decifração. Quando este ponto foi alcançado, uma transformação sem retorno de nossas relações com a natureza engendrou o êxito da ciência moderna. Neste sentido, pode-se falar de uma revolução científica".[1]

Até o fim do séc. XVIII, a predominância e o prestígio das ciências eram concedidos às disciplinas ditas literárias, aquelas que tratavam das essências. As disciplinas "científicas", depois da revolução científica, tomaram o lugar das literárias por empregarem os novos métodos, os novos modelos. Do personagem do sábio, passa-se ao cientista. Francis Bacon, um dos iniciadores desta revolução, recomendava a construção de uma história da ciência que funcionaria como uma pedagogia do método verdadeiramente científico. Esta proposição conheceu uma grande posteridade, como atestam, por exemplo, a filosofia da ciência de Ampère, ou as proposições de Comte, provando assim a continuidade entre o espírito científico dos primeiros anos da modernidade e o positivismo ulteriormente desenvolvido.

Para que a ciência pudesse ser fundada sobre a excelência

---

[1] PRIGOGINE (I.) e STENGERS (I.), *La Nouvelle Alliance*, Gallimard, Paris, 1979, p. 33.

do método, uma outra condição deveria ser realizada. O estabelecimento de uma distância entre o sujeito conhecedor e o objeto deste conhecimento. A razão, graças ao método, era considerada como o único instrumento capaz de isolar estes dois termos. Entre o mundo sensível e o mundo inteligível, o único ponto capaz de separar a percepção personalizada e imediata do conhecimento geral, universal e objetivo é o método científico. A enorme importância atribuída à objetividade, fetiche do discurso científico, vem desta possibilidade de construir um objeto do conhecimento por intermédio do método.

Uma vez construído o objeto, é possível estabelecer, por uma série ordenada de experimentações, uma conduta geral e uniforme. O saber assim concebido, com suas origens lógicas e racionais, é imediatamente reconhecido como sendo um saber rigoroso, e o único válido.

O novo racionalismo e a ciência moderna nascem no Século das Luzes e nada é mais imediato, conseqüentemente, que a associação da modernidade aos "filósofos" do séc. XVIII. Durante muito tempo, alguns destes homens foram considerados como escritores, depois como verdadeiros filósofos e, enfim, como autênticos homens de ciência. É preciso, sobretudo, lembrar que estes intelectuais, tendo tocado em vários domínios de um conhecimento ainda muito pouco especializado, representavam a fonte principal e os primeiros intérpretes da modernidade nascente. É por intermédio de suas obras que foram difundidos todos os novos pontos de vista sobre a ciência, a verdade, a moral, etc. Em suma, eles deram lugar a um novo discurso e a uma nova organização da ordem moderna. O amálgama entre ciência e modernidade é simbolizado por estes personagens, ao mesmo tempo homens de saber e promotores de um tempo novo.

A revolução científica também se elaborou pela recuperação de temas antigos vistos sob outro ângulo. Uma das questões centrais nos principais trabalhos da época gravitava em torno do tema da natureza. O conceito ou a idéia existiam há muito tempo. No entanto, o corte entre a consciência conhecedora e o objeto a conhecer conferiu um novo papel e uma nova força a esta noção. Surge então a idéia segundo a qual, para além da multiplicidade dos fenômenos sensíveis, existiria uma ordem universal na qual o homem constituiria um elemento como outro qualquer neste conjunto. A rejeição de uma finalidade teológica, a afirmação de uma "natureza humana", a possibilidade de um conhecimento lógico desta multiplicidade, e a relação entre natureza e cultura são as questões centrais da modernidade científica. De uma maneira simbólica, um novo céu e uma nova Terra nasceram desta revolução e marcam ainda hoje os conceitos dominantes.

Novas cosmogonias foram criadas. Os mistérios da história da Terra passam pelo crivo da geologia nascente. Questões fundamentais surgem a propósito da relação eventual entre o homem, ser único enquanto espécie e múltiplo enquanto cultura, e de suas relações com a diversidade de condições dadas pela natureza.

De fato, o leque de preocupações da geografia coincide em grande parte com as questões mais cruciais suscitadas pela sociedade moderna: a relação homem-natureza, a conexão de fenômenos naturais na superfície do globbo, a influência da natureza sobre a cultura. Em resumo, a geografia procura desde então uma lógica na ordem natural e suas possíveis relações com a dinâmica da organização social. Como nos explica Gusdorf, "o século de Linneu e de Buffon inscreve o homem no quadro das espécies animais, mas descobre no mesmo momento que a história natural da espécie humana é ao mesmo tempo uma história cultural".[2] Nada é mais significativo do que encontrar nestas obras do Século das Luzes discussões ou alusões a

---

[2] GUSDORF (G.), *De l'histoire des sciences à l'histoire de la pensée*, Paris, Payot, 1977, p. 80.

problemas que, um século mais tarde, serão retomados como o campo de preocupações da geografia.

A despeito da hesitação de alguns sobre a possibilidade de falar de ciência a propósito da geografia, parece que ela efetivamente teve êxito em fazer suas um certo número destas questões, e em organizá-las no seio de um discurso coerente que se inscreve dentro do espírito da modernidade. Convém agora apresentar brevemente as tendências mais representativas da reflexão sobre a natureza que concernem à geografia.

A natureza máquina e a ciência como cadeia explicativa

Com relação à concepção dominante no pensamento medieval de uma natureza oculta e insondável, o sistema cartesiano foi o primeiro grande modelo de ruptura. A natureza passa a ser um sistema de leis matemáticas estabelecidas por um Deus racional. Mesmo se o sistema cartesiano foi duramente colocado à prova alguns anos mais tarde — seja em função da permanência de uma metafísica finalista, seja pela refutação da experimentação e da negação demonstrativa, ou ainda, pela dicotomia idealista —, sua contribuição mais permanente, enquanto modo de raciocínio, marca o início da modernidade na filosofia.

"Primeiramente, tratei de encontrar no geral os princípios ou causas primeiras de tudo o que está ou que pode estar no mundo, sem nada considerar, para este efeito, além do Deus único que o criou, não lhes tirando, além disso, senão certas sementes de verdade que estão naturalmente em nossas almas. Depois disso, examinei quais eram os primeiros e mais ordinários efeitos que poderíamos deduzir destas causas; e me parece que por aí encontrei céus, astros, uma terra e mesmo sobre a terra, a água, o fogo, minerais e algumas outras coisas como estas que são as mais comuns de todas e as mais simples, e por conseqüência as mais acessíveis de se conhecer."[3]

Os princípios fundamentais que guiarão a reflexão no Século das Luzes já estão presentes na obra de Descartes: o princípio da crítica, sob a forma da dúvida metódica; o uso da razão natural; a idéia de uma ciência progressiva, que vai do mais simples ao mais complexo ou mais escondido; o uso de uma linguagem única para toda a ciência, aquela das matemáticas. A grande contestação que foi feita a ele concerne à manutenção da caução divina como única prova final. Deus criou leis necessárias, porque Ele assim o quis: elas foram, portanto, de início, voluntárias. Deus é também o único avalista da racionalidade e, por conseguinte, tudo o que é contrário à razão é absolutamente impossível. A razão não pode se acomodar à contradição. Daí resulta que a verdade é indubitável e evidente; ela emana do princípio divino da razão, e a ordem natural é, pois, inteligível e acessível. Basta agir metodicamente para chegar à compreensão e glorificar, em última instância, o Deus criador da natureza e da racionalidade que a explica.

"Primeiramente, não há dúvida de que tudo o que a natureza me ensina contém alguma verdade. Pois, por natureza, considerada em geral, não entendo agora outra coisa senão o próprio Deus, ou bem a ordem e a disposição que Deus estabeleceu para as coisas criadas."[4]

---

[3] DESCARTES (R.), *Discours de la méthode*, Flammarion, Paris, 1966, pp. 85 e 86.

[4] DESCARTES (R.), *Méditations métaphysiques*, Librairie Larousse, Paris, 1973, p. 88.

Para a geografia, o mais importante no sistema mecanicista de Descartes reside na essência da matéria definida enquanto extensão. Toda distinção possível provém da forma, do tamanho e da posição relativa. A natureza é geométrica e, pela primeira vez, aparece claramente uma noção abstrata do espaço; a princípio vazio e isonômico, este se define pela posição, pela dimensão, pela forma e pelo movimento dos corpos que o ocupam. A possibilidade de uma concepção de um espaço abstrato encontra uma grande posteridade no período moderno. Não é sem dúvida exagero dizer que este espaço torna possível toda teorização abstrata, como aquela posta em prática por todos os modelos espaciais utilizados pela geografia.

O modelo cartesiano da ciência teve um grande impacto e marcou uma franca ruptura com o pensamento tradicional, mas ele foi vítima da difícil separação entre sua física e sua metafísica. Já na primeira metade do séc. XVIII, todo seu prestígio foi transferido para o modelo newtoniano, onde os contornos destas esferas eram mais bem definidos. Locke, grande contestador de Descartes, por exemplo, rejeitava qualquer possibilidade de idéias inatas. Paralelamente, a idéia de experiência, como ponto de partida da pesquisa científica, se impunha em oposição ao raciocínio dedutivo que não exigia da experimentação senão a confirmação.

No modelo newtoniano, a experiência e a observação constituíam a primeira etapa. A lei da gravitação universal, por exemplo, mostrou que a razão, seguindo este caminho, podia explicar todo o mecanismo do movimento celeste.

"A natureza, em lugar de ser um simples conjunto de fenômenos, um turbilhão de influências ocultas ou o esboço sobre o qual uma providência inescrutável desenhava seus signos misteriosos, era um sistema de forças inteligível. Deus era matemático, seus cálculos, ainda que infinitos pela complexidade sutil, restavam acessíveis à inteligência humana."[5]

A outra contribuição fundamental do modelo newtoniano é devida ao conceito de força. São forças, no sentido físico, que movem a natureza e, portanto, são o princípio de todo conhecimento. Para compreender a noção de força organizada dentro de um sistema abstrato, Newton foi levado a definir claramente pela primeira vez categorias de espaço e de tempo absolutos. A distinção newtoniana entre o espaço absoluto e o lugar, definido como uma parte do espaço que um corpo ocupa, está na origem do espaço considerado como categoria *a priori* kantiana, pois, para Newton, existe um espaço "primeiro" que é "sem relação ao que quer que seja de exterior", enquanto que somente o espaço relativo, definido por corpos, pode ser objeto da experiência sensível.[6]

O êxito do modelo newtoniano assegurava a continuidade de uma tradição que, na Inglaterra, remonta a Bacon. Qualquer que seja o julgamento a propósito do modelo mais importante desta época, de Bacon, de Galileu, de Descartes ou de Newton, o fato é que uma nova concepção da natureza, inteligível pelo esforço de uma observação atenta e racional, começa a se desenhar.

Da mesma forma, se o movimento dos corpos celestes podia ser visto através das leis, o movimento da sociedade também poderia se tornar o objeto de observação, para que se pudesse extrair as regras e as modalidades de seu funcionamento. A essência do homem e de seu desenvolvimento poderia então ser conhecida de uma maneira tão objetiva quanto aquela da natureza. Ao lado da física newtoniana, a outra grande refe-

---

[5] HAMPSON (N.), *op. cit.*, p. 28.

[6] NEWTON (I.) "Principes mathématiques de Philosophie naturelle", citado por HUISMAN (B.) e RIBES (F.), *Les philosophes et la nature*, Bordas, Paris, 1990, p. 139.

rência foi a obra de John Locke. O esforço deste pensador para estabelecer as bases de uma doutrina do raciocínio humano corresponde a uma filosofia do espírito que procurava mostrar os limites do conhecimento e suas formas válidas. Contra as idéias inatas, ele acreditava que todo conhecimento vem inicialmente das sensações. Entretanto, ainda que este conhecimento seja originário dos sentidos, ele não exclui apesar disso um outro nível, este interno, da reflexão. O conhecimento é dado pela percepção de uma relação, que é, ao mesmo tempo, experiência externa da percepção e estabelecimento de uma relação, logo, de uma representação abstrata. O empirismo de Locke não é então um puro sensualismo. A natureza age com constância e regularidade, e o papel da razão é o de extrair, a partir da impressão imediata, correlações fenomenais e estabelecer uma representação abstrata.

Segundo d'Alambert, "Locke criou a metafísica, um pouco como Newton tinha criado a física".[7] Esta afirmação nos mostra o grau de inter-relação entre a posição destes dois pensadores, que constituíram o modelo científico de base no séc. XVIII. A propósito do uso da palavra metafísica para designar a obra de Locke, é preciso ter em mente a mudança que esta sofreu na época. Ao tratar das noções de infinito, de Deus, de substância, etc., o esforço de Locke sempre foi o de impedir toda tentativa de responder definitivamente a estas questões sem recorrer ao método empírico.

É preciso sublinhar também a posição de Spinoza e sua completa ruptura com as antigas identidades e julgamentos de valores comumente associados à natureza: bem, sabedoria, perfeição, beleza, etc. Para Spinoza, estes são apenas valores antropomórficos vindos de uma subjetividade ignorante. O importante é reconhecer que o homem é natureza dentro da natureza, como o considerarão os naturalistas alguns anos mais tarde.

---

[7] *Apud* BREHIER (E.), *Histoire de la philosophie*, Paris, P. U. F. (coll. Quadrige), 1986 (c1964), p. 282.

Spinoza viu também uma identidade fundamental entre natureza e Deus, todos os fenômenos sendo produtos necessários e causais, e desqualificando assim toda idéia de liberdade ou de contingência.

"Na natureza, não há portanto nada de contingente: todas as coisas são determinadas pela necessidade da natureza divina de existir e de produzir um efeito de uma certa maneira."[8]

A grande diferença no sistema de Spinoza é que a ciência e a natureza não devem buscar uma finalidade na ordem teleológica, a ciência deve se interessar unicamente pela necessidade. Toda leitura de causas finais é devida aos preconceitos criados pelos homens e somente um método que se ocupe da essência das coisas, de suas propriedades, como a matemática, pode fazer a distinção entre causalidade natural e finalidade antropomórfica. Esta distinção parte da diferença entre a *natura naturans* e a *natura naturata*. Por esta divisão da natureza, Spinoza concebe o papel do raciocínio na criação de um verdadeiro conhecimento.

Já Leibniz propõe um mundo de representações para responder à oposição entre o sensualismo e o determinismo. As mônadas são o princípio de unidade, de pluralidade e de toda identidade. O princípio da natureza é a ordem, mas a razão não está sempre em condições de compreender esta ordem. No fim de todo raciocínio lógico, há uma metafísica que ao mesmo tempo nos escapa e nos guia em direção a um verdadeiro conhecimento. Seu sistema de mônadas é por isso um dos precursores das grandes sínteses totais que surgiram no início do séc. XIX.

Não é muito difícil encontrar as repercussões destas idéias nas obras dos "filósofos" do Século das Luzes. Voltaire foi o

---

[8] SPINOZA, *Ethique,* Flammarion, Paris, 1965, p. 52.

introdutor do pensamento de Newton na França; Fontenelle manteve uma ligação estreita com o pensamento de Descartes e, como Bacon, sonhava em organizar a ciência sobre uma ordem sistemática e geral; a obra de Condillac também foi marcada pela tentativa de promover as idéias que vinham de Locke. A ciência adquire uma nova importância nesta época. Em todos os lugares nasciam sociedades científicas, a criação e difusão de novas idéias não é mais a tarefa de um punhado de sábios isolados. O saber se especializa e várias tentativas são mobilizadas para a divulgação e a sistematização de novas teorias. Dentro deste espírito, a Enciclopédia sintetiza de forma característica o Século das Luzes.

O objetivo geral desta vasta empreitada era de sistematizar e difundir a totalidade de conhecimentos em todos os domínios do saber. Manifestava também uma preocupação com o didatismo: o recurso a um encaminhamento pedagógico devia iniciar o leitor nos pontos de vista mais recentes, dando-lhe a possibilidade de desenvolver sua própria compreensão dos fenômenos mais complexos.

"O objetivo de uma Enciclopédia é o de reunir os conhecimentos esparsos sobre a superfície terrestre; de expor o sistema geral aos homens com quem vivemos, e de transmiti-lo aos homens que virão depois de nós".[9]

A forte similitude entre esta definição da Enciclopédia e aquela, muito difundida, da geografia como uma ciência de síntese dos fenômenos que ocorrem na superfície terrestre, deve merecer nossa atenção. O tema da natureza e da sociedade é também, nesta obra, central:

---

[9] DIDEROT, citado *in* DIDIER (B.), *Le Siècle des lumières,* MA ed., Paris, 1987, p. 142.

"Mais do que as faculdades do espírito, é a natureza e a sociedade que lhes interessa. Em Diderot em particular, e em seus amigos materialistas, d'Holbach e Helvétius, e, antes, La Mettrie, encontra-se uma concepção da natureza que vai se afirmando".[10]

Esta concepção da natureza parte de uma visão materialista que afirma a unidade de todos os fenômenos observáveis, naturais e sociais, e que busca de maneira lógica uma cadeia de conexão entre eles. A idéia de cadeia está presente em Buffon, por exemplo, em oposição à classificação hierárquica de Lineu. Buffon parte do ponto de vista de que existe uma continuidade fundamental entre as espécies, continuidade que é o resultado da unidade do plano natural.

Convém sublinhar que, sob a pena destes diferentes filósofos, a natureza é um plano encadeado e necessário de fenômenos onde cada um pode ser deduzido do outro. A crítica de Hume dirige-se justamente a este raciocínio na medida em que ele sustenta que este plano não implica obrigatoriamente uma necessidade, mas simplesmente uma idéia de conexão. Esta discussão, como outras, comporta similaridades com os debates no seio da geografia, entre uma vontade de explicação sob forma de leis e um saber de síntese em que prevalece uma continuidade qualitativa e lógica.

A valorização de um plano natural total ocupou o lugar reservado a uma finalidade externa ao mundo até então atribuída aos desígnios divinos. D'Holbach em seu *Système de la Nature*, por exemplo, diz claramente:

"Os homens, ao sentirem apenas esta natureza, desprovida de bondade como de malícia, nada fazem além de seguir leis necessárias e imutáveis produzin-

---

[10] BREHIER (E.), *op. cit.*, p. 383.

do e destruindo seres, fazendo sofrer aqueles que ela tornou sensíveis, em lhes distribuindo os bens e os males".[11]

Desde que a Providência deixou de ser a finalidade explicativa, foi preciso substituí-la por uma causalidade oriunda da própria natureza. Daí em diante era importante reconhecer, por um processo racional, a cadeia explicativa necessária. Um estrito determinismo caracteriza a maior parte das argumentações sustentadas por estes sábios. É verdade que o livre arbítrio conservava sempre seu lugar enquanto valor, mas, como dizia Voltaire: "Quando posso fazer o que quero, eis minha liberdade; mas quero necessariamente o que quero; de outro modo quereria sem razão, sem causa, o que é impossível".[12] Na mesma linha de pensamento, La Mettrie associava a ciência somente aos fenômenos que podiam ser objeto de um encaminhamento do tipo causa e efeito. Segundo Hampson,

"restam apenas duas soluções: seguir Hume e pensar com ele que o homem não era capaz de conhecer objetivamente o que quer que seja, ou aceitar a concepção de d'Holbach de um universo material em movimento onde tudo acontecia necessariamente".[13]

O traço fundamental desta orientação filosófica é, pois, o estabelecimento de uma noção de natureza composta de fenômenos imbricados em uma cadeia de ligações necessárias. O homem, enquanto elemento desta cadeia, estava submetido aos mesmos imperativos naturais. Ainda que ele disponha na razão de um instrumento de reflexão e de compreensão do mundo, ele

---

[11] *Apud* HAMPSON (N.), *op. cit.*, p. 77.

[12] *Apud* HAMPSON (N.), *op. cit.*, p. 94.

[13] HAMPSON (N.), *op. cit.*, p. 78.

é, como os outros fenômenos da natureza, causa e efeito desta totalidade determinante.

Desta maneira, *l'Empire des climats* de Montesquieu se inscreve perfeitamente dentro do espírito da época. Trata-se tão-somente de teorizar a relação eventual entre a diversidade de condições naturais e o desenvolvimento da sociedade. Para que esta relação possível pudesse ser reconhecida como válida, ela devia estabelecer ligações necessárias gerais. Se a preocupação maior de Montesquieu residia na busca de uma legitimidade do direito e da moral, o problema mais geral que teve de enfrentar foi o de estabelecer uma relação entre a natureza das coisas e a sociedade. Neste sentido, a relação entre os diversos climas e os gêneros de civilizações constituía uma parte fundamental desta reflexão.

A geografia confere a Mostesquieu uma grande importância. Não se pode, no entanto, esquecer que, se ele foi o autor do séc. XVIII mais conhecido por sua reflexão sobre a relação entre natureza e cultura, não foi certamente o único a tê-la abordado. Podemos encontrar diversos aspectos de sua argumentação dispersos aqui e ali, nas obras dos filósofos e naturalistas da época, que utilizam aliás o mesmo *parti pris* determinista. A sociedade está ligada de maneira necessária à natureza e o desafio é procurar elucidar as leis que regem esta relação. Esta questão foi abordada sob muitos ângulos: sociedades naturais, leis naturais e leis civis, liberdade individual e necessidade física, poder político e liberdades individuais, igualdade natural (dada por uma razão uniforme e geral) e desigualdade social. Também é preciso insistir no fato de que o interesse deste pensamento reside muito mais, para nós, na permanência do tipo de questões levantadas, do que na diversidade de respostas fornecidas.

A obra de Kant operou uma reorientação fundamental nos princípios do pensamento científico, sempre mantendo, todavia, a coerência com o espírito das Luzes. Suas principais obras são "críticas". A atitude crítica é um fenômeno dominante neste período. Ser crítico significa ter concepções refletidas, romper com o tradicional pelo recurso à razão, proceder a um exame minucioso das condições de validade da produção dos saberes. Este longo percurso nasceu, segundo Kant, com o *Aufklärung*, a idade da maturidade humana.

Se existe, de um lado, uma forte filiação entre este pensamento e aquele dos filósofos do Século das Luzes, Kant marca, por outro, uma ruptura com eles. Esta ruptura se lê, por exemplo, na delimitação das fronteiras da razão e da metafísica. Existem questões que, dependendo da forma como são colocadas, não podem ser verificadas pela razão, na medida em que ultrapassam os limites da experiência. A estas idéias, Kant dá o nome de antinomias. Segundo ele, a metafísica está baseada em conceitos insuficientes a qualquer determinação objetiva. A razão tem limites que são dados pela possibilidade da experimentação. A grande novidade deste pensamento provém de sua definição das condições que regulam toda experiência. Com Kant, assiste-se à superação de duas posições predominantes: o ceticismo e o determinismo. Segundo Goulyga,

> "desde o início do prefácio, Kant pretende ultrapassar posições extremas, afirmações tão restritivas quanto falsas: o dogmatismo e o ceticismo (...) O ceticismo põe em dúvida a realidade das coisas, enquanto o dogmatismo admite-as categoricamente".[14]

No momento em que estabelece os limites entre a coisa em si (noúmeno) e o objeto possível do conhecimento (fenômeno), ele funda uma revolução bem descrita por Ferry em sua apresentação de *A Crítica da razão pura:*[15]

---

[14] GOULYGA (A.), *Kant, une vie*, Aubier, Paris, 1987, p. 105.

[15] FERRY (L.), Prefácio a *La critique de la raison pure, op. cit.*, p. XV.

"Na filosofia pré-crítica, e singularmente no cartesianismo, o problema da verdade se coloca segundo Kant nos seguintes termos: perguntar se nossas representações dos objetos são 'verdadeiras', é procurar saber se elas são adequadas ao objeto tal como ele existe em si, fora da representação. Se refletirmos bem, perceberemos facilmente que, formulado nestes termos, um tal problema é *a priori* insolúvel: eu não posso por definição jamais saber o que o objeto é em si, fora do olhar que lanço sobre ele. Por definição, o objeto que considero é sempre um objeto para mim, um objeto da minha representação e seria preciso, para saber o que este objeto é em si, que eu pudesse por assim dizer sair da minha representação, da minha consciência — o que obviamente é impossível".

Uma das questões fundamentais que guiou o trabalho de Kant era, pois, a de saber as condições e os limites possíveis de um conhecimento puro da natureza (uma "física do mundo"). Segundo Kant, para chegar a este conhecimento puro é preciso limitar-se às coisas "na medida em que esta [a natureza] é determinada seguindo leis universais":

"A experiência me ensinou, é verdade, o que existe e como isso existe, mas jamais que isso deva necessariamente existir assim e não de outra forma. Assim, ela não pode jamais nos fazer conhecer a natureza das coisas em si. Ora, estamos realmente de posse de uma física pura que apresenta *a priori* e com toda esta necessidade que se exige das proposições apodícticas, leis às quais a natureza está submetida. Remeto-me apenas aqui ao testemunho desta propedêutica da teoria da natureza que, sob o título de ciência geral da natureza, precede toda a física".[16]

A ciência da natureza é então para Kant a aplicação do entendimento com suas categorias *a priori* à diversidade natural. São estas categorias que impõem uma inteligibilidade universal, através de suas leis, à diversidade do mundo sensível, e é justamente porque este conhecimento está submetido às nossas representações *a priori* em nosso raciocínio que ele se define como um conhecimento transcendental. A concepção kantiana de uma ciência da natureza segue o caminho da construção de um discurso teórico que torna válida a inteligibilidade científica e, ao mesmo tempo, é este ponto que divide as concepções distintas entre a filosofia natural e a filosofia da natureza que, segundo nosso ponto de vista, faz nascer a dualidade moderna:

"É preciso distinguir aqui a empresa de uma ciência da natureza, que visa determinar os princípios do que é dado e estabelecer-lhe as leis (ciência que foi durante muito tempo chamada 'filosofia natural' ou de maneira quase equivalente 'física'), do projeto de uma 'filosofia da natureza', que aparece sem dúvida mais tardiamente, e reserva-se a ambição de pensar a natureza em seus princípios mais íntimos, para além do conhecimento dos fenômenos que busca estabelecer e conhecer a pesquisa científica".[17]

Sobre a questão do espaço, Kant foi o iniciador de uma reflexão nova. Esta categoria *a priori* fez-se objeto de um tratamento diverso, segundo se tratasse do conceito metafísico ou do conceito transcendental de espaço, de acordo com os princí-

---

[16] KANT (E.), *Prolégomènes à toute métaphysique future qui pourra se présenter comme science*, Vrin, Paris, 1967, pp. 61-62.

[17] HUISMAN (B.) e RIBES (F.), *Les philosophes et la nature, op. cit.*, p. 7.

pios críticos que regiam a Estética Transcendental. A importância que ele confere ao espaço, logo à geografia, é atestada de forma notável pelo curso de geografia física, que administrou durante toda sua vida: "Bebi em todas as fontes, procurei em todos os documentos (...) levei em conta as mais minuciosas descrições de cada país, feitas por viajantes hábeis".[18]

Deve-se mesmo a ele a descoberta do mecanismo dos ventos alísios e das monções. Seu curso de geografia lhe valeu a eleição a membro da Academia de Ciências de São Petersburgo. Do mesmo modo, seus primeiros trabalhos se inscrevem na tradição de uma interpretação do conjunto de determinações naturais e culturais. Pode-se ver aí o esforço para compreender as características dos habitantes de outros planetas a partir de deduções tiradas de uma análise das condições físicas, forma de raciocínio, como vimos, que se inscreve de fato na tradição iluminista, fazendo-o afirmar, por exemplo, que "quando os humores são viscosos e o tecido grosseiro, as capacidades intelectuais são limitadas".[19]

Definindo os novos limites da razão e propondo uma alternativa à ciência, Kant se situa como um marco da história do racionalismo moderno, abrindo a via para as sínteses totais do início do séc. XIX. Ao mesmo tempo, ele foi o continuador do Século das Luzes, tanto pela escolha de seus temas, quanto pela direção crítica que adotou. Desta maneira, preparou as mudanças necessárias para o prosseguimento do espírito iluminista no século seguinte.

A natureza organismo e a ciência progressiva

O séc. XIX é o momento onde tudo se transforma em mar-

---

[18] KANT (E.) *Projet et annonce d'un cours de géographie physique*, *II, 4*, citado in Goulyga, *op. cit.*, p. 35.

[19] Ver KANT (E.) *Cosmogonie ou Essai de déduction de l'origine de l'Univers, de la formation des corps célestes et des causes du mouvement à partir des lois du mouvement universel de la matière et de la théorie de Newton*, citado in Goulya, *op. cit.*, p. 93.

cha histórica progressiva. Era como se a ciência, depois da agitação causada pela filosofia no século precedente, tivesse reencontrado seu lugar definitivo; a acumulação e a ampliação do conhecimento científico eram agora o objetivo principal. Este foi o século do positivismo, uma doutrina que acreditava ter ultrapassado o estágio do conhecimento metafísico e tê-lo substituído por um saber puramente objetivo, geral, progressivo e afirmativo.

O positivismo é sem dúvida o herdeiro legítimo da ciência do Século das Luzes, propondo também um conhecimento normativo, através da enunciação de leis gerais, de procedimentos uniformes e da obediência a uma racionalidade estrita. A novidade trazida pelo pensamento de Auguste Comte é o lugar central da ciência social na definição do desenvolvimento científico. Em seu sistema, o progresso científico está vinculado ao progresso social, quer dizer, a missão das ciências sociais é guiar a organização da sociedade, dando-lhe as bases positivas em vez de antigas crenças teológicas ou metafísicas. Esta base positiva provinha sobretudo da biologia e da medicina, e a concepção do modelo científico de Comte se apoiava fortemente na noção de organismo. Desta maneira, a filosofia de Comte em relação à natureza reflete a substituição das ciências físicas pela biologia.

> "Segue-se imediatamente que o grande e permanente problema da biologia positiva deve consistir em estabelecer para todos os casos, segundo o menor número possível de leis invariáveis, uma exata harmonia científica entre estes dois poderes inseparáveis do conflito vital e o ato mesmo que o constitui previamente analisado; em uma palavra, ligar constantemente, de uma maneira não somente geral, mas também especial, a dupla idéia de órgão e de meio com a idéia de função."[20]

---

[20] COMTE (A.), "Cours de philosophie positive", citado por HUISMAN (B.) e RIBES (F.), *Les philosophes et la nature, op. cit.*, p. 237.

Se por um lado a História tinha o papel de evidenciar o progresso científico no séc. XIX, este período é, por outro lado, também marcado pelo prestígio de teorias evolucionistas e positivistas, encaradas como o modelo científico demonstrativo da marcha em direção a um aperfeiçoamento da natureza, da sociedade e da ciência.

O positivismo não deve ser visto somente como uma teoria da ciência, mas também e sobretudo como uma doutrina geral que coloca em relação o desenvolvimento destes três termos: sociedade, natureza e ciência. A dinâmica da natureza está no centro do sistema evolucionista. As variações das formas na natureza podem ser interpretadas como um resultado objetivo no sistema de Lamarck, ou como contingências inexplicáveis para o darwinismo, mas em ambos os casos, o meio, a natureza, é o fator que detona a transformação. Há então uma necessidade, e não sempre um finalismo, nestas concepções que associam a dinâmica natural a uma funcionalidade, uma ordem prática, da qual a ciência deve estar em condições de estabelecer o sentido e a explicação. Esta leitura "naturalista" se impõe também na compreensão da sociedade. A vida social era considerada como análoga à natureza e era tida como uma unidade, chamada Humanidade, Espírito ou Totalidade, resultado de uma marcha, de uma evolução, ou de um progresso, determinados por uma justificativa fundada na natureza ou na História.

A imagem da natureza e da sociedade "máquina" que dominou o séc. XVIII, sob inspiração do modelo da física, foi substituída pela imagem de um sistema orgânico onde a analogia fundamental era tirada da dinâmica biológica. Esta substituição não é sem importância para o desenvolvimento das ciências sociais, pois, segundo os princípios de um saber positivo, as duas características fundamentais, a previsão e a ação que temos sobre os fenômenos, são inversamente proporcionais. A biologia e as ciências sociais são aquelas em que temos menos possibilidades de prever, mas são também aquelas sobre as quais a ação humana é mais efetiva, contrariamente à astronomia, por exemplo. Além disso, a classificação das ciências proposta por Comte coloca no mais alto nível a sociologia, precisamente porque esta ciência era, conforme sua perspectiva, a ciência que, ao fazer a ligação entre o homem e a cultura, poderia servir à reforma social. O conhecimento das regras do desenvolvimento social não pode deixar a sociedade indiferente e, mais do que nunca, "o valor da objetividade do saber científico choca-se aqui com a questão do valor do objeto que ela [a ciência] procura desvelar".[21]

As questões sobre a relação do homem e da natureza, a importância do meio físico no desenvolvimento social, a natureza biológica como a norma e o modelo, são os temas que no séc. XIX são abordados não mais de um ponto de vista estritamente filosófico, mas constituem o objeto de pesquisas das ciências humanas. A institucionalização da maior parte destas ciências foi consolidada ao longo de todo o séc. XIX, e o positivismo predominante desempenhou, ao mesmo tempo, o papel de quadro geral para o trabalho científico e de legitimador de um estatuto científico moderno à pesquisa social.

A natureza sistema e a ciência das estruturas

Segundo Gusdorf, "o séc. XIX terminando, sobrecarregado pela massa de suas descobertas, de suas conquistas, encontra na história das ciências uma espécie de recurso contra a tentação de incluir o homem no conjunto de determinismos que ele construiu".[22] É de fato verdade que a história da ciência serviu como um elemento de relativização dos determinismos do positivismo clássico. Contudo, a outra grande mudança veio por intermédio

---

[21] HUISMAN (B.) e RIBES (F.), *Les philosophes de la nature*, op. cit., p. 222.

[22] GUSDORF (G.), *De l'histoire des sciences à l'histoire de la pensée*, op. cit., p. 112.

de uma nova interpretação do sentido biológico da vida, pela concepção espiritualista neokantista que recolocava em causa toda espécie de objetivação "naturalista". Assim, o mundo natural do homem é a cultura, segundo Dilthey, e, para Bergson, não há conhecimento possível sem intuição. Desta forma, o princípio do racionalismo fundado sobre uma natureza exterior inteligível através de um raciocínio normativo e a idéia de uma sociedade submetida a leis análogas estavam sendo fortemente criticados. Há então uma especificidade da cultura que a diferencia das outras manifestações da natureza e é esta especificidade que impede de conceber os fatos sociais de forma simplesmente orgânica. Segundo Canguilhem, neste período se descobre a distinção entre o vivo e o vivido. O primeiro pode ser objetivado pela via de um "racionalismo arrazoado" a partir de conceitos que levem em conta as relações da vida com o meio que a cerca. O vivido, ao contrário, está ligado à dimensão psicológica e procura dar um sentido particular às experiências.[23]

A resposta a este problema foi trazida pela filosofia analítica, pela lingüística e pelas ciências sociais, especialmente pela psicanálise e pela antropologia. A filosofia neopositivista foi buscar a validade do conhecimento no estabelecimento de uma linguagem lógica, geral e uniforme. A representação simbólica da realidade é em toda parte e sempre expressa por uma linguagem e somente a análise lógica desta linguagem pode nos permitir compreender o mundo. Segundo Russel, "o que podemos conhecer dos objetos físicos desta maneira [pela análise lógica] são apenas certas propriedades abstratas da estrutura(...)Nosso conhecimento do mundo físico é, portanto, somente abstrato e matemático".[24]

As propriedades da estrutura não se confundem com as propriedades de cada termo. O caso da aritmética é neste senti-

---

[23] CANGUILHEM (G.), *La connaissance de la vie, op. cit.*

[24] RUSSEL (B.), *A history of western philosophy, op. cit.*, pp. 787-788.

do exemplar, pois as propriedades que devem ser pesquisadas dizem respeito sempre a um conjunto: dos números naturais, inteiros, irracionais etc., e não a cada número em si. Assim a análise lógica e estrutural se reporta a signos estruturados, pois a linguagem se define como um sistema: os fonemas *p* e *m*, por exemplo, são distintos foneticamente (oposição consoante surda/consoante nasal) e são também distintos semanticamente (em latim) quando se ligam ao grupo *-ater: p-ater, m-ater*; oposição masculino/feminino.[25]

O mesmo gênero de oposição masculino/feminino já havia servido a Freud como um elemento de demonstração da insuficiência da anatomia ou da simples associação masculinidade/ativa e feminilidade/passiva enquanto limites definitivos do papel masculino e feminino na sociedade humana. Há, segundo ele, uma dimensão mais profunda que, sendo psiquicamente próxima da origem sexual, define uma outra esfera de significações e intervém no comportamento.[26] Compreender o comportamento humano para Freud significa religar dois níveis da dimensão humana: o consciente e o inconsciente. Por estes dois domínios transitam significações que estruturam o comportamento exterior. A relação entre cultura e natureza é também encarada a partir desta estrutura e esta relação se traduz por manifestações estruturadas em um discurso que é justamente o objeto da psicanálise. A luta entre os instintos (as pulsões) e a civilização está na origem de um "vasto domínio de relações sociais entre humanos". Segundo Freud, esta descoberta do sistema do inconsciente devia produzir uma revolução científica tão importante quanto aquelas advindas das concepções de Copérnico e de Darwin.[27]

---

[25] CARATINI (R.), *La philosophie*, Seghers, Paris, 1984, t. II, p. 233.

[26] FREUD (S.), *Nouvelles conférences sur la psychanalyse*, Gallimard, Paris, 1936, pp. 149-153.

[27] FREUD (S.), *Introduction à la psychanalyse*, Payot, Paris, 1988, pp. 266-267.

A outra contribuição fundamental que renovou o racionalismo nas ciências sociais saiu do estruturalismo, sobretudo através da antropologia. A partir do estudo dos sistemas de parentesco, Claude Lévi-Strauss chegou a estabelecer, dentro da multiplicidade complexa de práticas matrimoniais, um certo número reduzido de estruturas constantes que ele chama elementares. A interdição do incesto, interpretada anteriormente como um fenômeno natural ou funcional, é concebida por Lévi-Strauss como o fato fundador da sociabilidade. É a partir desta interdição que aparece todo o complexo jogo de alianças, de territorialidade e de troca entre os diferentes grupos sociais: "A proibição do incesto exprime a passagem do fato natural da consangüinidade para o fato cultural da aliança".[28] Por trás dos fatos culturais manifestos, existem então estruturas inconscientes que são invariáveis e comuns. A cultura consiste então em uma função simbólica, expressa por uma linguagem que enche de significações o conteúdo da natureza. As leis que regem estas estruturas são gerais e lógicas, visto que elas se organizam como um sistema regular de relações, e o erro da sociologia tradicional, segundo Lévi-Strauss, "foi ter considerado os termos, e não a relação entre os termos".[29] Então, ao contrário do encaminhamento de Durkheim, a essência do fato social não deve ser buscada no fato mesmo, mas na estrutura que o sustenta. As propostas metodológicas gerais do estruturalismo nos são explicadas por Lévi-Strauss da seguinte maneira:

> "O problema não provém, pois, da etnologia, mas da epistemologia, visto que as definições que se seguem não pedem nada emprestado à matéria-prima de nossos trabalhos. Pensamos com efeito que, para merecer o nome de estrutura, os modelos devem satisfazer

---

[28] LÉVI-STRAUSS (C.), *Les structures élémentaires de la parenté*, PUF, Paris, 1967, p. 36.

[29] LÉVI-STRAUSS (C.), *Anthropologie structurale*, I, Plon, Paris, 1974, p. 57.

exclusivamente a quatro condições. Em primeiro, lugar uma estrutura tem um caráter de sistema. Ela consiste em elementos tais que uma modificação qualquer de um deles encadeia uma modificação de todos os outros. Em segundo lugar, todo modelo diz respeito a um grupo de transformações do qual cada transformação corresponde a um modelo da mesma família e o conjunto de transformações constitui um grupo de modelos. Em terceiro lugar, as propriedades indicadas acima permitem prever de que forma reagirá o modelo, em caso de modificação de um de seus elementos. Enfim, o modelo deve ser construído de tal forma que seu funcionamento possa dar conta de todos os fatos observados."[30]

Nota-se que este gênero de proposta reitera os objetivos da ciência racionalista e que a concepção mecânica e orgânica da relação entre natureza e cultura é substituída pela perspectiva de um sistema de interações. Segundo um historiador do estruturalismo,

"sob este ponto de vista, e ainda que Lévi-Strauss se distancie e inove, o estruturalismo se inscreve na filiação positivista de Auguste Comte, de seu cientificismo, não do otimismo comtiano que vê na história da humanidade um progresso por etapas da espécie em direção à era positiva; mas a idéia de que um conhecimento só tem interesse se segue o modelo da ciência ou se vem a transformar-se em ciência, em teoria, esta idéia comtiana obtém êxito".[31]

---

[30] LÉVI-STRAUSS (C.), *Anthropologie structurale, op. cit.*, p. 305.

[31] DOSSE (F.), *Histoire du structuralisme*, La découverte, Paris, 1991, T.1, p. 30.

As concepções do homem dentro da natureza, suas relações recíprocas, os limites do conhecimento, as relativizações da cultura, entre outras, estão assim, no séc. XX, muito próximas dos temas das ciências sociais. A geografia interessa-se certamente pelo conjunto destas discussões, visto que estes temas estão no âmago de suas preocupações. Ela acompanhou todas estas mudanças de perspectivas, como teremos a oportunidade de ver ulteriormente, sendo preciso sobretudo adiantar que a transformação do caráter profundo desta disciplina, que mudou seu domínio de pertencimento ao longo deste século, ficando mais próxima das ciências sociais, não está desvinculada das mudanças na maneira de abordar a questão da natureza e da sociedade, que apresentamos precedentemente. Ainda segundo Lévi-Strauss, as ciências sociais se diferenciam das ciências humanas, não pelo objeto, que é o mesmo, mas antes por uma atitude epistemológica. Assim, ainda que as ciências humanas possuam um objeto similar ao das ciências sociais, do ponto de vista do método elas procuram sempre sua inspiração metodológica nas ciências exatas e naturais.[32]

---

[32] LÉVI-STRAUSS (C.), *Anthropologie structurale, op. cit.*, p. 360.

4

As contracorrentes

À simples evocação da idéia de ciência se associa freqüentemente o conjunto de conhecimentos formais (matemático e lógico) ou empírico-formais (físico). Esta associação imediata não é isenta de sentido, pois a matemática e a física constituíram o exemplo e o modelo predominantes do método científico. É fundamental, contudo, questionar o lugar reservado às ciências humanas dentro deste quadro. Existe uma forte tendência a estender este padrão ao conjunto das disciplinas científicas, para forjar uma identidade epistemológica única, isto é, utilizar os recursos da matemática e da lógica ou, ao menos, servir-se deles como modelo de conduta geral e uniformizador.

Conhecer as causas e os efeitos de um fenômeno e estabelecer suas redes de relação são os objetivos de base deste gênero de conduta. As realidades são completamente explicáveis e a ciência deve ser capaz de reconstituir os eventos a partir da enunciação de suas causas e de seus efeitos. Trata-se de traduzir, em uma linguagem clara, objetiva e geral, o movimento do real. O saber científico é sempre um produto da interface entre um conjunto de regras determinadas, o método e o objeto. Obtém-se uma ciência modelizadora que rearranja através do raciocínio lógico os dados de uma experiência ou fato.

O tempo e o espaço são categorias abstratas. A ordem cronológica é substituída por uma ordem lógica, que vai da condição ao condicionado.[1] O espaço é um campo isotrópico, caracterizado por posições relativas, funcionais ou proporcionais. Esta concepção da ciência coloca como premissa o uso do raciocínio para todo conhecimento válido. Como o raciocínio é sempre geral, uniforme e constante, guardadas todas as proporções, os resultados são sempre os mesmos. A possibilidade de previsão existe na medida em que se dominam todas as condições necessárias à produção de um fenômeno.

A importância do raciocínio lógico é fundamental e existe uma seqüência de condutas que procura assegurar a objetividade. Do saber assim produzido, o rigor é um critério fundamental na atribuição da qualidade e da validade formal para obter uma legitimidade científica. A explicação é então normativa, visto que ela faz da realidade uma representação com rigor e força de verdade.

Sem dúvida, ao longo do processo de desenvolvimento da ciência objetiva, várias questões foram levantadas e novos limites e procedimentos estabelecidos. Contudo, as proposições gerais, as premissas, foram mantidas e as imposições críticas foram absorvidas apenas como forma de aperfeiçoamento do método. Estas críticas, no entanto, às vezes sugeriram verdadeiros sistemas alternativos para a produção do saber. No momento, por exemplo, da explosão do Século das Luzes, do qual nasceu o movimento racionalista moderno, estas reações críticas também deram lugar a uma tradição de oposição ao próprio racionalismo como base para a ciência moderna.

---

[1] Ver, a este respeito, HEMPEL (C. G.), *Éléments d'épistémologie*, Paris, A. Colin, 1972.

Filosofia da Natureza, Romantismo, Hermenêutica e Fenomenologia são algumas correntes mais importantes desta oposição. Por vezes, é difícil estabelecer os limites entre elas. Por um lado, certos personagens-chave são identificados como tendo feito parte de mais de uma destas tradições. Por outro, estes movimentos não se estruturam em escolas bem definidas. Contudo, na maioria dos casos, pode-se identificar neste conjunto uma certa convergência de pontos de vista advinda de uma mesma oposição ao modelo racionalista clássico.

A Filosofia da Natureza

O conjunto das idéias de Schelling, elaborado no início do século XIX, recebeu a designação de Filosofia da Natureza, pois, através do radical "filosofia", ele procurava demonstrar que em sua base havia uma racionalidade superior àquela estabelecida pelos naturalistas. A razão no sistema de Schelling corresponde à totalidade da vida: "A razão não é uma faculdade, um instrumento, ela não se utiliza, de uma maneira geral não há uma razão que nós possuiríamos, mas somente uma razão que nos possui, e que se define ela mesma como um saber de Deus em Deus".[2]

A influência de Fichte, de sua teoria do espírito, fundada sobre a idéia de um Eu infinito oposto a um Não-Eu finito, no qual ele se realiza, foi fundamental. A natureza, como um poder independente e autônomo, substitui, em Schelling, a noção do Eu (consciência), mas mantém o movimento geral de oposição e de progresso da "teoria das ciências" de Fichte. A natureza é "um todo que regula a ação das forças opostas que tendem à

---

[2] SCHELLING, "Aphorismes pour introduire à la philosophie de la nature", trad. Courtine e Martineau, *in Oeuvres métaphysiques*, N. R. F., 1980, pp. 30-31, citado por GUSDORF (G.), *Le Savoir romantique de la nature*, Payot, Paris, 1985, p. 50.

mútua destruição".[3] Ela se define como um poder, sempre renovado, oposto à ordem das coisas finitas, tal como no movimento da consciência sempre em oposição ao Não-Eu de Fichte. Em seu sistema, Schelling via a preeminência absoluta do "Todo". Segundo ele, a ausência de unidade do saber era o aspecto mais criticável e também o mais nefasto da ciência racionalista, pois ela impunha abstrações que afastavam, em nome da simples razão abstrata, o homem da religião e do sagrado. Sempre segundo Schelling, todas as partes do conhecimento devem ser reenviadas à consciência do Todo:

"Todos os falsos sistemas, as degenerescências na arte, os desvios nas religiões são apenas as múltiplas conseqüências destas abstrações, assim, da mesma forma, o renascimento de todas as ciências e de todas as partes da cultura só pode começar pelo reconhecimento do Todo e de sua unidade eterna".[4]

A natureza é, no sistema de Schelling, o todo, e "a face da Terra esconde a verdade tão bem quanto a revela". Há uma continuidade do sentido que deve ser buscada para além dos limites científicos e que é solidária das artes, da religião e da poesia. Assim, somente um conhecimento global pode dar conta de todas as dimensões da natureza, pois a totalidade coloca em relação o visível e o não-visível, o evidente e o escondido, o externo e o interno. Schelling pretendia, assim, responder às questões que continuavam sem solução na dinâmica da *physis* aristotélica. A natureza é uma energia universal, uma força homogênea que tende a tudo dissolver em uma massa fluida. Ela se opõe ao movimento de coesão desta mesma energia que faz nascer os organismos.

---

[3] BREHIER (E.), *op. cit.*, Tomo III, p. 628.

[4] SCHELLING, "Aphorismes pour introduire à la philosophie de la nature", *op. cit.*, pp. 23-24 citado por GUSDORF (G.), *Le Savoir romantique de la nature, op. cit.*, p. 47.

O organismo é a síntese da atividade universal, parte do fluido e, ao mesmo tempo, objeto condensado e motor da atividade infinita (em um certo sentido, da vida). Estas idéias mantêm ligações estreitas com o desenvolvimento da ciência da época. Para Schelling, o oxigênio é esta substância universal (o fluido), como havia sido o mercúrio para Paracelso. A partir da combustão, ela faz nascer novos compostos químicos, princípios de toda renovação. Mais tarde, inspirado pelas cadeias galvânicas que Ritter acabava de descobrir, Schelling, em *A Alma do Mundo*, substitui o oxigênio pela polaridade eletromagnética.

Schelling ultrapassa a visão idealista da natureza em Fichte, fazendo dela uma força viva, o princípio e a finalidade de todas as coisas, em suma, a totalidade. Para Fichte a natureza é uma representação do Eu dentro do Não-Eu. Ela não tinha outro sentido senão o de ser o terreno do exercício da ação, portanto em nada parecia com o poder vivo e princípio de toda atividade da concepção de Schelling. Segundo Gusdorf, a natureza para Schelling,

"não é um objeto diante de nós, submetido à lei do nosso olhar e de nosso entendimento, ela não é de maneira alguma redutível a um conteúdo de nosso pensamento, porque ela é contenedor universal, o englobante supremo que nos abraça por fora e por dentro. A perspectiva do conhecimento deve ser invertida, a partir do momento em que nós não somos os mestres do sentido; nós não damos o sentido da natureza, este sentido nos é imposto".[5]

No sistema de Schelling, a natureza é a força motriz universal e se realiza em entidades vivas que variam das mais simples às mais complexas. O organismo é a síntese superior da ati-

---

[5] GUSDORF (G.), *Le Savoir romantique de la nature*, op. cit., p. 230.

vidade e da coesão, "onde o ideal encontra o real".[6] A ciência era, para Schelling, composta de uma parte teórica, encarregada de identificar as forças, constitutivas do movimento de oposição (magnetismo, eletricidade, química), e de uma parte prática, de descrição dos organismos, compreendendo a filosofia da História, a manifestação da liberdade e a revelação de Deus. Ele se aproxima bastante de Herder, quando afirma que a realização do organismo humano é um produto do desenvolvimento histórico, tema que será mais tarde retomado por Hegel, no que diz respeito à realização do espírito absoluto.

A operacionalização deste saber se faz pela observação direta. É preciso examinar a marcha do desenvolvimento do organismo, fazer analogias e comparações. Esta conduta é bem ilustrada pelo estudo de Goethe, que seguiu todas as transformações de uma folha, a fim de observar a geração "do mesmo no outro".[7] Evitava-se então os conceitos abstratos e a lógica hierarquizada dos seres, como o tinha feito Aristóteles. O mais importante era ver a continuidade das formas pela observação direta da natureza, por intermédio de um método simples de analogia e de comparação, muito mais do que pela análise das relações espaço-temporais mantidas pelos fenômenos. A continuidade das formas, a importância do organismo e a questão da fonte primária da vida aproximaram as concepções da Filosofia da Natureza da biologia vitalista.

O método da Filosofia da Natureza é a rejeição da análise como meio de alcançar um verdadeiro conhecimento. Os organismos devem ser vistos como um todo, uma síntese da realidade global. O recurso à análise estava associado a um procedimento iluminista, sobretudo após a publicação do *Essai sur l'entendement humain*, no qual Locke utiliza um modelo de

---

[6] Sobre a importância da categoria "organismo" no pensamento romântico, ver GUSDORF (G.), *Fondements du savoir romantique*, Paris, Payot, cap. IX.

[7] THUILLIER (P.), "Goethe L'hérésiarque", *La recherche*, 7 (64), fev. 1976, pp. 147-157.

decomposição do pensamento. Aliás, Goethe sublinha que um "século que se consagra exclusivamente à análise e que teme a síntese, não está em um bom caminho".[8] Assim, a preocupação de apreender a totalidade e a oposição à conduta racionalista criaram um primado da síntese em detrimento do procedimento analítico na maior parte dos pensadores ligados à Filosofia da Natureza.

Durante os anos seguintes, o sistema de Schelling foi se orientando cada vez mais em direção a um plano teológico e, segundo Bréhier,

"Schelling empregou sucessivamente, para exprimir seu próprio pensamento, a linguagem de Saint-Martin, de Fichte, de Schlegel, de J. Boehme, de Creuzer. Ele partiu dessa idéia de que a razão, com a intuição intelectual, podia construir todas as formas do ser, da natureza e do espírito. A partir de 1806, ele percebe a distinção entre o universal, objeto da construção racional, e o indivíduo, existindo efetivamente; esta distinção o leva a conceber o existente como radicalmente contingente e livre relativamente à essência e ao possível".[9]

Mesmo depois do declínio intelectual de Schelling e de Steffens, seu principal discípulo, algumas teses do vitalismo e do organicismo romântico continuaram seu desenvolvimento nas concepções da biologia do séc. XIX. Aliás, freqüentemente na bibliografia sobre este tema, a figura de Lamarck, considerado como fundador de uma perspectiva mecanicista da biologia inspirada na física, é oposta à dos naturalistas que trabalharam inspirando-se na Filosofia da Natureza. Este fato não é sem impor-

---

[8] GOETHE, "Analyse und Synthese", citado por GUSDORF (G.), *Le Savoir romantique de la nature, op. cit.*, p. 75.

[9] BREHIER (E.), *op. cit.*, Tomo III, pp. 638-9.

tância, pois a biologia no séc. XIX substituiu em grande parte o papel exemplar da física como modelo da ciência.

Hegel também se inspirou na Filosofia da Natureza, mas a natureza representava para ele apenas um dos momentos da Idéia. Os diversos elementos da natureza são importantes para a experiência da alteridade, mas sua percepção é somente uma exteriorização da Idéia, antes de ser interiorizada definitivamente como consciência dentro do Espírito. A visão de Hegel é, pois, bastante diferente da concepção romântica ou daquela de Schelling. A natureza não é mais todo-poderosa, ela está sempre submetida à Idéia e ao Espírito. Os princípios de Hegel eram, no entanto, muito próximos dos de Schelling, quando ele afirma que a forma é uma síntese da "atividade passada ao seu produto".[10] O "fluido universal" de Schelling não é mais a natureza em si, mas antes a Idéia. Mesmo se a natureza perde seu caráter fundamental em favor da Idéia, a concepção de Hegel permanece pertinente para uma reflexão sobre a geografia, pois

> "sabe-se o quanto difundida é, na Filosofia da Natureza de todos os tempos, a imagem da Terra como um organismo universal, mãe de todos os outros; é por esta imagem que Hegel abre o estudo da física orgânica; a geologia é, para ele, uma morfologia do organismo terrestre. Conhecemos os estudos de Goethe sobre a metamorfose das plantas; eles se inclinavam em direção à idéia de uma espécie de homogeneidade entre as diversas partes das plantas, onde cada uma possui a faculdade de viver isoladamente; por oposição ao organismo universal da Terra, Hegel vê no reino vegetal uma espécie de dispersão da vida em vidas elementares e separadas, em que o indivíduo total é antes 'o solo comum do que a unidade de

---

[10] BREHIER (E.), *op. cit.*, Tomo III, p. 661.

seus membros'. A esta dispersão se opõe a individualidade orgânica do animal que possui a unidade em relação às partes componentes; [...] O indivíduo que é a universalidade de suas partes é, ao contrário, exclusivo em relação à natureza exterior, daí um conflito e uma luta com o exterior, um termo negativo a ser superado e digerido".[11]

Trata-se de uma concepção que encontrará eco nas diversas obras geográficas do séc. XIX e do início do séc. XX. Podem-se ver analogias, por exemplo, na consideração da Terra como um organismo de uma ordem superior, à qual deve-se reportar toda explicação. As analogias são também perceptíveis no plano da luta que trava a cultura (a razão absoluta para Hegel) contra a natureza exterior, natureza da qual o homem faz parte ao mesmo tempo que deve superar.

Romantismo

No que diz respeito ao Romantismo, a análise é mais controvertida, sobretudo quando se trata de definir os limites e a importância deste movimento. É possível identificar, como ponto de partida desta corrente, a emergência de movimentos artísticos que se opuseram ao Classicismo (Barroco, Maneirismo, Arcadismo etc.). Contudo, o Romantismo nasce realmente a partir do *Sturm und Drang*, um texto teatral que se tornou a obra-prima de um movimento generalizado.[12]

É sempre difícil estabelecer os traços fundamentais do

---

[11] BREHIER (E.), *op. cit.*, Tomo III, p. 662.

[12] Brunschwig nos mostra como a eclosão do *Sturm und Drang* se desenvolveu em reação ao *Aufklärung*, muito difundido na Alemanha e associado ao Estado prussiano no fim do séc. XVIII. BRUNSCHWIG (H.), *Société et romantisme en Prusse au XVIII siècle*, Flammarion, Paris, 1973, pp. 168-169.

Romantismo e um lugar-comum entre seus comentadores é dizer que há tantos romantismos, quanto românticos. Deixando de lado o subjetivismo quase psicológico desta afirmação, é possível identificar certos valores comuns neste movimento. Contra a generalização e o comum, produtos da racionalidade universal do Século das Luzes, os românticos opuseram o excepcional. Ele é ao mesmo tempo exemplar e verdadeiro, porque constitui uma manifestação essencial, não-reprodutível, mas compreensível em sua instantaneidade contextual.

Há aí uma exaltação do gênio, personagem que sintetiza o talento da expressão e da singularidade. Mesmo o homem de ciência tinha necessidade de investir-se desta característica: "A experimentação reclama pelo gênio da natureza, isto é, esta maravilhosa aptidão para compreender o sentido da natureza — e para tratá-lo dentro do espírito da natureza, o autêntico observador é um artista — ele pressente o significativo e, através da estranha mistura de fenômenos que passam, ele fareja aqueles que são importantes".[13] Mesmo o gênio, no entanto, se vê na incapacidade de reproduzir os fatos em toda a sua singularidade. Cada evento é único e particular, e o tempo, enquanto unidade de medida, é um artifício que anula as singularidades. A História é, aliás, elevada ao ápice do edifício intelectual; ela abandona o aspecto narrativo e repetitivo, e ganha substancialmente uma visão interpretativa e formativa.

A revolução do discurso histórico se operou a partir da via aberta por Vico, precursor da sócio-história e da análise da sociedade civil. Uma outra influência fundamental reside no pensamento de Herder, que via na Alemanha a fusão da natureza e da cultura expressa pelas particularidades dos povos nórdicos e teutônicos. Trata-se do *Volksgeist* ou espírito do povo, que é ao mesmo tempo a explicação e a causa de toda singularidade. Vico

---

[13] NOVALIS, *Oeuvres complètes*, citado por GUSDORF (G.), *Le Savoir romantique de la nature, op. cit.*, p. 54.

e Herder teriam passado, por sua vez, toda a influência da concepção romântica da História a Edgar Quinet e a J. Michelet. Este último afirmava, por exemplo, que,

"ao se penetrar um objeto, cada vez mais o amamos, e a partir de então o observamos com um interesse crescente. O coração, sensibilizado por um segundo olhar, vê mil coisas invisíveis à população indiferente. A História, o historiador se misturam neste olhar. Isto é um bem ou um mal? Opera-se aí uma coisa que não se pode descrever e que devemos revelar: é que a História, ao longo do tempo, faz o historiador muito antes de ser feita por ele. Meu livro me criou".[14]

A História romântica fez então a união entre o herói, fruto da impulsão da vontade pessoal, e o grupo, organismo investido da força e da consciência coletiva. O mundo é então concebido como um agregado de comunidades, de raças e nações, todas marcadas por seu desenvolvimento individual e carregadas de uma identidade própria. É uma conduta similar àquela da qual servia-se Fichte em sua filosofia, na afirmação do Eu puro que se realiza pela História. Esta tradição permanecerá na filosofia alemã até Heidegger. O mundo é então composto de aglomerados geoculturais, integrados a grandes comunidades.

Daí surge um novo nacionalismo, uma certa forma de exaltação da mística do povo, que se encontra na maior parte dos autores comumente chamados socialistas utópicos (Saint-Simon, Fourier, Proudhon, etc.). Levado ao extremo, este tipo de nacionalismo pode desembocar em um messianismo idealista, agressivo e perigoso. É também uma via da recuperação das crenças e das tradições, enquanto manifestações vivas da perso-

---

[14] MICHELET (J.), Prefácio à *Histoire de la France*, A. Colin, Paris, p. 169.

nalidade de um povo e de uma cultura.[15] Nota-se que aí estão os elementos que o racionalismo se esforçava em expurgar como mitos e falsos conhecimentos. Isaiah Berlin faz uma distinção interessante entre o sentimento nacional e o nacionalismo. O primeiro existe desde sempre e se realiza através de uma multiplicidade de manifestações: a xenofobia, o patriotismo, o orgulho da origem, etc. O segundo é originário do séc. XIX e corresponde à idéia de que

> "os homens pertencem a um grupo humano bem definido, e o modo de vida deste grupo difere dos outros; o caráter dos indivíduos que compõem este grupo é modelado pelo do grupo e não pode ser compreendido fora deste, ele se define por um território, costumes, leis, uma memória, crenças, uma língua, modos de expressão artísticos e religiosos, instituições sociais, um gênero de vida comum, aos quais alguns acrescentam a hereditariedade, o parentesco, as características raciais; a convicção, enfim, seriam os fatores que enumeramos, os quais modelam os seres humanos, suas aspirações e seus valores. (...) Em segundo lugar, a maneira de viver de uma sociedade assemelha-se àquela de um organismo biológico".[16]

Esta definição do nacionalismo feita por Berlin, que a julga aliás muito perigosa, se apóia nas idéias de Herder. A partir de uma concepção da história particular, o Romantismo chegou a

---

[15] A nostalgia é também um dos temas prediletos dos românticos; este sentimento exprime ao mesmo tempo a dimensão estética da angústia romântica e a dimensão objetiva da perda das raízes no mundo moderno. Ver, por exemplo, BOYER (P.), *Le romantisme allemand*, MA ed., Paris, s/d.

[16] BERLIN (I.), *A contre-courrant; Essais sur l'histoire des idées*, Albin Michel, Paris, 1988, p. 326.

dar forma a um sentimento novo, às vezes agressivo e conservador, nos tempos modernos.[17] Os ecos desta concepção na geografia são também visíveis e vieram seja diretamente pela influência de Herder, seja pela valorização deste sistema de valores "nacionalistas" que produziram efetivamente algumas explicações na geografia, sobretudo através da geopolítica.

O Romantismo rompe também duplamente com dois tipos de concepção da História: aquela de uma História predeterminada e desenhada por uma entidade divina, e aquela de um mundo máquina, previsível em suas causalidades. Aron apresenta a originalidade da História concebida pela tradição romântica/hermenêutica, através das concepções de Dilthey, Rickert e Simmel. Mostra também que esta filosofia da História marca uma ruptura com a historiografia racionalista de filiação hegeliana ou kantiana.[18] O tempo é visto como uma rede de inter-relações que é necessário compreender e interpretar. Nem Deus, nem a inteligência-máquina têm o controle sobre o futuro; só as idéias construídas no interior de um processo histórico podem ser consideradas como coordenadoras da ação humana.

Um outro tema reteve a atenção dos românticos: o do relativismo, que tinha estreita ligação com a nova concepção da História, e não com a relatividade kantiana entre a coisa em si e o fenômeno. Este relativismo histórico se opunha diretamente à noção de necessidade do pensamento racionalista. A análise e a interpretação de um fato devem sempre considerá-lo dentro da rede de inter-relações no centro da qual ele evolui. Assim, um fato só tem uma expressão no momento em que é compreendido em sua historicidade própria, um procedimento denominado elipse romântica. A escolha da imagem de uma elipse pretende

---

[17] Ver, por exemplo, o confronto entre as idéias de Herder e Renan, apresentado por FINKIELKRAUT (A.), *La défaite de la pensée*, Gallimard, Paris, 1987.

[18] ARON (R.), *La philosophie critique de l'histoire*, Vrin, Paris, 1969.

colocar em relevo a dualidade "dialógica" entre o sujeito e o objeto, cada um ocupando um foco. A "circularidade lógica" (que vai do fato à sua rede de inter-relações, para tornar a fechar-se sobre o fato "historicizado") se elabora sobre significações relativas ao fato mesmo.[19] Estas significações não são, portanto, jamais absolutas. Fatos e fenômenos não têm jamais uma significação em si; eles são sempre a manifestação imediata de uma circunstância particular, tomada na rede de seus antecedentes e de seus conseqüentes. A morte dos conceitos meta-históricos é proclamada e a partir daí a História torna-se historiocêntrica.

Junto com a História, a natureza constitui um tema de predileção romântica. Vimos que Schelling substituiu na metafísica de Fichte o Eu pela natureza. Pode-se dizer que o êxito desta fórmula deve-se mais ao espírito da época, do que ao gênio do filósofo. Havia mesmo uma clara tendência a aceitar a substituição da razão única pela vida em geral, substituição esta que permitia estabelecer um circuito comum entre a natureza das coisas e a natureza humana. A vida não pode ser considerada através das leis e das regularidades impostas pelo raciocínio: "Os físicos do tipo corrente se contentam em decifrar o sentido literal dos fenômenos; ou, ainda, propõem apenas uma metáfora da verdade que os justifique. O preconceito da objetividade cega aqueles que se investem dele; eles se deixam prender à aparência, que os desvia do essencial, fonte comum de todo conhecimento".[20]

A História, impregnada de relativismo, faz do homem um ser livre. A natureza, nutrindo-se do mesmo princípio, a vida, também é livre. A prisão da necessidade provém de um conhecimento que se apóia na existência de dois mundos tidos por distintos: o do objeto e o do sujeito. O espírito absoluto que habita o homem, habita também a natureza com a mesma dinâmica e o

---

[19] Sobre este conceito, ver GUINSBURG (J.), *op. cit.*, p. 20.

[20] GUSDORF (G.), *Le Savoir romantique de la nature, op. cit.*, p. 44.

mesmo sentido progressivo da auto-realização. Todavia, à diferença da natureza, o espírito absoluto se faz luz e consciência no homem, consciência que lhe permite colocar-se frente à natureza e, então, conhecê-la.

A consciência humana deve se pôr à escuta da natureza e tentar compreendê-la, para não perder de vista a via de sua própria auto-realização. Werner, geólogo e mineralogista, buscava, por exemplo, uma analogia entre a linguagem e a organização da natureza. Ele chamava a mineralogia de "verbo da natureza". Esta comunicação se realiza pela expressividade, definida como a linguagem de uma personalidade que define uma individualidade, uma originalidade no absoluto, ou como nos diz Novalis: "O homem fala — o universo fala também — tudo fala — linguagens infinitas".[21]

Foi dito que o interesse dos românticos residia no estabelecimento de uma unidade fundamental no domínio da natureza. A idéia de uma natureza dividida em duas ordens, orgânica e inorgânica, lhes parecia definitivamente caduca: a natureza devia ser concebida como um só organismo. A ciência tinha como missão compreendê-la em sua história e em seu funcionamento. A concepção da natureza de Goethe, vista como um animal vivo e composta de elementos diversos em conexão e em harmonia, tem relação com a concepção da Terra dos geógrafos do início da escola francesa de geografia.

O culto da natureza, enquanto elemento da atmosfera romântica, também impregnou certas obras literárias da época. Os grandes roteiros naturais, mostrando a variedade, o exotismo e a beleza da natureza, faziam contraposição ao mundo vazio e frívolo de uma sociedade perdida nos espaços alienados da cidade. O nomadismo geográfico de Chateaubriand, o Émile de Rousseau, em busca de ensinamentos no contato direto com

---

[21] NOVALIS, *Encyclopédie*, Paris, Ed. Minuit, fragmento 479.

o campo, ou "'a odisséia" de Heinrich Ofterdingen de Novalis são algumas ilustrações desta nova visão de mundo.

A reflexão romântica se desdobrou sobre outros planos que são importantes de assinalar rapidamente. A valorização da obra de arte que anularia as dicotomias sujeito/objeto, consciência/inconsciência, real/ideal e beleza/verdade era muita difundida. Da mesma forma, a refutação da visão objetivista deu lugar ao diálogo das consciências, raiz da intersubjetividade, diálogo este que foi retomado mais tarde pelo humanismo. Além disso, a intuição, na medida em que autorizava uma compreensão empática, era vista como o único meio de revelar os mistérios da vida. Estas características têm uma grande importância no desenvolvimento do discurso geográfico e, como nota Buttimer, o romantismo redefiniu o conceito de meio ambiente e a noção de pátria, transformada em unidade política fundamental para qualquer análise.[22] A natureza não representa mais, como para o racionalismo, um conjunto de elementos acessíveis ao livre exame, elementos que seriam sempre os mesmos em todo lugar, que escapariam à força do hábito, ao prestígio da autoridade, às tradições e aos caprichos das circunstâncias históricas ou à influência considerada incômoda das paixões e dos hábitos.

Para os românticos, a natureza se reproduz em formas variadas (incluindo a forma humana), daí a existência de múltiplos níveis de compreensão possíveis. Todas estas formas estão em relação, pois elas compõem o mesmo organismo e são sempre fundadas sobre uma mesma matéria: o absoluto.[23] A ciência destas formas é dada pelo conhecimento de suas expressões particulares. Compreender sua espontaneidade, sua liberdade e seu

---

[22] BUTTIMER (A.), *Society and milieu in the French geographic tradition*, AAAG (monograph series, 6), Chicago, 1971, p.17.

[23] HUCH (R.), *Les romantiques allemands*, Pandora, 1978, Tomo I, Cap.V, Apollon et Dionysios.

papel no plano maior do organismo terrestre, é a tarefa fundamental da ciência romântica.

O Romantismo e a Filosofia da Natureza constituem, assim, uma outra maneira de conceber a ciência e se diferenciam das correntes racionalistas pelo método, os temas e a finalidade do conhecimento.

"Pode-se encarar uma epistemologia dos diversos comportamentos da consciência, que se encarregaria de assinalar os modos de funcionamento da realidade humana, sem levar em conta as linhas de demarcação entre a percepção do real e as recorrências da imaginação, que parasitam esta percepção. A Filosofia da Natureza define um modo de estabelecimento da realidade humana no universo, não somente segundo o entendimento discursivo, mas também segundo as vias de afinidades e simpatias, atrações e repulsões, sonhos, devaneios e fantasmas nos quais se estabelece a obscura aliança entre o homem e a Terra."[24]

Para construir esta concepção de ciência, tais correntes apelaram para uma razão total que confere um lugar à divindade, à contemplação mística, à poesia e à religião, pois a irracionalidade, neste sentido, representa "uma tentativa de submeter a razão ao domínio da vida".

A característica fundamental deste pólo epistemológico é seu caráter de oposição e de simetria em relação às correntes racionalistas. Um bom exemplo é o projeto paralelo de uma Enciclopédia, uma "Bíblia da natureza", concebida por Novalis e Schlegel, em que o ponto de vista romântico seria oposto ao da Enciclopédia dos "materialistas franceses". Outro signo desta

---

[24] GUSDORF (G.), *Le Savoir romantique de la nature, op. cit.*, p. 17.

oposição é a forma de apresentação utilizada pelos comentadores destes movimentos que seguem sempre a concepção de uma luta entre personagens: Goethe contra d'Holbach, Lamarck contra Geoffroy Saint-Hilaire, Herder contra Kant, e assim por diante. Tudo se passa como um verdadeiro combate e Gusdorf, por exemplo, nos apresenta o declínio da Filosofia da Natureza e do Romantismo como resultado da "destruição positivista".

A *hermenêutica*

A origem da hermenêutica se situa na Antiguidade, inspirada na mitologia grega de Hermes, deus da comunicação, encarregado de trazer as mensagens do Olimpo. O museu de Alexandria foi a primeira instituição a colocar em prática o método de interpretação para desenvolver seus estudos homéricos. Aliás, foi assim que surgiu uma "geografia" encarregada de inventariar os dados, a fim de fornecer uma correspondência entre o mundo lendário dos textos e o mundo real. A esta tradição, veio juntar-se uma outra, trazida pelos rabinos talmúdicos, especialistas na interpretação dos textos sagrados.

O advento do cristianismo e a organização ulterior da Igreja católica introduziram um corte claro na tradição hermenêutica. De início, houve um conflito com os talmudistas a respeito das mensagens da revelação, entre o Novo e o Velho Testamentos. Em seguida, a universalidade religiosa, base da doutrina cristã, impôs uma só fonte literária e um modo único de compreensão dos textos. Logo, ao lado da interpretação da Igreja, imutável e orientada na afirmação de um certo sentido, desenvolveu-se a exegese, que continuava a buscar a pluralidade de sentidos e a denunciar as incoerências dos textos retidos pela Igreja. A exegese está na origem dos estudos filológicos, que começaram a ser feitos na Alemanha, no séc. XVIII, e a tradição hermenêutica reapareceu então como método de leitura e interpretação dos textos sagrados e clássicos. Em uma época na qual o acesso à leitura era ainda privilégio de uma minoria, o hermeneuta era aquele que tinha a incumbência de explicar, em linguagem acessível, a mensagem sagrada dos textos bíblicos. Já se pode notar aí uma certa forma de tradução e de transmissão de um sentido que existe *a priori*. Toda atividade se dirige para a possibilidade de extrair dos textos um conhecimento. A interpretação permitiria "liberar" a mensagem contida em um texto que é impenetrável e obscura ao profano.

"O documento a ser interpretado tem autoridade em relação às tentativas de fazê-lo dizer o que ele diz. A atitude do intérprete implica uma submissão respeitosa em relação à intenção da significação encarnada no texto, na inscrição, no monumento ou no objeto examinado. A explicação é sempre mais abundante que o documento e tanto mais longa quanto mais breve é o documento; ela multiplica as aproximações, introduz hipóteses contraditórias e freqüentemente as conclusões dão margem a uma pluralidade de opções, sem que a dúvida seja completamente suprimida".[25]

O conhecimento não é mais alguma coisa a reconstruir, mas profundamente ligado à ontologia das coisas, algo que é consubstancial à coisa, imanente, e por isso a interpretação não pode jamais chegar a um sentido definitivo, pois o sentido é recriado a cada tentativa. Assim, ler a Bíblia, a palavra de Deus, significa reencontrá-Lo. Como no Romantismo, a hermenêutica sempre apela para uma dimensão escondida, invisível, um núcleo substancial, que corresponde quase sempre a uma ordem teológica. A dimensão religiosa da hermenêutica não é acessó-

---

[25] GUSDORF (G.), *Les origines de l'herméneutique*, Payot, Paris, 1988, p. 20.

ria. A maior parte dos autores que nela se inspiraram chegou à teologia por vias diversas.

Mais tarde, a hermenêutica se constituiu em método. Esta constituição não foi súbita; ao contrário, a importância foi pouco a pouco sendo deslocada do objeto (texto) para o sujeito (hermeneuta). As escrituras sagradas começavam a ser lidas como alegorias, cuja verdade se revelava pela interpretação das imagens. Além disso, desde que o método havia se distanciado de seu objeto primeiro — os textos sagrados —, convinha buscar os elementos livres do raciocínio. E onde encontrá-los senão na natureza? A natureza foi sem dúvida o grande laboratório da hermenêutica moderna.

Tal qual o texto sagrado, a natureza se apresenta como um livro aberto à interpretação. Ela se apresenta de uma maneira que pode parecer obscura ao olhar profano, mas a interpretação direta, erudita pode extrair dela um conhecimento de ordem superior. A natureza não pode jamais ser definida por sua exterioridade, e a ciência racionalista incorre justamente neste erro de considerá-la apenas em seus aspectos externos. Esta ciência positiva pode chegar a estabelecer leis, mas a natureza continua assim mesmo a lhe ser estranha. A intenção fundamental da hermenêutica, ao contrário, não é de explicar os fatos, mas, antes, de compreendê-los em sua totalidade.

A constituição de um método hermenêutico moderno começa com Herder, que estabeleceu uma inteligibilidade circunscrita às condições espaço-temporais. Um pouco mais tarde, Schleirmacher estende a hermenêutica, demonstrando serem ilimitados o campo de aplicação deste método e os elementos que dele podem fazer parte.[26] A interpretação proposta por Schleirmacher incorpora o vocabulário, a sintaxe, as figuras de retórica, o estilo e os gêneros literários; inclui também uma

---

[26] Ver, por exemplo, SZONDI (P.), "L'hermenéutique de Schleiermacher", *in Poésie et poétique de l'idéalisme allemand*, Gallimard, 1975, pp. 291-315.

preocupação com o meio físico, material e histórico que cercam a produção literária: "É do maior interesse científico saber como o homem chega a operar constituindo e utilizando a linguagem"; e acrescenta que "nenhum texto pode ser inteiramente compreendido senão em sua relação com o ambiente completo de representações, a partir das quais foi produzido e mediante o conhecimento de todas as condições de vida do escritor, assim como de seu público".[27] A compreensão foi, então, promovida a nível de instrumento epistemológico. Compreender é também alcançar uma significação, explicar o obscuro, revelar uma essência. Os fatos são expressivos por serem portadores de sentido. As ciências sociais (do espírito para Dilthey) seriam então o novo cânone científico, porque estavam sempre ligadas a fatos expressivos e significativos.

"É pelo processo da compreensão que a vida é esclarecida sobre ela mesma em suas profundezas e, por outro lado, nós só compreendemos a nós mesmos e compreendemos os outros seres na medida em que transferimos o conteúdo de nossa vida para toda forma de expressão de uma vida, seja ela nossa ou estranha a nós. Assim, o conjunto da experiência vivida, da expressão e da compreensão é em todo lugar o método científico, pelo qual a humanidade existe para nós enquanto objeto das ciências do espírito".[28]

Segundo Dilthey, compreender é o ato de encontrar nos fatos a intenção dos outros, de se colocar em comunicação com

---

[27] SCHLEIERMACHER, "Hermeneutik und Kritik", Berlim, 1838, citado por GUSDORF (G.), *Les origines de l'herméneutique, op. cit.*, pp. 334 e 335.

[28] DILTHEY (W.), *L'édification du monde historique dans les sciences de l'esprit*, Paris, CAF, 1988, p. 38.

eles. A compreensão é sempre sintética. Trata-se de um movimento cujo objeto não pode ser decomposto em elementos mais simples. Ela deve ser guiada pela intuição e pelo sentimento, de tal maneira que a compreensão seja capaz de alcançar imediatamente as totalidades sem recorrer à razão. Todas as ciências do espírito, ou seja, as disciplinas afeitas à consciência humana devem, segundo Dilthey, recorrer à compreensão como um instrumento próprio. A hermenêutica é um dos fundamentos da ciência, pois a cultura judaico-cristã possui na base de sua tradição uma religião do Livro, das escrituras. Assim, a hermenêutica, ancorada na tradição, é considerada como fonte maior da verdade.

É preciso notar que a compreensão é o instrumento de um novo pólo da produção do saber. Originário do pensamento artístico e religioso, este movimento se manifestou em seguida nas ciências, mais particularmente nas ciências sociais. Segundo Gusdorf, o Romantismo e a hermenêutica desencadearam uma revolução cultural na ordem das ciências sociais que "abriu novas dimensões à consciência de si constitutiva da modernidade".[29]

Com relação ao modelo clássico de um saber sistemático, a hermenêutica representou uma oposição radical. Ela mostra a impossibilidade de objetivação dos fatos, sob pena de perder de vista as coisas reais e de substituí-las apenas por representações parciais. Não há leis ou determinações, a ação só pode ser compreendida no contexto fenomenal: sua expressividade é sempre particular e espontânea.

O saber provém do contato entre o sujeito e o objeto. Não há como descartar a subjetividade, visto que ela é o próprio móvel do conhecimento pela via do sentimento e da intuição. Os fatos são experiências vividas e as totalidades são compostas

---

[29] GUSDORF (G.), *Les origines de l'herméneutique, op. cit.*, p. 184.

pelo que é expresso no contato com a vida. A ciência racionalista pode ter uma validade formal, fundada sobre um conhecimento rigoroso e geral. No entanto, uma vez que ela se desenvolve sobre a exterioridade dos objetos, não tem verdadeiramente um valor empírico.[30] Da mesma forma, a cultura se encontra valorizada. O estudo da linguagem é fundamental, pois é a partir da comunicação, do diálogo, que se trocam significações e que a expressividade pode ser entendida. Em conseqüência, a compreensão hermenêutica sublinha a importância dos grupos sociais/regionais. Enquanto elementos únicos, estes grupos têm, por intermédio da subjetividade, um repertório comum pelo qual é expressa sua individualidade coletiva.

Mais recentemente, a hermenêutica foi deslocada do campo metodológico para o da ontologia. Segundo Heidegger, compreender é uma maneira de ser, isto é, o ser humano tem um projeto de compreensão inerente que substitui a universalidade da racionalidade. Isso representa um dos novos terrenos da geografia humanista e também é aquilo que anima as discussões filosóficas atuais. A fenomenologia reencontra, pela via de Heidegger, a herança destas contracorrentes, pois, segundo Gusdorf, "Gadamer reenvia a Heidegger, que reenvia a Dilthey, que reenvia a Schleiermacher".[31]

Esta cadeia está longe de ser interrompida, pois, nos tempos atuais em que o pós-modernismo se estabelece como nova corrente de pensamento, numerosos são aqueles que apelam para a hermenêutica. Mais surpreendente ainda é comparar a definição da interpretação hermenêutica de Gusdorf como sendo a polissemia, o desdobramento do sentido, os efeitos de

---

[30] Uma análise mais aprofundada deste pólo epistemológico pode ser encontrada em HABERMAS (J.), *Connaissance et intérêt*, Gallimard, Paris, 1976, especialmente o capítulo sobre a Teoria da Compreensão.

[31] GUSDORF (G.), *Les origines de l'herméneutique, op. cit.*, p. 188.

espelho e o enriquecimento ao infinito da interpretação, com as propostas semelhantes sustentadas pelo desconstrucionismo.[32]

A fenomenologia

A importância e o verdadeiro sentido da fenomenologia no pensamento filosófico são objeto de grandes discussões. Muitos autores, a partir de pontos de vista diferentes, contribuíram de maneira diversa para a constituição de um horizonte fenomenológico. O termo foi criado, em 1764, por J. H. Lambert e, a partir daí, recebeu significações diferentes, notadamente aquelas dadas por Kant, Hegel, Husserl e Heidegger. Seria inimaginável discorrer sobre a questão da natureza da fenomenologia no quadro restrito deste trabalho. Importa, contudo, sublinhar algumas diferenças fundamentais que nos ajudarão a delimitar o campo pertinente de nossos comentários.

Quando Kant se refere à fenomenologia, ele a define como o encontro entre o conteúdo empírico de um fenômeno, isto é, o elemento material de um fato, e a elaboração da forma para apreendê-lo, que depende diretamente do raciocínio. Neste sentido, a fenomenologia kantiana valoriza justamente o problema da correspondência entre os objetos empíricos e as formas para a sua apreensão. Em outros termos, o fenômeno é aquilo que nos aparece pela percepção e seu conhecimento depende do entendimento humano, definido ao mesmo tempo pela forma de sensibilidade e pela forma de intelecção. O conhecimento é, portanto, função da intuição sensível e das categorias gerais do conhecimento frente à diversidade fenomenal. O fenômeno é a parte inteligível de uma experiência ao mesmo tempo sensível e racional.

---

[32] GUSDORF (G.), *Les origines de l'herméneutique, op. cit.*, p. 45; a respeito do desconstrutivismo, ver BOUGON (P.), "Genet recomposé", *op. cit.*

Na acepção hegeliana, a fenomenologia é o caminho científico construído pela consciência, de acordo com o próprio subtítulo de sua obra *A fenomenologia do espírito*. Este caminho começa pela percepção simples do mundo por parte da consciência "sentidora"; para ser intelectualizado, o objeto deve incorporar a unidade das determinações do pensamento e por este procedimento a universalidade da razão se introduz no mundo. Quando a consciência segue este caminho reflexivamente, ela se torna consciência de si. Ela é primeiramente individual, depois alcançará a universalidade pelo encontro dialético com um outro eu (dialética do mestre e do escravo). Neste momento, segundo Hegel, ela acederá ao saber absoluto e à razão universal.

A fenomenologia de Husserl se diferencia das duas precedentes, de um lado pelo abandono do entendimento kantiano e do outro pelo abandono da razão como veículo da consciência. A fenomenologia de Husserl se define pela intuição pura, capaz de identificar a essência das coisas através de reduções fenomenológicas que substituem o conhecimento no plano lógico pelo plano natural.

Esta conduta não significa um irracionalismo, ainda que certas interpretações ulteriores tenham tomado este caminho em seu nome. A racionalidade é, para Husserl, um elemento fundamental da ciência, mas não pode ser a base do conhecimento, pois o ponto de partida são os dados imediatos percebidos pela consciência pura. A crítica husserliana não diz respeito à ciência em geral, mas somente à base pela qual a ciência pretende estabelecer seu sólido edifício racional.

Procurar a essência das coisas significa refletir sobre aquilo que nos aparece sem hipóteses sobre as totalidades. Assim, a descrição dos fenômenos substitui a pretensão explicativa do racionalismo. Segundo Husserl, antes de estabelecer uma regularidade experimental para obter a lei da queda dos corpos, Galileu recorreu à essência da coisa física: a massa. O positivismo nos faz crer que ao se conhecer uma relação constante entre dois fenômenos, isto é, pelo estabelecimento de leis, a ciência chega ao termo de sua explicação sobre as coisas.[33] Esta conduta nos responde sobre a forma pela qual duas variáveis se comportam entre si, no entanto é incapaz de nos dizer por quê. Logo, a lei em si não é explicativa e as teorias desligadas dos resultados experimentais partem de um pressuposto indutivo ancorado invariavelmente no genetismo ou no determinismo.

Nos dois casos, segundo Husserl, a explicação é contingente. No genetismo, esta explicação procura reconstituir uma origem e uma evolução que são ulteriores à percepção do fenômeno que se quer explicar. No caso do determinismo, a explicação impõe, a partir de experiências parciais, um sentido universal que só pode ser contestado por outras experiências.

A partir destas observações, Husserl pretende fundar uma outra idéia de ciência. O problema metodológico é para ele, antes de tudo, ontológico. A fenomenologia, através de seu caráter eidético, desempenha o papel de uma crítica necessária à definição de uma nova positividade científica. Cada disciplina, antes de eleger um objeto de investigação, deve se perguntar acerca da essência que funda este objeto. A sociologia, por exemplo, se atribui como objeto o fato social e o incorpora de uma maneira metafísica, pois não se pergunta o que significa "ser-em-sociedade". Todas as disciplinas devem seguir a mesma conduta, isto é, devem reencontrar seus pontos de vista eidéticos e fundar uma ontologia científica antes de qualquer garantia epistemológica.

O rigor buscado por Husserl não se prende, portanto, à atitude objetiva recomendada pelo positivismo. O "cartesianismo" de Husserl diz respeito antes à reflexão "pura", capaz de afastar

---

[33] Segundo Husserl, esta diferença de perspectiva distingue um saber natural e um saber fenomenológico, HUSSERL (E.), *Idées directrices pour une phénoménologie*, Gallimard, Paris, 1989; ver, sobretudo, o primeiro capítulo da segunda seção, Considérations Phénoménologiques Fondamentales.

toda incerteza, em vez da metafísica empiricista ou daquela que coloca a ênfase sobre o psicologismo total. Uma ciência eidética deve fundar todo conhecimento na essência, considerada enquanto princípio, contrariamente a Descartes, que a considerava como um fim.

Os comentadores da obra de Husserl insistem freqüentemente sobre a importância do contexto intelectual que o cercava para compreender o sentido de seu pensamento. O grande debate da época se situava entre uma posição cientificista, que pretendia que a ciência poderia, através do método, alcançar uma verdadeira objetividade, e uma outra posição, chamada por Husserl de "psicologismo", que afirmava a inteira subjetividade de todo conhecimento. Husserl, através da fenomenologia, concebeu um sistema filosófico que reclamava a objetividade sem recorrer às construções abstratas racionais, e que ao mesmo tempo fazia oposição à subjetividade fundada sobre um "psicologismo niilista" do fim do séc. XIX.

Husserl propunha um retorno às coisas nelas mesmas; isto é, apontava para a necessidade de observar os fenômenos afastando qualquer pressuposto, tanto os do senso comum, quanto os impostos pela ciência. Segundo ele, a filosofia perdeu o contato com as coisas porque deixou-se impregnar pelo discurso científico, que pretende substituir a realidade vivida por uma abstração racional. Se o senso comum e o método científico estão carregados de pressupostos, como se poderia chegar à observação da essência das coisas? Husserl nos responde que a consciência é intencional e que visa um objeto sem recorrer à subjetividade.

Ele ilustra sua conduta pela percepção da cor vermelha de um objeto, que remete à comparação com outros objetos vermelhos e, por esta comparação, estabelece-se uma base de reconhecimento dos elementos que são invariáveis, logo essenciais. Este princípio é conhecido como o princípio da variação e, por várias vezes, foi interpretado como a marca do platonismo no pensamento de Husserl. A diferença fundamental é que a consciência se constitui por sua relação com o mundo: a essência de um objeto, de cor vemelha, por exemplo, não pode ser definida abstraindo-se da superfície sobre a qual a cor se estende. A experiência da cor separada desta superfície é, segundo Husserl, inconcebível.

A outra conseqüência da consciência intencional é a limitação da percepção aos campos circunscritos na relação entre o observador e o fenômeno. A intencionalidade consiste então em "visar" alguma coisa, uma "intenção em direção a" um fenômeno. Em outros termos, há tantos modos de apreensão de um objeto quantas são as formas de visá-lo. A descrição destas diferentes formas de manifestação de um fenômeno para a consciência compõe o verdadeiro conhecimento essencial. A ciência racionalista e experimental fixa uma explicação baseada somente num certo gênero de relação ou de visão; pelo preconceito do empirismo, esta ciência é sempre parcial.

A consciência é sempre consciência de alguma coisa e, como visa um objeto, faz intervir uma multiplicidade de elementos: a forma, a cor, a extensão etc. Cada um destes elementos remete, pela observação particular de um objeto, a uma unidade dentro da multiplicidade existente. Desta forma, a consciência não se constrói em um só ato; ela progride dentro de duas esferas, a partir da "estrutura das multiplicidades". A primeira esfera é a do meu pensamento, o *cogito*; a segunda, a do que é pensado, o *cogitatum*. A união destas duas esferas forma uma idéia que corresponde ao conjunto de todos os predicados de uma coisa e cuja supressão significaria o aniquilamento da própria coisa.

A leitura da fenomenologia pode dar lugar ao subjetivismo, pelo fato de que todas as coisas são remetidas ao domínio da minha consciência, isto é, "o percebido da minha percepção, o

120

pensado do meu pensamento, o compreendido da minha compreensão".[34] Contra esta concepção, Husserl utiliza dois grandes argumentos. Em primeiro lugar, o subjetivismo confunde o sujeito do conhecimento e o sujeito psicológico. A despeito do fato de que a consciência está submetida às condições particulares e pessoais, ela se comunica sobre a base de um realismo nascido da intuição sensível, visto que o subjetivo é indemonstrável.

O segundo argumento de Husserl baseia-se no fato de que a consciência se orienta em um mundo de experiências vividas. Este mundo pode ser mais ou menos claro ou obscuro, mas ele é ao mesmo tempo dado antes de toda experiência e repartido entre diversos sujeitos. Assim, a experiência vivida é sempre objeto de uma comunicação com a pluralidade de sujeitos por onde transitam os sentidos da experiência. Neste sentido, o outro não é uma representação do eu, ele é um outro eu, fundado sobre ele mesmo e por isso estranho e fonte também de significações. Neste contato entre o eu e o outro, aparece a noção de intersubjetividade, que pretende escapar ao sistema de objetos absolutos proposto pelo racionalismo e do mundo para-mim do psicologismo.

O mundo vivido é definido, portanto, pelas experiências fenomenais e pelas comunicações intersubjetivas. Para Husserl, o *Lebenswelt* consiste em conjunto de coisas, mas também de valores, de mitos, de bens, que são repartidos dentro de um universo intersubjetivo. É, aliás, este ponto de vista que terá maior influência sobre as ciências sociais. Trata-se de um mundo onde a experiência nos coloca em presença da variedade e onde, a partir de uma atitude reflexiva conhecida como redução, o sentido e a transcendência deste mundo se explicitam. Ele é também constituído por uma ordem e, desta maneira, o mundo da experiência fenomenológica se define como sendo essencial e

---

[34] Ver a este respeito LYOTARD (J.-F.), *La Phénoménologie, op. cit.*, p. 75, e CARATINI (Roger), *La philosophie*, Tomo II, Seghers, Paris, 1984, p. 142.

lógico, o conhecimento sendo um produto direto do vir a ser da vida.

> "O mundo natural é um mundo fetichisado onde o homem se abandona como existente natural e onde ele objetiva ingenuamente a significação dos objetos. A redução procura apagar esta alienação, e o mundo primordial que descobre quando se prolonga é o solo de experiências vividas sobre o qual se manifesta a verdade do conhecimento teórico. A verdade da ciência não é mais fundada em Deus como em Descartes, nem nas condições *a priori* como em Kant; ela é fundada sobre o vivido imediato de uma evidência pela qual o homem e o mundo se encontram de acordo originalmente."[35]

A experiência vivida que dá lugar à redução fenomenológica não é, portanto, constituída pela introspecção pura. O vivido não é um sentimento, pois, segundo Husserl, este último não oferece nenhuma garantia contra o mundo imaginário. O fato de se ter medo de se experimentar a cólera ou a simpatia não satisfaz a condição de saber o porquê desta situação. Estes estados e sentimentos só ganham sentido quando são comparados com outras situações semelhantes vividas anteriormente. Desta maneira, o vivido jamais pode ser visto como uma representação abstrata. De fato, o essencial das coisas aparece na sucessão dos encontros fenomenais, no fluxo do vivido e pela comunicação entre os sujeitos de suas experiências. Logo, a experiência interior, subjetiva não é válida como um conhecimento eidético.

Este ponto é particularmente importante para a corrente que se atribui uma influência fenomenológica na geografia e que, às vezes, tende a recorrer à sensação pura, aos sentimentos,

---

[35] LYOTARD (J.-F.), *La Phénoménologie, op. cit.*, p. 42.

ao subjetivismo, e às representações imaginárias como vias suficientes para o conhecimento. É preciso sublinhar, aliás, que um dos combates fundamentais da fenomenologia foi dirigido justamente contra o relativismo científico, contra a subjetivação psicológica e contra toda sensação fundada sobre a ordem espiritual. Do ponto de vista de Husserl, se a validade do saber estivesse subordinada às condições psicológicas e se a verdade lógica dependesse da certeza contingente daquele que julga, o mundo científico estaria completamente arruinado.

Para ultrapassar ao mesmo tempo o psicologismo e o reducionismo empirista, a fenomenologia foi procurar a noção de compreensão, sobretudo para as ciências sociais. Esta concepção considera, de início, que o fato cultural possui uma essência diversa do fato natural, pois o primeiro expressa uma intenção utilitária. Em segundo lugar, o plano essencial do fato cultural implica sempre um caráter comunicacional, visto que se inscreve obrigatoriamente em um repertório de significações comuns para poder se realizar enquanto fato. Portanto, a questão primordial, eidética de um fato cultural é: o que ele significa? O objetivismo pretende, ao contrário, conhecê-lo a partir das condições de sua manifestação, pelas regularidades de seus comportamentos. Neste caso, a questão sobre a significação resta sem resposta ou, simplesmente, é objeto de conjecturas contingentes.

O "retorno às coisas", na acepção husserliana, impõe a consideração do fato cultural como portador de sentido e como circulação de significações de homem a homem. Neste sentido, mergulhados em uma sociabilidade que nos é primordial, não existe distinção possível entre sujeito e objeto. O mundo é constituído por uma troca de significações, por uma interação de mensagens, que definem o ser-em-sociedade. A compreensão, no sentido fenomenológico, é a redução (colocar entre parênteses) necessária que permite a simultaneidade de ser no mundo e de poder pensá-lo, isto é, de viver a experiência do mundo e de constituir uma consciência de ser neste mundo. O mundo vivido é, portanto, a fonte e a base de todo conhecimento e a legitimidade de toda consciência.

Parte 2

A dinâmica dual no contexto da geografia clássica

5

Os fundamentos filosóficos da geografia científica

Atribuir a emergência da geografia científica, logo moderna, às obras de C. Ritter e de A. Humboldt, não deve colocar em dúvida o papel e a importância do saber geográfico anteriormente produzido. Percebe-se, aliás, que o discurso da geografia científica se nutriu em grande parte destas fontes temáticas e metodológicas. Assim, uma das primeiras tarefas da geografia moderna foi a reatualização destes conhecimentos, ajustando-os às exigências do discurso científico.

Rompendo com a ordem medieval, a Renascença deu duas principais direções à geografia. Primeiramente, ela fez nascer a necessidade de um novo modelo cosmológico, a fim de substituir o sistema geocêntrico, o único então aceito pela Igreja. Em segundo lugar, a Renascença, ao adotar a Antiguidade clássica como fonte primordial de toda inspiração, também conduziu a geografia a tirar seus modelos fundamentais deste período. A renovação da geografia nesta época, segundo Numa Broc, caracterizou-se pela redescoberta de Ptolomeu e de Estrabão.[1]

A retomada da geografia ptolomaica conduziu à emergência, na pesquisa geográfica, de um modelo fundamental que perdurou até o advento da geografia científica. Este modelo era composto de uma cosmografia, a *Almageste,* e de uma *Geografia.* Esta última reagrupava um conjunto de mapas e de comentários relativos à dimensão e à forma da Terra, uma série de dados concernentes à localização rigorosa dos lugares e um conjunto de princípios gerais (chamado *Taxis,* que significa colocar em ordem) dando as regras do traçado dos mapas.

A finalidade da geografia de Ptolomeu era a cartografia. Todavia, Christian Jacob estima que o mapa buscava produzir uma "mímesis" da Terra, ao mesmo tempo representação e imagem: "A particularidade da geografia é mostrar em sua unidade e continuidade a Terra conhecida".[2] Segundo Ptolomeu, o céu se dá ao nosso conhecimento, visto que ele gira ao nosso redor; a Terra, ao contrário, apenas se dá a conhecer por sua imagem representada nos mapas.

Sendo a unidade da Terra fundamental em seu sistema, Ptolomeu era levado a recusar toda descrição apoiada unicamente sobre uma ou várias partes da Terra, procedimento conhecido então pelo nome de corografia. A imagem que o período ulterior à Renascença reteve dele acentua esta preocupação de explicar a Terra no que ela tem de geral: também é ele freqüentemente apresentado como cosmógrafo e precursor de uma geografia matemática.

Depois da Renascença, o modelo de Ptolomeu foi adotado pela maioria dos geógrafos sob a forma de cosmografias, seguin-

---

[1] BROC (Numa), *La géographie de la renaissance. 1420-1620,* Ed. du C.T.H.S., Paris, 1980.

[2] JACOB (Christian), *Géographie et ethnographie en Grèce ancienne,* Armand Colin, Paris, 1991, p. 128.

do o mesmo esquema geral. A conduta consistia em uma discussão sobre a criação do mundo, a forma da Terra, os círculos, as zonas climáticas e alguns temas relativos à física do globo (as montanhas, os vulcões, as inundações etc.). Todas essas cosmografias, ou cosmogonias, pareciam com aquelas da Antiguidade. Contudo, elas procuravam enriquecer-se com novos dados e por uma maior precisão, exigências advindas no período pós-renascentista. Estes estudos tinham uma dupla conseqüência: reforçar o mesmo modelo conhecido há muito tempo e produzir uma *Imago Mundi* moderna.

Até o séc. XVIII, vários autores trabalharam de acordo com os princípios das cosmografias, como, por exemplo, Buache, Münster e Enciso. Vários problemas de base da cartografia, o cálculo das latitudes e, sobretudo, o das longitudes, bem como os sistemas de projeção, foram amplamente tratados nestes estudos. Ao mesmo tempo, os fenômenos naturais e sobretudo climáticos, ao fazer parte desta geografia, escapavam às interpretações livres, religiosas ou mágicas da tradição medieval. As cosmografias estão, pois, na origem da tradição que define simultaneamente a escolha temática e confere uma metodologia geral à geográfica. Estas duas preocupações faziam parte do plano fundamental das cosmografias e sobreviveram na geografia científica. Foi através delas que a geografia considerou que era sua a tarefa de produzir imagens do mundo, de compreender sua organização e de decifrar sua ordem; em suma, de veicular uma cosmovisão.

Se a geografia de Ptolomeu pôde ser considerada quase como uma bíblia durante a Renascença, uma outra redescoberta imediatamente posterior veio se juntar à tradição geográfica: a de Estrabão.

Em sua obra, as duas primeiras partes são consagradas aos aspectos teóricos, especialmente os traçados de mapas e os métodos topográficos; já os 15 outros livros continham exclusivamente descrições regionais englobando a quase totalidade do mundo conhecido na época. Nessas descrições, Estrabão recorre a diferentes elementos econômicos, etnográficos, históricos e naturais, para compor a imagem de cada região.

É bastante natural que a Renascença se tenha debruçado sobre sua obra, dado o interesse da época pelas viagens, pelas terras desconhecidas e pelas descrições regionais. Parece então evidente que a obra de Estrabão tenha sido popular e largamente difundida no seio do gênero "narrativas de viagem", um gênero que então se desenvolvia e que permaneceu em voga até o séc. XIX. O gosto pela descrição de aventuras e de epopéias vividas em terras desconhecidas explica em grande parte o interesse por essas narrativas. Aí também a referência à Antiguidade estava presente pelo viés da *Odisséia*, considerada como um texto fundador pela tradição humanista através de diferentes épocas.

O modelo de Estrabão é considerado como histórico-descritivo em oposição àquele de Ptolomeu, tido como matemático-cartográfico. Estes dois autores fundaram então duas escolas de geografia, que conviveram lado a lado até a revolução científica. Certos geógrafos procuraram reunir ao mesmo tempo os princípios gerais cosmográficos e as descrições regionais corográficas, integrando assim, em uma mesma obra, essas duas abordagens até aí distintas. É então possível afirmar que existia já nessas tentativas de integração uma maneira de conceber a geografia como uma relação entre a organização geral do mundo e sua imagem, de um lado, e a fisionomia particular de algumas de suas partes, de outro. Esta concepção é talvez a origem da aproximação retida pelos manuais tradicionais de geografia moderna, que fazem figurar em geral uma cosmografia seguida de descrições regionais.

A análise do passado é, sem dúvida, influenciada pela percepção dos temas que nos são atuais e que somos sempre tentados a justificar pelo recurso à História. Assim, a distinção entre uma tradição matemático-geral, atribuída a Ptolomeu, e uma tradição histórico-descritiva, devida a Estrabão, está certamente relacionada ao desenvolvimento ulterior da geografia e à sua percepção atual.

O fato de que essas duas tradições sejam claramente identificadas e sublinhadas permite pensar que a geografia moderna se propõe a ser a união dessas duas tendências. É certo que um dos objetivos de base dos geógrafos do fim do séc. XIX consistia em unificar em um só campo científico todas as tradições que eles herdaram. O objeto científico homem-meio tornou possível o estabelecimento de relações de valor geral, conservando a importância das descrições regionais particulares. Estas duas condutas eram então vistas como uma análise em dois níveis complementares. Mas é verdade, também, que o que pôde ser visto num primeiro momento como uma solução foi em seguida vivido como um problema.

Muitos geógrafos modernos não hesitam em ver uma dicotomia entre esses dois modelos, apresentados também como sistemático e idiográfico ou, ainda, como geografia geral e geografia regional. Os exemplos são inúmeros. Clozier, por exemplo, vê aí uma "oposição de tendências". De Martonne, por sua vez, concebe um "dualismo da concepção geográfica", Hettner aponta para "tradições distintas", e Hartshorne nos fala de uma profunda "dicotomia metodológica". Alguns opõem também a abordagem física à abordagem humana, seguindo esses mesmos princípios de dicotomia. A primeira, mais próxima das ciências naturais, pode seguir um método objetivo e de generalização. Em contrapartida, a geografia humana não pode fugir das relativizações no que concerne à cultura; ela é então às vezes tomada na trama de uma certa subjetividade e de um certo particularismo.

Os termos deste debate não se limitam exclusivamente à geografia. Eles se estendem, sem dúvida, ao conjunto das ciências, na medida em que esta discussão tem por objeto as condições de validade do discurso científico. Esta legitimidade é apreendida de duas maneiras distintas. De um lado, considerase que o conhecimento repousa sobre a observação de fatos regulares, que levam a generalizações abstraindo-se todo contexto particular; ele se apóia sobre o raciocínio, o qual trabalha a partir de representações racionais. Do outro lado, estima-se que o conhecimento se adquire através do estudo de casos específicos, únicos e não-redutíveis, devendo ser apreendidos em todas as suas especificidades. Para alguns autores, esta distinção não é válida na medida em que os casos específicos servem de base à experimentação e seriam o veículo de uma formulação geral. Contudo, a questão continua sendo a respeito da maneira possível de encarar o que é geral e o que é particular. Com efeito, trata-se de saber se os casos específicos podem ser integrados em um esquema geral sem perder suas características essenciais. Trata-se também de saber se o conhecimento de um fato em si mesmo é possível sem o recurso a um modelo abstrato e redutor.

Na ciência em geral, estes dois procedimentos receberam o nome de nomotético e idiográfico. Eles encontram em cada disciplina uma forma diferente, de se exprimir, mas, para além desta diversidade, identificam-se com facilidade elementos fundamentais similares que caracterizam estas duas abordagens relacionadas, em verdade as diferenças identificadas nos dois pólos epistemológicos da modernidade. A tradição geográfica anterior ao advento da ciência moderna é também interpretada, utilizando esta mesma dualidade entre um saber racionalista, geral e objetivo e um outro que repousa sobre a descrição do particular.

O séc. XVIII é conhecido pela riqueza de suas discussões, algumas das quais concernem diretamente à geografia, seja pelo novo olhar que foi lançado sobre a natureza, o homem e suas relações recíprocas, seja pelo estabelecimento das novas regras e princípios que fundam o pensamento científico moderno. Várias transformações foram produzidas durante este período, situado a meio caminho entre a Renascença e suas tradições e a idade moderna, a mesma que viu a constituição de uma geografia científica. As tradições foram então reinterpretadas à luz da época, e é durante este período que foram definidos os critérios que permitiram a transformação de um saber em ciência. Por esta razão, julgamos por bem tirar daí os elementos que nos dão certas chaves de interpretação do desenvolvimento ulterior da geografia.

Os fundamentos filosóficos e os antecedentes de uma geografia científica

O tema da relação homem-natureza era central no discurso dos "filósofos" no séc. XVIII, como pudemos sucintamente ver no capítulo precedente, sobre o desenvolvimento do racionalismo. A questão de saber se estes personagens podem ser considerados como os verdadeiros fundadores de uma geografia humana científica é objeto mesmo de um debate entre historiadores.[3]

De fato, parece que estas reflexões sobre a relação homem-natureza eram ainda de ordem muito geral e continham problemáticas muito diferentes que, por sua diversidade, não permitiam reconhecer a especificidade do domínio disciplinar geográfico. Isto não quer dizer, no entanto, que se possa negar uma certa identidade entre as questões levantadas pelos "filósofos" e o debate que ganha corpo na geografia cem anos depois.

Segundo L. Fèbvre, por exemplo, há uma continuidade entre as perspectivas de Montesquieu e as de Ratzel, pois ambos se propuseram a estabelecer leis gerais para compreender as relações homem-meio. A Montesquieu se aplica o título de fundador de um novo determinismo geográfico, antes mesmo que

---

[3] BROC (Numa), "Peut-on parler de géographie humaine au XVIIIème siècle en France?", *Annales de Géographie*, 1969, n°. 425, pp. 57-75.

se possa falar de uma disciplina científica. O mais interessante a este respeito é a interpretação de Fèbvre, que estabelece uma oposição entre Montesquieu e Buffon em termos análogos àquela, que ele propõe, entre Ratzel e Vidal de La Blache. Para Fèbvre, Buffon representa o ponto de vista "moderno" da geografia, que considera o homem como um agente transformador da natureza.[4]

Desta maneira, o debate que se desenvolveu no coração da geografia no fim do séc. XIX é interpretado como sendo a retomada das concepções em voga no Século das Luzes. Mais importante, este debate opõe uma perspectiva escrava do racionalismo abstrato e geral, a uma posição que se apóia unicamente sobre casos concretos e segundo a qual o trabalho humano na natureza é a conseqüência de uma dinâmica complexa que não pode ser simplificada pela via do determinismo.

Esta discussão está longe de terminar e Montesquieu é ainda objeto de opiniões diversas, que vão de fortes críticas aos pontos de vista os mais favoráveis.[5] Estes últimos valorizavam justamente sua tentativa de criar um conhecimento objetivo nas ciências sociais. Sustentam que seu determinismo não pode ser julgado de uma maneira simplista e que as proposições do *Espírito das leis* são muito mais complexas do que parecem à primeira vista. Uma controvérsia similar se desenvolve em torno de Buffon, julgado, segundo o período e a obra examinada, como o defensor de um naturalismo intransigente ou de um humanismo nascente.[6] De qualquer forma, se os julgamentos destes personagens são ainda matéria para diferentes interpreta-

---

[4] FEBVRE (Lucien), *La terre et l'évolution humaine*, "La Renaissance du Livre", 1992, pp. 9 e 10.

[5] Ver, por exemplo, GOUROU (Pierre), "Le déterminisme physique dans L'Esprit des Lois", *L'Homme, revue française d'anthropologie*, 1963, e BENREKASSA (Georges), *Montesquieu, la liberté et l'histoire*, Biblio essais, Paris, 1987.

[6] BROC (Numa), "Peut-on parler de géographie humaine au XVIII.ème siècle en France?", *op. cit.*, p. 63.

ções, o quadro segundo o qual eles são comentados permanece sempre o mesmo. Este quadro opõe duas perspectivas na ciência; as mesmas perspectivas que vão ter lugar mais tarde no coração da geografia. O desenvolvimento da geografia, propriamente dita, no séc. XVIII foi também objeto de uma análise similar feita pelos geógrafos:

"Dois sábios encarnaram sucessivamente no século XVIII o ideal do geógrafo: Delisle e d'Anville. Se as duas obras se completam, os dois personagens são bastante diferentes e parecem ilustrar duas correntes muito antigas da geografia: o primeiro, por sua formação de astrônomo, representa a geografia científica; o segundo, vindo para a geografia pela História, prolonga a corrente erudita e o humanismo".[7]

A afirmação de Broc não poderia ser mais clara. Procura-se encontrar nesta disciplina, no séc. XVIII, o mesmo dualismo que a caracterizará nos anos ulteriores, ou seja, os modelos fundamentais perduraram. Estes dois modelos são freqüentemente apresentados segundo uma forma dual. O primeiro, constituído pelas cosmografias e próximo das matemáticas, privilegiava uma conduta geral e científica; o segundo, ligado às corografias e largamente inspirado no humanismo, valorizava as descrições regionais, dando ênfase à História. Ainda segundo Broc, a estabilidade dos modelos permitiu estabelecer as leis dos dois gêneros: "cosmografia" e "narrativas de viagens". O que há de mais notável é que, a despeito da evolução ligada às numerosas descobertas da época, estas leis induziram a uma certa permanência na conduta dos geógrafos, e isto de Malte-Brun até Humboldt.

---

[7] *La géographie des philosophes, géographes et voyageurs français au XVIII.ème siècle, op. cit.*, p. 26.

Encontra-se um ponto de vista similar em outros geógrafos. Segundo May, duas grandes tradições atravessaram toda a história da geografia:

"A primeira, como vimos, deriva de Eratóstenes, que concebeu a geografia em um sentido basicamente cartográfico e matemático (...) A tarefa da geografia é apresentar o mundo conhecido como 'um e contínuo', para que este possa ser percebido 'como um todo'. Ela se 'preocupa mais com problemas quantitativos do que qualitativos'. A segunda grande tradição da definição geográfica, em sua mais compreensiva forma clássica, deriva de Estrabão".[8]

Estas duas tendências, segundo o mesmo autor, podem ser identificadas na obra de Varenius, da qual Kant foi, aliás, um leitor atento. Elas teriam também grandes ecos no pensamento de Humboldt e de Ritter, e constituiriam talvez a própria fonte de sua diferenciação.

Essa leitura não é específica dos geógrafos e concepções semelhantes aparecem em pensadores estranhos à geografia. Em sua obra muito erudita, Ehrard nos mostra quanto o século XVIII debateu as questões da liberdade e da necessidade do homem em face da natureza. Mais importante que o tema em si, é interessante notar que as diferentes abordagens dão ênfase ao modelo dos geógrafos evocado acima: "De um lado, o rigor de um determinismo que submete o homem à lei comum; de outro, uma exigência idealista de justiça e de felicidade, a crença na autonomia da vida moral, uma reivindicação de dignidade humana, que se acredita estar igualmente inscrita na natureza".[9]

---

[8] MAY (J. A.), *Kant's concept of geography and its relation to recent geographical thought*, University of Toronto Press, Toronto, 1970, pp. 52 e 53.

[9] EHRARD (Jean), *L'idée de nature en France à l'aube des Lumières*, Flammarion, Paris, 1970, p. 422.

Da mesma forma, Gusdorf nos apresenta os ideólogos Volney e Ramond como exemplos de um humanismo persistente, pontuando seus discursos de comentários analíticos, sem, no entanto, se deixar influenciar pelos apelos da ciência racionalista definida, em seus traços gerais, por Lamarck e Condorcet. Ele acrescenta que, sem o saber, Vidal de La Blache teria tido precursores na École Normale através das figuras de Volney e de Buache.[10] O julgamento de Gusdorf sobre Volney e Ramond junta-se àquele de Broc, para quem estes dois autores, críticos do determinismo de Montesquieu e opostos às teorias gerais, anunciavam, um século antes, o possibilismo da escola francesa de geografia.[11]

É de fato verdade que Volney criticou o determinismo do *Espírito das leis*. Contudo, parece que ele acreditava muito mais em uma ciência explicativa e sistemática que devia nos dar a chave de uma causalidade natural. É desta maneira que se interpreta sua afirmação, segundo a qual,

"o conhecimento destas leis tornou-se um elemento necessário da ciência de governar, de organizar um corpo social, de constituí-lo em relação com o movimento da natureza, isto é, que a legislação política não é outra coisa senão a aplicação das leis da natureza; que as leis artificiais e convencionais devem ser somente a expressão de leis físicas e naturais, e não a expressão de uma vontade caprichosa do indivíduo, de corporações ou da nação".[12]

---

[10] GUSDORF (Georges), *La conscience révolutionnaire: Les idéologues*, Payot, Paris, 1978, pp. 488-489.

[11] BROC (Numa), "Peut-on parler de géographie humaine au XVIII.ème siècle en France?", *op. cit.*, p. 73.

[12] VOLNEY, *Tableau du climat et du sol des États-Unis*, Préface; Oeuvres de Volney, Didot, 1876, p. 631, cf. Gusdorf, *op. cit.*, p. 490.

Para além do debate a propósito do julgamento de Volney, é fundamental sublinhar que a interpretação de todos estes autores se articula sempre em torno da oposição binária que assinalamos precedentemente. Se, em todos os sentidos, esses filósofos ou ideólogos abordaram uma temática próxima da geografia, eles, entretanto, não chegaram a elaborar doutrinas filosóficas globais, isto é, um verdadeiro sistema de idéias capaz de justificar suas tomadas de posição.

A dupla filiação filosófica fundadora: Kant e Herder

A maioria dos geógrafos está de acordo em afirmar que o primeiro sistema filosófico capaz de definir o papel e o valor da geografia moderna apareceu na obra de Kant. A importância de Kant para a geografia foi primeiro reconhecida na Alemanha por Hettner. Ela foi, em seguida, largamente sublinhada, sobretudo por Hartshorne, em sua obra *The nature of geography*. Os geógrafos que verdadeiramente examinaram a questão da filiação kantiana da geografia são pouco numerosos, mas um certo consenso existe no que diz respeito à primazia de Kant, considerada como quase evidente. Essa evidência se apóia sobre dois pontos principais. Primeiro, Kant ministrou durante 48 semestres um curso de geografia física na Universidade de Königsberg. Esse não era o primeiro curso de geografia dado em nível universitário, mas sem nenhuma dúvida o mais prestigiado da época. A outra razão resulta da consagração pessoal de Kant, considerado como um dos maiores filósofos da modernidade e, assim, associada a ele, a geografia adquire signos de prestígio.

Uma primeira questão se impõe para saber se o papel de Kant na fundação da geografia moderna resulta de seu curso de "geografia física" ou de sua concepção geral das condições do conhecimento científico.

O elemento fundamental retido por Hartshorne é a classificação das ciências propostas por Kant.[13] Através do curso de "geografia física" e pela classificação das ciências de Kant, Hartshorne procurou uma justicativa para a distinção entre dois tipos de geografia. A primeira, definida como geral e sistemática, faria parte das ciências teóricas ao lado das ciências naturais; a segunda, empírica e regional, seria metodologicamente análoga à História. Para a geografia geral, a metodologia é analítica, objetiva e normativa. Para a ciência regional, ela é empírico-descritiva e seu objetivo final é buscar um espírito de síntese. Alguns anos mais tarde, esta classificação de Hartshorne foi o alvo das críticas de Schaefer, que acreditava descobrir aí as origens do excepcionalismo na geografia.[14] Segundo ele, o que Kant legou à geografia é negativo, pois ele a exclui da lista das ciências que devem buscar explicações objetivas. Se a geografia quer ser considerada como uma verdadeira ciência, deve se desembaraçar do rótulo do empirismo e encarar a descrição unicamente como um meio de explicação científica, e não como o objetivo fundamental da pesquisa geográfica.

Em sua tese, May examina o tema da herança kantiana no pensamento geográfico.[15] Ele nos convida primeiro a recolocar o vocabulário de Kant dentro do contexto da época. Isso nos leva a ver que o empirismo, a natureza, a antropologia e mesmo a geografia tinham então acepções sensivelmente diferentes daquelas empregadas hoje. A ciência empírica se referia somente a uma primazia da experiência, sem, no entanto, recusar a utilização de conceitos e categorias advindas do raciocínio. A explicação científica concerne sempre à razão pura e por este motivo a conduta das ciências empíricas é similar àquela das ciências teóricas.

---

[13] HARTSHORNE (Richard), *The nature of geography*, University of Minnesota, 1939, p. 134.

[14] SCHAEFER (F.), "Exceptionalism in Geography: A Methodological Examination", *AAAG*, 1953, vol. XLIII, n? 3, pp. 226-249.

[15] MAY (J. A.), *Kant's concept of geography and its relation to recent geographical thought, op. cit.*

Não se pode também perder de vista que a geografia recobre, desde o fim do séc. XIX, o que correspondia a dois campos distintos no discurso de Kant, a saber, a antropologia e a geografia. As reflexões de Kant sobre a geografia não se limitam, assim, a seu curso de "geografia física". A natureza, ela também, é considerada segundo o aspecto da externalidade dos objetos. É por isso que a geografia, do ponto de vista kantiano, se define enquanto conhecimento de um *outer-sense*, por oposição à antropologia como conhecimento de um *inner-sense*. Todo o trabalho da geografia moderna é o de valorizar a relação entre estes dois "sentidos". É, pois, necessário, para apreender corretamente a geografia de Kant, guardar bem a importância recíproca destes dois ramos.

Segundo May, a leitura que faz Hartshorne do pensamento kantiano, como suporte de uma ciência regional vinculada à descrição do único, não tem nenhum fundamento. A geografia, enquanto "sistema da natureza", é sempre objeto de uma conduta geral oposta à singularidade do caso específico.

> "A geografia como ciência está confinada a um estudo do fenômeno natural que ocorre sobre ou próximo à superfície da Terra. Distinta da física, é uma ciência empírica, não teórica. Porém, como a geografia produz um conhecimento sistemático da natureza, ela é também um 'sistema da natureza' e uma disciplina que busca encontrar leis".[16]

Com efeito, as ciências empíricas, da mesma forma que as ciências teóricas, recorrem a conceitos para organizar os dados sensíveis e por isso mesmo não são estranhas à abstração. Segundo Kant, o conceito é uma "representação geral ou uma

---

[16] *Ibid.*, p. 150.

representação daquilo que é comum a vários objetos".[17] O conceito transmite, assim, uma idéia que cria a identidade entre os objetos ao definir os limites de inclusão e de exclusão. Estas duas propriedades recebem respectivamente os nomes de "compreensão" e de "extensão".

No prefácio à *Crítica da razão pura*, Ferry sublinha que este raciocínio é aparentemente muito simples e, "contudo, esta definição do conceito encerra dois problemas perigosos, aquele da relação entre o geral e o particular e aquele da relação entre o pensamento e a existência".[18] O conceito é uma idéia pura, construída a partir de uma abstração que não corresponde a nenhum objeto do mundo real. A conduta conceitual busca a generalização e deixa pouco espaço às diferenças particulares, mas podemos nos interrogar sobre os limites para além dos quais esta generalização corre o risco de se distanciar da realidade.

A resposta de Kant para estes problemas se articula em torno da idéia de intuição. No caso das ciências empíricas, a intuição provém do contato entre sujeito e objeto real. O "encontro fenomenal" é guiado por intermédio de representações e a questão sobre a verdade última das coisas é tautológica, pois só dispomos de representações, os objetos sendo sempre objetos para mim. O espaço e o tempo são as únicas intuições puras, *a priori*. Contudo, a geografia não pode ser simplesmente definida pela intuição pura do espaço. Com efeito, ela busca estabelecer relações espaciais entre diversos fenômenos apreendidos através de experiências, as quais são guiadas por conceitos logicamente arranjados no pensamento. Desta maneira, a geografia, a exemplo das outras ciências, procede a partir das ligações que faz entre as representações, "seguindo certas re-

---

[17] KANT (Emmanuel), *Critique de la raison pure*, Flammarion, Paris, 1987, p. 129.

[18] FERRY (Luc), Préface à la *Critique de la raison pure*, Flammarion, Paris, 1987, p. 3.

gras" lógicas. Em outros termos, o pensamento científico, segundo Kant, é sempre um julgamento construído por uma conduta lógica.

Assim, a apreensão feita por Hartshorne do pensamento kantiano, centrada na particularidade da intuição *a priori* do espaço, é pelo menos sujeita a controvérsias. A crítica de Kant por Schaefer, que o vê como fundador do excepcionalismo na geografia, é deste modo, ela também, contestável.

Qualquer que seja a "verdadeira" herança de Kant, o que nos parece importante reconhecer são as reinterpretações feitas pelos geógrafos. Nesse sentido, Schaefer e Harvey aparecem como exceções entre os geógrafos que consideram antes como positiva a influência kantiana, como em Hartshorne.

Kant é freqüentemente apresentado como o primeiro pensador a constituir um discurso científico da geografia e, sob esta imagem, ele figura na maioria dos textos geográficos. O exemplo de Preston James é particularmente eloqüente: "Kant, o grande mestre alemão do pensamento lógico, deu à geografia seu lugar no quadro geral do pensamento organizado e objetivo".[19] Encontra-se aí, talvez, a chave para compreender a associação do nome de Kant com o advento de uma geografia científica objetiva. O "mestre do pensamento lógico" é o primeiro a ter introduzido no coração das ciências a interrogação sobre as condições e os limites do conhecimento científico, e isso independentemente de qualquer garantia metafísica. O papel de Kant na elaboração do pensamento científico, papel fundado sobre o estabelecimento de normas e de marcos da reflexão racional, é extrapolado para a geografia como se Kant tivesse aplicado os mesmos princípios a essa disciplina. Dessa forma, o nome de Kant é muitas vezes evocado na geografia para reforçar uma posição objetiva e racionalista. Este é freqüentemente con-

---

[19] JAMES (Preston), "Geography", *in Encyclopaedia Britannica*, 1960, vol. X, p. 146, cf. May, *op. cit.*, p. 8.

siderado como fundador de uma geografia científica por aqueles mesmos que querem fazer valer a geografia como um saber resolutamente nomotético.

A despeito da importância desta leitura sobre a influência de Kant, é legítimo afirmar que a herança filosófica da geografia se resume a esta concepção? Parece que não, e a mediação de Herder foi sem dúvida capital. Mesmo se sua obra é muito menos conhecida do que a de Kant, Herder tem uma enorme importância para a História das Idéias enquanto figura central da hermenêutica moderna e da ciência romântica. Ele seguiu o curso de "geografia física" de Kant e, a partir de suas anotações, publicou uma síntese largamente difundida na época, ainda que essa síntese não tenha sido, ao que parece, inteiramente aprovada por Kant. Aliás, todos os comentadores que se debruçaram sobre a vida desses dois personagens destacam unanimemente a ambigüidade e o conflito que caracterizavam suas relações recíprocas.

A obra de Herder está cheia de surpresas para o geógrafo, que encontrará aí, em diversos lugares, uma argumentação bastante próxima daquela já conhecida de certos textos da geografia clássica. A importância do espaço é fundamental e só podemos nos admirar do esquecimento relativo do qual este autor é objeto.

O sistema filosófico construído por Herder procurava ser um contraponto àquele dos "filósofos" franceses do séc. XVIII. Herder, por exemplo, se opunha radicalmente à concepção de Voltaire de progresso, de uma ciência racional e do universalismo da razão. Ele propõe como alternativa uma filosofia da História centrada sobre a expressão das culturas nacionais. A nação se inscreve em um nível intermediário entre a globalidade dos Estados e a singularidade do indivíduo, esses dois níveis sendo justamente os níveis de análise característicos do Século das Luzes. Os povos ou comunidades que constituem uma nação são identificados a um organismo vivo. Eles criam uma identidade pelo intercruzamento das diferentes condições do meio físico e dos diversos gêneros de cultura que aí se desenvolvem. A nação é, antes de tudo, uma comunidade territorial. Ela se define pela relação com as condições específicas do ambiente, pelos gêneros de vida adaptados a esse meio e, enfim, pela relação com as representações culturais que se desenvolvem no tempo, isto é, as tradições.

Devemos examinar mais de perto cada um desses três elementos que compõem esse todo orgânico que é a nação. As condições do ambiente estão na base do sistema. A diversidade dos meios é diretamente responsável pela variedade de gêneros de vida e de culturas. Ainda que Herder mencione somente "o clima", este termo deve ser tomado em um sentido mais amplo, referindo-se a todas as condições naturais. Seria, contudo, prematuro concluir que Herder adota aqui um determinismo ambientalista, na medida em que não se encontra em nenhuma parte a idéia de uma necessidade vinda da natureza: "Tudo o que uma nação, ou uma parte do gênero humano desejará sinceramente para seu bem e perseguirá com constância será concedido pela natureza".[20] Ele constata, aliás, que, nos ambientes os mais diversos, a espécie humana foi sempre capaz de desenvolver um gênero de vida "harmonioso e equilibrado". Por outro lado, critica vivamente a concepção determinista de Montesquieu e acrescenta que não é possível deduzir leis gerais pela via do determinismo. O que é fundamental para Herder é revelar o "gênio" de cada povo e de cada cultura, o qual se exprime pela dinâmica de adaptação e de evolução dentro de condições naturais muito diferentes.

O segundo elemento fundamental é constituído pelos gêneros de vida. Esses se desenvolvem no quadro das condições naturais particulares e segundo um certo repertório cultural específico a cada nação:

---

[20] HERDER (J. G.), *Idées sur la philosophie de l'histoire de l'humanité*, Agora, Paris, 1991, p. 34.

"Temos o hábito de dividir as nações da Terra em populações de caçadores, de pescadores, de pastores e de agricultores; e não somente determinamos a posição que elas ocupam na civilização, a partir destas distinções, mas consideramos a civilização ela mesma como uma conseqüência necessária deste ou daquele gênero de vida. Este caminho seria excelente se começássemos por determinar estes gêneros de vida; mas eles variam de país para país e comumente se misturam uns com os outros, de maneira que é quase impossível aplicar com exatidão este método de classificação".[21]

Assim, cada gênero de vida só pode ser compreendido a partir do meio ambiente e da cultura na qual ele se inscreve. Os gêneros de vida são, portanto, os meios específicos que cada nação encontra para se enraizar em um dado território, graças às ferramentas que sua própria cultura desenvolve: "A inteligência prática da espécie humana se desenvolveu em todo lugar a partir das necessidades da vida; mas em todo lugar ela foi fruto do gênio dos povos, o resultado da tradição e dos costumes".[22] Está claro, então, que um dos objetivos fundamentais da conduta de Herder é produzir monografias nacionais em que figuram com detalhes os gêneros de vida, suas particularidades, sua relação direta com o meio e sua evolução histórica.

O terceiro elemento, a tradição, é definido como um conjunto de valores e costumes desenvolvidos ao longo da História; ele é particular a cada nação. Herder reconhecia que certas tradições podem ser nocivas e mesmo impedir o desenvolvimento de uma nação. Contudo, o apego às tradições se faz de uma maneira dinâmica. Herder julga que seguir as tradições equivale

---

[21] *Ibid.*, p. 104.
[22] *Ibid.*, p.104.

a copiar um modelo, que deve em seguida mudar, se adaptar e se aperfeiçoar. É, aliás, pela cópia livre desse modelo das tradições que o homem encontra, segundo Herder, a liberdade. Para Herder, a filosofia da História pode ser definida como uma "teoria do lugar próprio". Em outros termos, seu objetivo é examinar cada cultura enquanto individualidade, levando em conta seus contextos geográficos e históricos próprios. Através da união entre a diversidade primordial da natureza e as opções culturais, união que forma as nações, Herder concebe todo o leque de possibilidades da expressão humana.

O outro plano de compreensão apresentado por Herder possui um caráter global, ou seja, trata-se de uma reflexão que busca um sentido maior dentro da diversidade destas relações entre o homem e a natureza. Ele acredita que há um plano divino através do qual a diversidade pode ser interpretada como sendo o signo de uma vontade de dar oportunidade a todas as possibilidades humanas. Os comentadores de seus textos sublinham freqüentemente a influência de Leibniz e a analogia entre o conceito de mônada e o pensamento herderiano. Assim, cada cultura seria particular e única, mas possuiria também uma parte da universalidade, na medida em que cada cultura contém em si a perspectiva do plano global teleológico.

A diversidade faz parte do plano divino e o estudo da natureza e da História tem, assim, como tarefa fundamental desvelar os desígnios de Deus concernentes à humanidade. A palavra divina deve ser decifrada por um trabalho de leitura dentro da melhor tradição hermenêutica. Segundo Herder, dois preceitos devem guiar o trabalho de compreensão da natureza e da História a partir da observação das nações. Primeiramente, é preciso se desligar de todos os valores autocentrados, porque eles colocam nossa cultura em uma posição de superioridade em relação às outras. Através disso, ele critica o eurocentrismo em voga durante os anos do Iluminismo. Ele se pronuncia também contra toda forma de colonização, visto que esta ocasiona a destruição da diversidade cultural. De maneira análoga, o Estado moderno é também concebido de forma negativa, uma vez que homogeiniza todas as nações que dele fazem parte, apagando assim toda especificidade cultural.

A segunda atitude recomendada por Herder é o uso da comparação com "o outro", a fim de colocar em evidência o essencial a partir das diferenças. Esta conduta valeu a Herder o título de "pai" do relativismo cultural. É preciso também notar que o relativismo está na origem do humanismo moderno, na medida em que estabelece a cultura como o valor humano por excelência. É nesse sentido que ele afirma que o homem, sendo um animal quase despojado de instintos, constrói sua vida toda a partir da cultura e da arte.

O caráter atual do pensamento de Herder é reconhecido, por exemplo, por L. Dumont. Este último vê aí uma das vertentes fundamentais da ideologia moderna. Segundo ele, a originalidade de Herder reside em sua concepção de conjuntos culturais em que se misturam o antigo e o novo, fazendo aparecer, assim, todo o leque de possibilidades no fluxo da História.[23]

É inegável que a obra de Herder apresenta um interesse certo para o pensamento geográfico. Os pontos de vista que ele sustenta são opostos à ciência de filiação kantiana e sugerem uma outra via para a investigação científica. Uma via que será efetivamente retomada ulteriormente na geografia.

Aqui chegamos, então, ao fim desta apresentação geral, cujo objetivo era colocar em evidência o enraizamento desta dupla filiação no pensamento geográfico. Esta filiação se exprime através das tradições da Renascença, da geografia do séc. XVIII, do discurso dos "filósofos" e ideólogos, enfim, através da dupla herança filosófica de Kant e de Herder. O modelo desta

---

[23] DUMONT (Louis), *Essais sur l'individualisme. Une perspective anthropologique sur l'idéologie moderne*, Seuil, Paris, 1933, cap. III.

dupla filiação intervém de forma recorrente no discurso dos geógrafos, que o utilizam para apresentar a dinâmica dessa disciplina. A questão de saber se as idéias transmitidas pelos diferentes autores citados anteriormente são apreciadas em seu justo valor como apoio a um dos dois pólos da filiação pode mesmo ser relegada a segundo plano. Com efeito, o que prima para além da interpretação relativa dos diferentes autores é a permanência da utilização deste modelo dual para apresentar a dinâmica da geografia.

É, pois, legítimo interrogar sobre os efeitos desta dualidade no desenvolvimento ulterior da geografia. Finalmente, se aceitamos a hipótese de que a modernidade se alimenta justamente do combate entre estas duas posições, o exame de suas repercussões no campo geográfico pode nos ajudar a melhor compreender as raízes de certos problemas essenciais que emergem na geografia moderna.

6

A emergência da dualidade no discurso dos fundadores da geografia moderna

Os primeiros anos da modernidade são marcados pela produção de uma enorme quantidade de dados e de informações, dificilmente tratáveis de maneira sistemática pela ciência da época. A ausência de segmentação no seio da ciência impossibilitava a análise de certos temas particulares nascidos desses dados. Assim, a partir do início do séc. XIX, os domínios disciplinares específicos organizaram-se definindo seu objeto próprio em torno destas questões.

A geografia era ainda muito ligada às narrativas de viagens e não possuía, portanto, um corpo de interpretação individualizado, capaz de lhe dar uma clara identidade:

> "A geografia humanista e aquela dos filósofos não sabem ainda tratar da marca do homem sobre a natureza. As narrativas de viagem contêm longos desenvolvimentos sobre os modos, os costumes, as crenças

dos povos, mas o quadro no qual eles evoluem é freqüentemente passado em silêncio (...) A paisagem é uma descoberta do fim do século XVIII e do XIX".[1]

É nesta época que se faz sentir a necessidade de circunscrever um campo disciplinar próprio, a necessidade também de tratar de maneira sistemática as informações e de as controlar e regulamentar a sua produção. Enfim, a geografia experimentou a necessidade de estabelecer um método legítimo do ponto de vista científico. Com efeito, na base da revolução científica do séc. XVIII, encontra-se esta vontade de substituir a dimensão metafísica da pesquisa por uma busca de legitimidade epistemológica centrada nos meios de assegurar a validade de seus métodos. Este novo espírito científico fez nascer um outro gênero de sábio, um intelectual sempre preocupado com questões do método e da organização lógica do saber. Ele é, pois, tributário das duas tendências identificadas anteriormente: o humanismo e o racionalismo.

A geografia, conhecida na época como "física do mundo", colocou sob sua responsabilidade a interpretação da dinâmica da natureza e de suas relações possíveis com a marcha histórica. Da mesma forma que as outras disciplinas, ela estava também exposta à ambivalência da época, como observamos precedentemente. A temática escolhida, a saber, as relações entre homem e natureza, conduziu-a a se transformar também em um dos porta-vozes dos novos tempos e, de certa maneira, a exprimir o sentido desta modernidade paradoxal e contraditória. É este gênero de desenvolvimento dualista que vamos examinar agora, começando primeiro pelos discursos de seus fundadores.

---

[1] CLAVAL (Paul), *Eléments de géographie humaine*, Librairies Techniques, Paris, 1974, p. 34. Ver também CLAVAL (Paul), *Les mythes fondateurs des sciences sociales*, Paris, PUF, 1980, p. 122, e CLAVAL (Paul), *La pensée géographique*, Paris, Sorbonne, 1972. Sobre a geografia no séc. XVIII, ver também DAINVILLE (F.), *La géographie des humanistes, op. cit.*, e BROC (Numa), *La géographie des philosophes, op. cit.*

Alexander von Humboldt: uma cosmogonia moderna

Para a maioria dos historiadores da geografia, Humboldt é o primeiro a verdadeiramente estabelecer as novas regras do pensamento geográfico moderno. Os adjetivos científico e moderno são freqüentemente aqueles empregados para distinguir a especificidade de um conhecimento que procede de uma nova preocupação metodológica. Pode-se notar a diferenciação sempre sublinhada pelos comentadores entre a conduta dos naturalistas anteriores a Humboldt e aquela desse último. As viagens do séc. XVIII valorizavam a observação direta e a descrição detalhada. Humboldt retomou esta perspectiva e juntou a ela uma preocupação permanente de proceder a comparações e a raciocínios gerais e evolutivos. Ele descrevia cada fenômeno na relação com os outros, acentuando sua interação recíproca.

Quem hoje lê a *Voyage aux régions équinoxiales du nouveau continent fait en 1799*, não deixa de ficar impressionado com a capacidade de Humboldt em ligar diferentes fenômenos levando em conta aquilo que havia então de mais recente nas ciências naturais, e isso a propósito de uma região muito pouco conhecida. Seu olhar tinha por objeto os elementos mais variados do meio físico, mas não se limitava a eles, Humboldt observava também a sociedade local. Cada observação era analisada separadamente e em seguida recolocada em conexão com as outras, a fim de resgatar uma verdadeira cadeia explicativa. Não é, portanto, difícil de compreender a insistência com que o nome de Humboldt é associado ao da geografia moderna. A despeito da continuidade com as narrativas de viagens e as cosmografias, Humboldt soube, graças à sua grande cultura, reconduzir essas tradições a um novo modelo científico e atualizá-las levando em conta as principais descobertas da época.

Ele era, sem dúvida alguma, um personagem clássico do momento que vivia a Europa. Com efeito, sua formação intelectual nutria-se do mais típico espírito das Luzes, e seu círculo mais próximo, a saber, seu preceptor e os primeiros mestres, se compunha de *Aufklärer*. Por este espírito, Humboldt pode ser caracterizado intelectualmente como um eclético cosmopolita. A Revolução Francesa e os ideólogos, que ele conheceu quando de sua primeira estada em Paris, bem como enciclopedistas os mais representativos certamente tiveram uma influência fundamental sobre sua obra. Pode-se identificar claramente a importância de Buffon na concepção que Humboldt tinha da natureza enquanto conjunto orgânico, de Diderot na idéia de cadeia explicativa, e mesmo de Voltaire na idéia de uma causalidade histórica. De fato, a atmosfera intelectual da Alemanha durante o período de formação de Humboldt era fortemente influenciada pelas idéias vindas da França.

Contudo, é importante notar que Humboldt foi também contemporâneo de um movimento de ruptura com o Iluminismo. A geração de Humboldt conta com numerosos nomes que fundaram justamente os movimentos de contestação ao primado do racionalismo científico. Schelling (1775-1861), Novalis (1772-1801), Fichte (1762-1814), A. W. Schlegel (1767-1845) e seu irmão, F. Schlegel (1772-1829), são os personagens centrais do anti-racionalismo e do Romantismo, pilares do idealismo alemão nascente.

Os laços que uniam Humboldt a seus contemporâneos românticos foram às vezes estreitos e carregados de discussões a propósito da ciência, de seus limites e de seus métodos. A amizade e a colaboração com Goethe foram mantidas até a morte deste último, e Goethe teria mesmo preparado um longo comentário sobre a Filosofia da Natureza em vista de expô-lo a Humboldt em 1806.[2] Schiller, por sua vez, era um correspondente assíduo e a Universidade de Berlim, fundada por seu irmão Guilherme de Humboldt, era, depois de Iena, o centro mais importante destas novas idéias.

---

[2] GUSDORF (G.), *Le savoir romantique de la nature, op. cit.*, p. 69.

Não teríamos razão, no entanto, para limitar a influência sobre Humboldt da filosofia romântica somente aos laços de amizade com seus representantes. Um dos eixos fundamentais desta corrente é justamente a Filosofia da Natureza. Segundo ela, a reflexão deve mostrar que é possível estabelecer um conhecimento independente da razão clássica, tal como era definida pelo Século das Luzes. Este conhecimento é tido como proveniente da simples observação da natureza, e permite desvelar o "sistema do mundo" em que tudo está interconectado, e por conseqüência ascender à essência das coisas e à essência do espírito ele mesmo. No mesmo sentido, a filosofia da História de Herder propunha um conhecimento do conjunto natureza-História pela via das culturas nacionais, concepção inspirada, em grande parte, pela primazia do sentimento tal como era estabelecido por Hamann. Herder é citado no *Cosmos* e sua obra parece, portanto, ter sido bem conhecida de Humboldt.

O interesse que Humboldt exprimia pelas ciências físicas é um fato conhecido e durante um certo momento ele se interessou até pelos problemas da eletroquímica. Johann W. Ritter, por exemplo, considerado o fundador dessa disciplina, debateu com Humboldt a propósito do magnetismo e do galvanismo. Ao lado do dinamarquês OErsted, ele é apresentado como o exemplo clássico do cientista romântico.[3] Humboldt afirmava, por exemplo, a necessidade de poetizar as ciências e, segundo Novalis, "ele está em busca da alma universal da natureza".[4] A concepção que J. Ritter tinha do universo era a de um organismo impregnado de um mesmo fluido vital. Para compreender o mundo, bastava compreender o espírito e a consciência. Encontramos esses princípios nos fundamentos da Filosofia da Na-

---

[3] Ver GUSDORF (G.), *Le savoir romantique de la nature, op. cit.*, pp. 191-195.

[4] Ver o artigo de THUILLIER (P.), "De la philosophie à l'électromagnètisme: le cas de OErsted", *La Recherche*, nº 219, mar., 1990, pp. 344-351.

tureza de Schelling e eles certamente tiveram, de uma maneira ou de outra, um papel importante na concepção do todo orgânico ao qual se refere Humboldt no *Cosmos*.

É preciso notar que estes dois cientistas, Johann W. Ritter e OErsted, que tiveram sucesso em suas pesquisas, propunham um outro método de investigação científica. Eles opunham a imaginação e o sentimento ao mecanicismo empírico francês e a todo racionalismo estrito. O objetivo fundamental era constituir uma ciência abertamente associada a um projeto filosófico, no qual o espírito e a natureza fariam parte de uma mesma harmonia, segundo as palavras de Schelling.

O espírito eclético de Humboldt lhe permitiu combinar com criatividade as idéias recebidas do materialismo racionalista com as proposições do idealismo alemão e do romantismo filosófico. Muitos comentadores da obra de Humboldt, que acreditavam poder descobrir nele um homem de ciência, positivo e racionalista, ficaram surpresos com seu discurso e suas concepções diretamente influenciadas pelo Romantismo. O'Gorman se diz impressionado pelo "romantismo científico" que vê na obra de Humboldt.[5] Mesmo Minguet, que nos apresenta um quadro bastante objetivo da vida e da obra de Humboldt, procura diminuir o peso do Romantismo, ao afirmar que se trata antes de um efeito de retórica do que de um componente estrutural de sua obra.[6]

É provável que o autor do *Cosmos* (1845) estivesse muito

---

[5] MINGUET (Charles), *Alexander von Humboldt, historien et géographe de l'Amérique espagnole (1799-1804)*, Paris, Faculté des Lettres et des Sciences Humaines, Maspero, 1969, p. 70.

[6] "O'Gorman parece ter confundido dois aspectos bastante diferentes na obra de Humboldt: seu estilo, que permanece incontestavelmente romântico, na medida em que apela para todo um conjunto de procedimentos literários próprios a seu tempo, e seu pensamento e método científicos, fundados sobre a razão, a experiência e a análise. Este primeiro terço do século XIX, que foi romântico no aspecto puramente literário, é também, não o esqueçamos, 'científico'. Nele foram lançadas as bases da ciência moderna." MINGUET (Charles), *op. cit.*, p. 70.

mais próximo do padrão racionalista do que o jovem Humboldt da virada do séc. XVIII, marcado pelo apogeu da influência romântica alemã. A título de exemplo, quando Humboldt fazia estudos de botânica, no fim do séc. XVIII, ele se mostrou bastante hesitante sobre a questão da análise das fibras nervosas: não estava certo da escolha entre uma concepção racionalista e experimental e uma outra vitalista, que acentuava a especificidade metafísica dos processos vitais. Só alguns anos mais tarde, ele se pronunciou em favor do método experimental como sendo o único verdadeiramente científico.

Para compreender esta mudança, devemos atentar para o contexto da época. No fim da primeira metade do séc. XIX, o Romantismo e o irracionalismo foram fortemente questionados pela ciência, que então fazia as pazes com o racionalismo sob uma forma renovada pelo positivismo nascente. Explica-se, assim, que o *Cosmos* apresente toda uma retórica que faz apelo às generalizações e às leis, pois é claro que Humboldt procurou introduzir o vocabulário científico da época na linguagem do conhecimento geográfico. Segundo Gusdorf, "de início [Humboldt], simpatiza com as visões grandiosas da nova filosofia, mas recua, amedrontado diante de alguns de seus resultados". [7]

No entanto, esta mesma obra permanece sempre marcada por uma certa dualidade. Na introdução, por exemplo, Humboldt faz a distinção entre duas fontes fundamentais de gozo. A primeira vem do simples prazer da contemplação, do contato com a diversidade das formas e dos fenômenos, e nesta descrição ele escolhe falar deliberadamente de uma forma poética. A segunda fonte de gozo estaria ligada ao prazer intelectual de compreender as leis da natureza:

"Toquei em um ponto importante no qual, no contato com o mundo exterior, ao lado do charme que

---

[7] GUSDORF (G.), *Le savoir romantique de la nature, op. cit.*, p. 141.

exala da simples contemplação da natureza, está o gozo que nasce do conhecimento das leis e do encadeamento desses fenômenos".[8]

O recurso à dualidade como modelo se inscreve na perspectiva engajada por nossa análise. Em sua obra, Humboldt concebia estes dois momentos sem descontinuidade, sem dicotomia. Seu discurso é racional, lógico, mas também poético e emocional, sem que um corte claro permitisse distingui-los. A natureza é vista como um todo, "força criadora do universo, força sem cessar ativa, primitiva, eterna, que faz nascer em seu próprio seio o que existe, morta e renascida sucessivamente".[9] Porém, para ascender à compreensão desse todo, é preciso agir metodicamente, comparando e combinando elementos aparentemente desconectados, e a razão é o instrumento capaz de promover sua reunião. Segundo ele, o primeiro passo a dar para "desvelar o plano do mundo" consiste em generalizar fatos particulares. O papel da ciência é o de procurar as regularidades que se manifestam sob certas condições. Esse papel é também o de estabelecer, a partir das observações, as leis que regem os fenômenos. Assim definido, esse programa está em perfeito acordo com o ponto de vista da ciência experimental e racionalista. É preciso, todavia, notar que a busca metódica de conexões causais não pode ser separada de uma cosmovisão de um todo harmônico e equilibrado. Desta maneira, a compreensão desse todo é também acessível por uma outra via além daquela da ciência metódica, isto é, por um conhecimento imanente, nascido da conjunção do espírito e da natureza. Ele nos diz, nesse sentido:

---

[8] HUMBOLDT (Alexander von), *Cosmos. Essai d'une description physique du monde*, trad. por H. Faye, Paris, Gide et J. Baudry Libraires-Editeurs, 1848, 4 Tomos, p. 16.

[9] HUMBOLDT (Alexander von), *Cosmos. Essai d'une description physique du monde, op. cit.*, T.1, p. 46.

"Não se tem a intenção, neste ensaio sobre a física do mundo, de reduzir o conjunto dos fenômenos sensíveis a um pequeno número de princípios abstratos, tendo sua base somente na razão. A física do mundo, tal como procuro expô-la, não tem a pretensão de elevar-se às perigosas abstrações de uma ciência puramente racional da natureza".[10]

Em resumo, a obra de Humboldt apresenta-se atravessada ao mesmo tempo por uma concepção inspirada pela *Naturphilosophie*, em que a natureza é susceptível de entrar em ressonância com o sentimento objetivo daquele que a contempla, e por uma concepção científica, na qual a natureza é concebida como um conjunto lógico, podendo ser explicado a partir de generalizações da dinâmica entre seus diversos elementos: "Tratei de mostrar no Cosmos, como nos Quadros da Natureza, que a descrição exata e precisa dos fenômenos não é absolutamente inconciliável com a pintura animada e viva das cenas imponentes da criação".[11]

A dualidade escreve a geografia científica

A leitura da obra de Humboldt nos mostra claramente sua intenção de escrever algo de novo ou, ao menos, de uma forma nova. No *Cosmos,* ele descreve os temas e os métodos para construir uma geografia nova e moderna, em consonância com os novos tempos. Quando nos fala das narrativas de viagens, ele se exprime nestes termos: "Os materiais mais importantes sobre os quais, nos tempos modernos, a física do mundo construiu suas bases, não foram acumulados ao acaso" — e para distinguir bem o que é somente curiosidade erudita e o que constitui a

---

[10] *Idem*, p. 36.
[11] *Ibid.*, p. V.

nova atitude científica, ele acrescenta: "Reconhecemos enfim, e essa convicção dá um caráter particular às investigações da nossa época, que as viagens distantes, consagradas de preferência durante muito tempo à narrativa de arriscadas aventuras, só podem ser instrutivas na medida em que o viajante conheça o estado da ciência da qual ele deve estender o domínio, na medida em que suas idéias guiem suas pesquisas e o iniciem no estudo da natureza".[12]

A organização do *Cosmos* é um exemplo desta nova atitude científica. É verdade que encontramos a tradição das cosmografias na estrutura da obra, notadamente quando ele descreve o céu, a Terra e a vida orgânica. Contudo, se o conteúdo ainda é próximo daquele das cosmografias, a originalidade da conduta de Humboldt, sua especificidade, está na utilização de um método, e mesmo o plano de apresentação do *Cosmos* é objeto de uma justificação metodológica sob o nome de *Limites et méthode de la description de la physique du monde*. Em cada parte de sua obra se apresentam temas apoiados nos resultados mais recentes das ciências experimentais. Esses dados são sempre relacionados com outros, e Humboldt consegue, assim, estabelecer entre eles laços analíticos. A importância de seu trabalho ultrapassa largamente a simples classificação, que era freqüentemente a característica das cosmografias anteriores. Humboldt traça a longa marcha em direção à realização do saber geográfico e nota que alguns autores anteriores conseguiram intuitivamente se aproximar da visão moderna. Ele nos demonstra, também, que a ciência moderna, que se situa no final desta marcha, não necessita mais da intuição para ter sucesso em suas pesquisas, e é da ciência moderna que ele mesmo se faz representante. Sua formação eclética, em botânica, astronomia, mineralogia, física e geologia, não significava somente uma simples justaposição de conhecimentos esparsos. Todo o seu trabalho era diri-

---

[12] *Ibid.*, T. I, pp. 39-40.

gido para um esforço de síntese e ele se propunha a integrar cada nova observação ao sistema geral que chamava de "física do mundo". É ele mesmo que afirma: "Eu tinha, no entanto, nesses estudos [muito variados] um objetivo mais elevado. Desejava perceber o mundo dos fenômenos e das forças físicas em sua conexão e sua influência mútua".[13]

Com efeito, pode-se dizer que Humboldt aliava ao mesmo tempo o espírito enciclopedista e o esforço de síntese, característicos dos primeiros anos do séc. XIX. Seu principal projeto foi o de reunir todo um conjunto de informações sob uma mesma ordem sistemática. Aliás, o fato de que seu papel na geografia seja considerado como fundamental vem do êxito deste trabalho de síntese metodologicamente fundado. Gusdorf, aliás, nos faz notar a atitude particular de Humboldt, de Cuvier e de Lyell, espíritos de síntese que reconheciam no saber histórico o aspecto maior da cultura, ainda que estivessem mergulhados no século do triunfo do positivismo, no qual o lugar de honra era conferido à análise, à especialização e ao não-historicismo nas ciências.[14] Diversas vezes, Humboldt nos indica qual é sua conduta metodológica. É preciso observar a natureza, utilizando as ferramentas que nos oferece a ciência moderna. É também necessário recorrer à razão para poder chegar além das impressões subjetivas e ascender ao horizonte de leis que organizam a dinâmica do mundo:

> "O gênero humano trabalhou para apreender, nas mutações ressurgidas sem cessar, a invariabilidade das leis da natureza e para conquistar progressivamente uma grande parte do mundo físico pela força

---

[13] HUMBOLDT (Alexander von), *Cosmos. Essai d'une description physique du monde, op. cit.*, p. II.

[14] GUSDORF (Georges), *De l'histoire des sciences à l'histoire de la pensée*, Paris, Payot, 1977, p. 108.

da inteligência. (...) A natureza, considerada racionalmente, isto é, submetida em seu conjunto ao trabalho do pensamento, é a unidade na diversidade dos fenômenos".[15]

O esforço racional tende, pois, a instaurar uma ordem, uma coerência onde havia somente diversidade e particularidade — "Meu ensaio o *Cosmos* é a contemplação do universo fundada sobre um empirismo analítico, isto é, sobre o conjunto de fatos registrados pela ciência e submetido às operações do conhecimento que compara e combina"[16] —, fazendo assim eco ao criticismo kantiano, citado também no *Cosmos*.

A modernidade do pensamento de Humboldt se exprime no fato de que ele buscou sistematicamente reunir as tradições das narrativas de viagens e das cosmografias num só conjunto lógico. Encontra-se também, na obra de Humboldt, alguns dos principais elementos que definem a ciência moderna, notadamente um procedimento rigoroso, uma vontade de explicar por meio de generalizações e um método de observação submetido a critérios bem definidos. Ele parece estar também plenamente consciente do movimento particular da ciência na modernidade, isto é, da dinâmica do "novo" que submete todo conhecimento a um inexorável envelhecimento e a uma renovação permanente. Humboldt nos explica, assim, que as ciências "trazem nelas mesmas um germe de destruição" e que toda certeza não é senão um momento passageiro do saber.

Este ponto de vista está bastante presente na reconstituição histórica que ele faz da geografia. São aí sublinhados sempre os momentos de ruptura, assim como a luta constante entre as tradições e o novo. Assim, para caracterizar o fim do período da

---

[15] HUMBOLDT (Alexander von), *Cosmos. Essai d'une description physique du monde, op. cit.*, p. 2.

[16] *Idem*, T.I, p. 36.

Antiguidade Clássica, ele nos indica que um "espírito novo aparecia"; o final da Idade Média aparece "quando sentimentos novos começam a se desenvolver no mundo"; finalmente, a modernidade nos é apresentada como a idade da renovação permanente através do progresso contínuo da ciência. O corte fundamental é, portanto, aquele dos tempos modernos, que são marcados pelo advento de um novo espírito científico. A importância que concede à Antiguidade é justificada, em sua narrativa histórica, justamente pela possibilidade de opor "os primeiros ensaios de generalizações às tentativas dos tempos modernos". Dentro da mesma perspectiva, ele nos apresenta a característica principal dos tempos modernos como "o zelo com o qual cada um se esforçou em encontrar uma prova rigorosa às idéias anteriormente formuladas; (...) o cuidado que tivemos em separar os resultados certos dos que se apoiavam somente em uma analogia duvidosa e em submeter a uma crítica uniforme e severa todas as partes da ciência".[17]

É possível ver a descrição da física do mundo e de sua história, na obra de Humboldt, como o olhar científico do séc. XIX lançado sobre o conhecimento produzido anteriormente, olhar que sublinha a diferença incorporada à ciência moderna. Ele começa seus dois primeiros volumes da "física do mundo" por um exposição do que é a concepção científica moderna da natureza aprendida em seu conjunto:

> "O princípio fundamental de meu livro (...) é a tendência constante de recompor os fenômenos, o conjunto da natureza, de mostrar, nos grupos isolados desses fenômenos, as condições que lhe são comuns, isto é, as grandes leis que regem o mundo; enfim, de fazer ver como o conhecimento dessas leis nos remonta ao laço de causalidade que os une uns aos

---

[17] *Ibid.*, T. III, p. 433.

outros. Para chegar a desvelar o plano do mundo e a ordem da natureza, é preciso começar por generalizar os fatos particulares, por pesquisar as condições nas quais as mudanças físicas se reproduzem uniformemente".[18]

A história da "contemplação física do mundo" vem em seguida, no terceiro tomo, e nos é apresentada como sendo:

"A história do conhecimento da natureza, tomada em seu conjunto, é o quadro do trabalho da humanidade buscando compreender a ação simultânea das forças que se exercem na Terra e nos espaços celestes. Essa história tem então por objetivo descrever os progressos sucessivos pelos quais as observações tenderam a se generalizar cada vez mais".[19]

A geografia proposta por Humboldt engloba, portanto, uma reflexão sobre o homem e uma reflexão sobre a natureza, as duas tomadas sob um mesmo patamar de inteligibilidade. Por este programa, Humboldt legou à posteridade as bases de uma nova ciência, rica em tradições e, ao mesmo tempo, moderna e sistemática. Ele legou também, a partir desse programa, o papel talvez maior da geografia dos novos tempos, o de produzir um discurso e uma imagem coerente e científica do mundo moderno.

Carl Ritter e a geografia entre a ciência e a hermenêutica

Carl Ritter, ao lado de Humboldt, figura também como fundador da geografia moderna e científica. Os dois viveram

---

[18] *Ibid.*, T. III, pp. 8-9.

[19] *Ibid.*, T. III, p. 121.

durante o mesmo período, fizeram referências elogiosas recíprocas e seus discursos sobre a geografia comportam numerosos pontos em comum, sem que tenha havido uma colaboração direta entre ambos.

Ritter, tal como Humboldt, pretendia estabelecer as novas bases de um saber organizado e metodologicamente rigoroso. Segundo Ritter, a geografia existente era apenas um conjunto desordenado de dados, coletados sem nenhuma preocupação científica: "Com efeito, se assistimos hoje a uma proliferação de obras de geografia, seu suporte teórico deixa a desejar", sobretudo quando comparada às ciências naturais, verdadeiro modelo científico para ele.[20] Ao mesmo tempo, era necessário delimitar a área de interesse da geografia, ou em termos modernos seu objeto e, tal como Humboldt, Ritter foi buscar nos textos antigos as raízes do saber geográfico. A despeito dessas semelhanças, muitas nuances significativas permitem individualizar a conduta de Ritter em relação à de Humboldt.

O interesse central de Ritter em estudar a natureza jamais eclipsou seu gosto pela filosofia, e isso desde sua juventude. A distinção que propunha Schelling entre uma física especulativa, teórica e de base filosófica, e uma física empírica, prática e experimental, levava a colocar em estreita relação as ciências naturais e a filosofia. Schelling afirmava, também, que um verdadeiro conhecimento da natureza só era possível sob a condição de se ver na natureza um princípio de ordem geral, um plano teleológico dado pelo "todo orgânico". De uma certa maneira, a dupla inclinação de Ritter, pela filosofia e pela geografia, encontrava na lição de Schelling uma justificativa para a vontade de tratar juntos esses dois centros de interesse.

A obra de Schelling foi efetivamente determinante sobre a de Ritter. Basta-nos comparar as proposições do "sistema do

---

[20] RITTER (Carl), *Introduction à la géographie générale comparée*; trad. D. Nicolas-Obadia, Besançon, Cahiers de Besançon nº 22, 1974, p. 37.

mundo", de Ritter, com o "sistema da natureza", descrito pelo filósofo romântico, para encontrarmos numerosos paralelos. Essa influência não tem nada de espantoso se considerarmos o fato de que Schelling era, na virada do séc. XVIII, o intelectual mais popular da Alemanha universitária.

Uma outra influência, que o próprio Ritter reconhece como fundamental, foi a do filólogo F. A. Wolf.[21] Esse personagem fez parte da primeira grande geração de intelectuais modernos da Alemanha. Ao lado de Guilherme de Humboldt, fundou a Universidade de Berlim onde, durante algum tempo, difundiu as bases de uma hermenêutica moderna. Nesta época, a filologia fazia parte da *Altetumswissenschaft*, que significava a união de todos os domínios concernentes à Antiguidade: literatura, História, geografia, retórica etc. Segundo Gusdorf, Wolf assegurou a transição entre a filologia iluminista e a compreensão romântica, desenvolvendo um novo modelo, ao mesmo tempo rigoroso e rico. Os textos antigos eram, a partir de então, submetidos ao direito comum dos textos. A filologia se transforma em ciência dos fatos. O novo método de interpretação procura contextualizar a produção dos textos, fazendo apelo ao maior número possível de elementos para reconstituir as condições gerais da época. Wolf é o responsável pela interpretação dos textos homéricos, o que criou uma verdadeira escola hermenêutica, estabelecendo, a partir de seu método comparativo, seis etapas diferentes na produção destes textos. Este novo método trabalha a partir de analogias e de comparações visando a objetivar a interpretação, sem, no entanto, perder de vista a significação do conjunto, sendo, por isso, visto como a soma da objetividade do Iluminismo com a "compreensão romântica do valor humano".[22]

---

[21] "Sua biografia e as indicações que dá em seus textos são suficientemente precisas para afirmar que os fundamentos de seu pensamento encontram-se na filosofia da natureza de Schelling (associada a) um neoplatonismo inspirado por Friedrich August Wolf", Nicolas-Obadia, *op. cit.*, p. 7.

[22] GUSDORF, *Les origines de l'herméneutique*, *op. cit.*, p. 106.

Não insistiremos sobre a concepção do "todo", presente em toda a obra de Ritter. Esta questão já foi amplamente exposta.[23] Contudo, outras características, muito menos mencionadas, traduzem também de forma eloqüente a influência da Filosofia da Natureza romântica e da hermenêutica sobre a obra da Ritter.

Um dos primeiros traços é a busca de uma ordem geral, de uma harmonia, que define a finalidade última de toda pesquisa. A tarefa fundamental da ciência é a de resgatar uma coerência metafísica a partir da organização geral da natureza, uma coerência que possa exprimir e explicar todas as causalidades particulares.

A geografia, enquanto domínio responsável pelo estudo da Terra em seu conjunto e das manifestações fenomenais, é a disciplina capaz de estabelecer a relação lógica entre o todo e suas partes. Segundo o raciocínio de Ritter, a simetria, a perfeição geométrica e a simplicidade funcional, percebidas pela botânica e pela biologia nas plantas e na anatomia dos animais, devem estar em correlação com a ordem e a harmonia da Terra tomada em seu conjunto. As leis dessa harmonia geral constituem o objeto fundamental da geografia. Se em todos os domínios dos três reinos (animal, vegetal e inorgânico) a coerência, a perfeição e a harmonia são características constantes, então, a Terra, mãe desse conjunto, por sua forma e por sua matéria, deve também exprimir esta mesma perfeição e harmonia.

A concepção de uma organização geral, no que diz respeito à distribuição dos fenômenos terrestres, deve substituir o olhar simples, que vê apenas a desordem aparente, a imagem confusa da diversidade — "a assimetria e a aparência informe das obras da natureza desaparecem diante de um exame em profundidade". É preciso simplesmente recorrer a alguns princípios de base

---

[23] Ver NICOLAS-OBADIA (G.), *Carl Ritter et la formation de l'axiomatique géographique*, Paris, Belles Lettres, 1974.

da interpretação (como na tradição hermenêutica), para ver inscrita a mensagem da harmonia ou, segundo ele mesmo, "basta portanto procurar descobrir sob a desordem aparente os elementos de uma harmonia e de uma simetria superior". [24]

Os continentes, verdadeiros indivíduos da natureza, constituem o objeto primordial do estudo geográfico. Sua personalidade e as leis que guiam seu desenvolvimento estão inscritas em suas formas (a África, uma elipse; a Europa, um triângulo retângulo; as Américas, dois triângulos) e em sua composição material: "É precisamente por sua forma e sua posição que, desde a origem, cada continente, verdadeiro membro do organismo planetário, recebe nesta partilha um papel específico no conjunto do desenvolvimento universal".[25] A estrutura do pensamento de Ritter é parecida com a do sistema da natureza de Schelling, em que a forma é inseparável da matéria e, juntas, compõem a essência de todas as coisas.

Ritter sugere que se comece todo trabalho de pesquisa pelo exame da combinação dos elementos originais, a água, a terra, o fogo e o ar. Toda matéria é constituída de proporções entre esses elementos. A proporcionalidade entre eles, assim como sua distribuição são manifestações da ordem geral e ao mesmo tempo signos que nos permitem reconhecer essa ordem. Por essa conduta, Ritter demonstra seu vínculo com a filosofia da Antiguidade e sua dívida para com a metafísica da escola de Mileto. Ele recomenda, em seguida, que se analise, as formas geométricas e suas relações numéricas. A significação dos algarismos e das formas nos permite interpretar o papel de cada massa continental na evolução da História natural e social: "O que caracteriza a natureza geográfica dos continentes depende então diretamente do que compõe a essência de sua natureza

---

[22] GUSDORF, *Les origines de l'herméneutique, op. cit.*, p. 106.

[23] Ver NICOLAS-OBADIA (G.), *Carl Ritter et la formation de l'axiomatique géographique*, Paris, Belles Lettres, 1974.

histórica".[26] As analogias são numerosas e ele pretende chegar finalmente a estabelecer um caráter próprio para cada continente.

A mística dos algarismos, que encontramos em diversos lugares em toda a obra de Ritter, tem sua origem e inspiração nos diversos cultos pitagóricos da Antiguidade. Na cosmologia pitagórica, todas as coisas são números. Há uma relação entre o algarismo e as formas geométricas: o número um é um ponto; o número dois, uma reta; o três, um triângulo, e assim por diante. Existem proporções harmônicas, como as que definem as notas musicais, e essas proporções e analogias formam um simbolismo segundo o qual as relações numéricas podem representar todas as essências do mundo. Muitas vezes, Ritter utiliza essas analogias para proceder à análise da personalidade dos continentes. Assim, o continente africano, por exemplo, "constitui a forma mais simples que conhecemos", enquanto a Europa "reúne o mais perfeito equilíbrio e a melhor das formas fluidas e sólidas na superfície da Terra".[27] Segundo ele, as mensurações e as interpretações das formas podem dar luz à ordem e à harmonia teleologicamente estabelecidas. Existe uma forte probabilidade de que Ritter tenha sido influenciado por Joseph Ennemoser, pois este autor, bastante conhecido à época, propunha uma interpretação da natureza, do homem e da psicologia através de uma matemática imanente ao universo.

Para Nicolas-Obadia, a mística dos algarismos é paradoxalmente o aspecto mais moderno na obra de Ritter: "esta utilização da teoria dos números através da teoria das formas (Platão) acentua ao mesmo tempo as origens místicas da prática geográfica de Carl Ritter e o aspecto mais moderno de seu pensamento".[28] Tal mística deixa, segundo ele, entrever uma ciência

---

[26] *Ibid.*, p. 50.

[27] *Ibid.*, pp. 48 e 115, respectivamente.

[28] NICOLAS-OBADIA (G.), *Carl Ritter et la formation de l'axiomatique géographique, op. cit.*, p. 12.

axiológica que se desenvolverá mais tarde na geografia. O problema dessa interpretação é que, em Ritter, a associação entre algarismos, geometria e significações é construída de uma maneira completamente arbitrária e subjetiva. As analogias não têm como objetivo descobrir novas significações, servem apenas para legitimar uma imagem etnocêntrica já enraizada no senso comum. Associar a mística dos algarismos de Ritter à teoria analística moderna é, pois, confundir perigosamente dois sistemas de referência muito diferentes. A busca de leis para explicar a distribuição dos fenômenos terrestres faz efetivamente parte do corpo da geografia moderna, mas essa busca tinha um sentido claramente diferente em Ritter. Toda a sua conduta estava centrada na procura de signos de uma ordem metafísica, pela qual se desvelaria toda a cadeia de causalidades particulares.

O tipo de determinismo desenvolvido na obra de Ritter é um exemplo de sua conduta metafísica. Várias vezes, seus comentários deixam entrever sua admiração pelo determinismo. É o caso, por exemplo, de sua apreciação favorável da obra de Hipócrates. Ele insiste também no fato de que a geografia deve ser, segundo ele, capaz de estabelecer associações entre os diversos tipos de ambientes e os níveis de cultura respectivos. Todavia, não se trata absolutamente do mesmo determinismo que será desenvolvido, alguns anos mais tarde, por Ratzel. A questão do determinismo aparece na obra de Ritter no quadro de sua busca de uma relação orgânica entre o que ele chamava três reinos. A analogia orgânica é utilizada para chegar a compreender a diversidade de meios e de culturas através de unidades individualizadas regionalmente. A concepção de organismo em Ritter testemunha a influência de Herder. No entanto, a perspectiva ritteriana é muito menos relativista, bastando notar, a esse respeito, que Ritter se mostrou favorável à obra de colonização, ou que deu mostras claras de eurocentrismo, para perceber as diferenças de pontos de vista entre os dois autores. Para Ritter, cada organismo possui suas próprias leis de desenvolvimento, sua funcionalidade interna, e a única generalização possível é dada pela harmonia do todo orgânico. Um organismo não está submetido ao modelo mecanicista de causa-efeito; ele é sua própria razão de ser e cada parte se explica pela relação objetiva que mantém com o todo. Segundo a expressão de Ritter,

"todo organismo se forma com efeito segundo encadeamentos que lhe são próprios e em função daquilo que o cerca e se revela em seguida sob uma lei e sob uma forma".[29]

Estamos efetivamente muito distantes do determinismo das leis gerais, experimentais e necessárias da fórmula ratzeliana. De uma certa maneira, o "determinismo" de Ritter está muito mais próximo daquele desenvolvido pela geopolítica dos anos posteriores. A necessidade interna de expansão de certas sociedades, a valorização de uma cultura pelo solo que a desenvolveu, o caráter e a singularidade de cada organismo são algumas das semelhanças que notamos entre esses dois discursos. Algumas passagens são perfeitamente paralelas e segundo Ritter, por exemplo, "o caráter de um povo, isto é, a qualidade que lhe é própria, só é apreendido analisando-se sua alma, as relações que mantém consigo mesmo, com os outros, com aquilo que o cerca; enfim, como não há um povo sem Estado ou sem pátria, estudando-se suas relações com estes últimos e a relação deste Estado e desta pátria com os Estados e países vizinhos".[30]

A explicação científica em Ritter, ou as leis às quais ele se refere em seu discurso não exprimem uma racionalidade aplicada à observação da natureza. Essas leis eram com efeito consideradas como partes integrantes do mundo fenomenal:

---

[29] RITTER (Carl), *Introduction à la géographie générale comparée, op. cit.*, p. 43.

[30] *Idem*, p. 42.

"Não se deve tomar as leis naturais estabelecidas por construções lógicas de nosso intelecto, mas (...) considerá-las como uma feliz descoberta do mundo fenomenal que nos cerca e que não tínhamos ainda conseguido elucidar".[31]

Desta forma, a atividade cognitiva, contrariamente ao modelo kantiano, não repousa sobre categorias e representações. Para Ritter, a experiência e o pensamento estão unidos em um mesmo *eu absoluto* ou, como bem disse Schelling, pela identidade entre o sistema da natureza e nosso espírito. Trata-se de um saber sem meditação, que funda, em um mesmo momento, a especulação e a experiência sensível.

Sendo assim, o pensamento de Ritter não se deixa caracterizar unicamente pelo rótulo de teleológico que lhe é freqüentemente aplicado. Encontramos em uma grande parte dos pensadores, dos gregos até os modernos, esta maneira de apreciar os fenômenos da natureza recorrendo ao mesmo tempo a um conjunto de causas finais e a uma vontade demiúrgica. A diferença é que, para Ritter como para a filosofia romântica, a teleologia é a garantia última da verdade; *mutatis mutandis*, podemos dizer que se trata da mesma diferença existente entre a física newtoniana e a física cartesiana.

Além disso, o pensamento de Ritter está talvez mais próximo do cartesianismo do que se supõe habitualmente. Em primeiro lugar, há essa mesma busca de caução divina para fundar a racionalidade, o que coloca todo o problema da verdade na relação entre consciência e revelação. Em segundo lugar, poderse-ia dizer que o Deus ritteriano é também geômetra, visto que ele manifesta também sua vontade e mensagem através da perfeição lógica dos números. Ritter se ocupa muito do problema

---

[31] *Idem*, p. 149.

da aplicação das matemáticas à geografia. Contudo, a matemática não é considerada unicamente como um meio de representar os fenômenos, mas como sendo ela mesma a expressão de uma lógica viva. Encontramos também uma referência explícita a Descartes na conduta recomendada por Ritter, que retoma o terceiro preceito da lógica do *Discurso do método*, a saber, partir do mais simples para chegar ao mais complexo. Também a crítica de Ritter parece estar muito mais próxima da dúvida metódica de Descartes do que do criticismo kantiano. Kant reconhece a necessidade da experiência e o uso das categorias do conhecimento para estabelecer um saber científico, enquanto que para Descartes a dúvida serve antes para fundar o *cogito* e guiar o pensamento em direção às idéias essenciais .

A dificuldade de classificar o pensamento de Ritter não reside somente na ambigüidade que resulta da união entre um irracionalismo romântico e uma metafísica cartesiana. Ela se deve também à forma contraditória de seu discurso, que ora toma a forma de uma hermenêutica da natureza, ora recorre ao estilo científico positivo mais puro.

É certo que Ritter via os méritos da ciência racionalista, por exemplo: "A geografia demonstra-se capaz de elaborar uma ciência geral dos produtos, ela chegará a evidenciar todas as relações espaciais necessárias a seu desenvolvimento e, dando a seu objeto a forma científica que tanto lhe faltou até aqui, acederá ao estatuto de geografia científica".[32] Ele era grande admirador do trabalho de Buffon e de Curvier, e recomendava para a geografia a adoção de uma conduta moderna visando à generalização e ao estabelecimento de leis. Recomendava também a utilização pelos geógrafos de um procedimento objctivo e uniforme para definir os conceitos. Todavia, a esse discurso absolutamente de acordo com o pensamento racionalista, vinham

---

[32] RITTER (Carl), *Introduction à la géographie générale comparée, op. cit.*, p. 165.

enxertar-se, como vimos anteriormente, elementos advindos de um outro sistema de pensamento.[33]

O legado dos fundadores à geografia moderna

A análise da obra destes dois autores nos permite fazer um primeiro balanço em dois pontos. Em primeiro lugar, encontramos em suas obras a dualidade característica da modernidade, a qual se define pela presença simultânea de posições racionalistas e de posições que se lhes opõem. Essa constatação pode nos levar a concluir que o que se considera como moderno em suas obras é precisamente essa dualidade fundadora da modernidade. O segundo ponto importante diz respeito aos ecos possíveis dessa dualidade sobre os desenvolvimentos posteriores da geografia: com efeito, na medida em que estes dois autores são considerados como fundadores de um saber geográfico moderno e científico, a dualidade presente em seus discursos será um dos principais legados deixados à posteridade.

Uma das formas que reveste essa dualidade no discurso destes fundadores é a concepção de uma ciência que seja ao mesmo tempo cosmológica e regional. Esses dois níveis de análise se encadeiam de forma complementar e necessária, ou seja, a Terra, enquanto sistema fenomenal global, pode também ser conhecida por suas diversas partes, as quais reenviam ao todo.

> "Toda reflexão sobre o homem e sobre a natureza nos leva a considerar o particular com o Todo e nos conduz daquilo que não parece senão fortuito ao que obedece fundamentalmente a uma lei. O conheci-

---

[33] "Da mesma forma, não é a diversidade desordenada de certas forças desenfreadas, mas a contemplação da medida e da lei na plenitude e na força infinitas que nos impregna da presença do Divino ao nível mesmo da natureza sensível". RITTER (Carl), *Introduction à la géographie générale comparée, op. cit.*, p. 41.

mento total do Todo não pode, portanto, vir do particular se o Todo, ele mesmo, não é conhecido em um mesmo tempo. Da mesma forma que é o Todo que faz a parte, o particular só tem existência própria na medida em que é observado em função da lei que o constitui como indivíduo".[34]

Ulteriormente, esses dois níveis tornar-se-ão dois ramos distintos conhecidos pelos nomes de geografia geral ou sistemática e de geografia regional. A primeira é herdeira da física newtoniana e das ciências naturais a partir do séc. XVIII e é, portanto, marcada por um certo empirismo racionalista. A geografia regional, por sua vez, possui raízes muito menos claras, ancoradas na Filosofia da Natureza e na concepção herderiana, e sob a forma de monografias, por exemplo, é em grande parte tributária da concepção romântica de Ritter: "Em seu conjunto, seu reagrupamento local, na repartição que lhes é própria, estes produtos da natureza permitem perceber imediatamente o caráter distintivo dos espaços terrestres ou ainda a quintessência das regiões das quais a apreensão global e intuitiva marca incontestavelmente o desenvolvimento da vida material dos homens". [35]

A dupla filiação do discurso geográfico de Humboldt e de Ritter se exprime também na forma através da qual o papel do geógrafo era definido. O geógrafo era um observador da natureza que experimentava ao mesmo tempo um prazer estético, mas também um prazer intelectual de compreender as leis naturais. A palavra "contemplação" é comum aos dois discursos e parece justificar esta dupla ação do olhar, admirador e curioso. Não é impossível que o recurso dos geógrafos do início deste século à

---

[34] RITTER (Carl), *Introduction à la géographie générale comparée, op. cit.*, p. 45.

[35] RITTER (Carl), *Introduction à la géographie générale comparée, op. cit.*, p. 153.

noção de "olhar geográfico", como sendo o principal critério para legitimar a especificidade da geografia, tenha tido inspiração nesta visão da "contemplação" nascida de Humboldt e Ritter. A hipótese, segundo a qual existe uma ordem escondida ou invisível que só se desvela ao olhar atento do intérprete, encontra sem dúvida suas raízes na ciência romântica e no método hermenêutico. Segundo essa tradição, as essências se escondem atrás da diversidade e é unicamente pela interpretação que se pode chegar a compreender a expressão da ordem para além de sua aparência externa caótica e desprovida de sentido. Paralelamente encontra-se nestes dois autores a valorização de um discurso científico, muito corrente em meados do séc. XIX. Paradoxalmente, a geografia de Ritter, mais influenciada pelos conceitos românticos, utiliza uma linguagem muito mais próxima da ciência racionalista/positivista do que a linguagem de Humboldt. Esse último, a despeito de uma retórica por vezes poética, tinha, de uma maneira geral, uma aproximação muito maior com os cânones da ciência racionalista, tal como ela era definida no séc. XIX.

Para concluir, é preciso sublinhar que, nos casos de Humboldt e de Ritter, os pólos epistemológicos se misturam em proporções variáveis, sem aparência contraditória. De fato, na obra destes autores, o racionalismo e o romantismo figuram antes como aspectos complementares de um mesmo e único conhecimento científico. Enquanto fundadores da geografia moderna, esses dois autores legaram à posteridade geográfica procedimentos que repercutem sem dúvida alguma essa dualidade fundadora que depois será, contudo, vivida de outra forma.

7

Racionalismo e legitimidade científica: o caso do determinismo

O determinismo é talvez tão antigo quanto a faculdade de refletir. De fato, parece que atribuir o papel de causa a certas circunstâncias, e explicar os fenômenos como suas conseqüências diretas, supõe uma lógica de base muito simples. A estrutura de subordinação da linguagem reflete, por exemplo, esse gênero de raciocínio. Em outros termos, pode-se considerar que as raízes da reflexão determinista são de certa maneira inconscientes e inerentes à linguagem e ao pensamento. A ciência, em sua forma predominante desde o séc. XVIII, criou uma forte identidade entre o pensamento científico e a dedução determinista, muito embora esta identidade não se faça sem controvérsias. De um lado, os porta-vozes da tradição humanista nunca aceitaram uma ciência definida pelo determinismo e sempre combateram esse modelo. De outro, o determinismo científico tomou formas múltiplas e é, portanto, difícil falar de um determinismo único na ciência. O determinismo é sem dúvida uma noção central para a ciência racionalista, mas

175

seus limites, importância e conteúdo são sempre objetos de grandes debates.

A análise de algumas conseqüências e limites impostos pela idéia do determinismo na ciência pode nos ajudar a melhor compreender o que está em jogo nestes debates. Antes de tudo, a abordagem determinista considera que todo acontecimento ou estado é o produto direto de causas externas atuantes. De certa maneira, a causa que funda o fato define também a capacidade de reproduzi-lo e de prevê-lo. O futuro aparece nesse caso como reduzido, circunscrito pelo presente. O sujeito conhecedor opera ordenando os fatos, criando cadeias lógicas e um modelo racional. A realidade última se situa na explicação que une os fatos entre eles. A independência das manifestações fenomenais é apenas aparente e sempre é possível reconduzir essas manifestações a outros fatos ou a outros fenômenos pelo viés de uma explicação causal. O desafio maior da ciência é de encontrar as associações objetivas entre todos os fatos, para chegar a uma explicação geral.

Com efeito, a conduta determinista pretende dar conta dos fatos em toda sua diversidade. No entanto, ao procurar estabelecer relações de causa e efeito, ele é levado a raciocinar primeiro sobre categorias gerais para somente em seguida chegar aos fatos concretos. Vê-se, então, que a diversidade fenomenal é de início colocada entre parênteses antes de ser explicada por um modelo geral ancorado no *a priori* da causalidade, os fatos vindo em seguida apoiar esse pressuposto determinista. Podemos, assim, colocar em evidência os princípios metodológicos do determinismo: a verificabilidade, ou a capacidade de demonstração; a generalidade, ou a condição de abstração; a positividade, que consiste no poder de afirmar qualquer coisa investido de uma legitimidade metodológica; e a objetividade, proveniente do fato de que só apreendemos da realidade suas manifestações regulares e gerais. De certa maneira, o que nos é apresentado como sendo o produto da análise pode ser também considerado como o que funda a legitimidade da própria análise. Neste sentido, o determinismo é uma das maneiras possíveis de apresentar um problema, uma linguagem, em que a ordem dos termos analíticos nos sugere uma conduta de valor afirmativo e concludente. A ciência em sua forma determinista se propõe a tudo explicar sobre uma base lógica e o que não pode ainda figurar neste plano explicativo deve ser considerado como um desafio a alcançar. Na base desta concepção, está a hipótese da ordem global e racional que se exprime pelas regularidades fenomenais e que pode ser compreendida pela ciência:

> "Se o acaso, portanto, é apenas o aspecto objetivo de nossa ignorância, ele recuará na medida em que a ciência concluir o esgotamento dos fenômenos que é sua empresa".[1]

Esta perspectiva é apresentada ainda hoje entre os geógrafos. É o caso de Lewthwaite, que considera o determinismo como inevitável no quadro de um conhecimento científico, pois "a formulação de leis e padrões implica inevitavelmente uma aceitação do determinismo".[2] Um outro ponto de vista próximo é o de Durand-Dastès, que afirma que, "em nome da recusa de leis ou mesmo de regras, ela [a posição contrária ao determinismo em geografia] nega que a geografia e mesmo o conjunto das ciências humanas pudessem ser 'nomotéticos' no sentido de Piaget; ela reclama para si, mais ou menos explicitamente, o indeterminismo". Durand-Dastès nos adverte que, ao agir desta maneira, a geografia se encontrará de novo comprometida com os estudos particulares, sem nenhuma possibilidade de genera-

---

[1] ULLMO (Jean), *La pensée scientifique moderne*, Champs Flammarion, 1969, p. 159.

[2] LEWTHWAITE (Gordon R.), Environmentalism and Determinism, *AAAG*, vol. 56, mar. 1966, n? 1, pp. 1-23, p. 15.

lização: "Ela conduz quase inevitavelmente à recusa de utilização de modelos, às reticências frente às generalizações e valoriza o estudo das situações particulares; logo, das monografias".[3]

O determinismo não se define somente como uma metodologia que conduz à verdade, ele se define também como um instrumento de previsão. Ao antecipar os resultados, o determinismo permite uma ação no mundo. Assim, sob esta forma, a ciência deixa de ser espectadora da realidade para se tornar o meio fundamental de intervenção. A legitimidade desse instrumento repousa no fato de que a ciência é justa, objetiva, neutra, racional e irrefutável.

Estas duas características do determinismo nascem da associação entre o conhecimento positivo e a ciência normativa. Em geral, a tomada de posição determinista em um domínio científico dado foi acompanhada de uma idéia de revolução na maneira de conceber a realidade. A apropriação do método e do prestígio conferidos pela certeza positivo-racionalista também ocasionou a recusa de qualquer outra maneira de interpretar a realidade. A ciência positiva não pode existir sem afirmar certezas a partir de um conhecimento validado metodologicamente. O determinismo (*lato sensu*) é visto, assim, como o único meio de afirmar positivamente o resultado de uma experiência ou o desenvolvimento de um fato. É a partir destes laços que nos é permitido falar de um determinismo moderno inscrito na ciência.

A história das ciências está cheia de críticas virulentas a respeito de uma visão tão restritiva do conhecimento, a tal ponto que o termo "determinismo" foi, por vezes, evitado, mesmo quando era utilizado como modelo.[4] Além disso, não se deve esquecer de que se trata do determinismo quando as proposi-

---

[3] DURAND-DASTES (François), "La complexité de l'ensemble des options possibles", *Espace Géographique*, n? 2, 1985, pp. 105-108, p. 105.

[4] Este comportamento é também comum à geografia, como nos lembra Lewthwaite: "Mas por que denunciar o determinismo ambiental? A simples menção do termo basta para evocar um coro de condenação", *op. cit.*, p. 7.

ções da ciência falam de um saber centrado em um padrão positivo/racionalista. Por outro lado, é verdade que na ciência contemporânea não se trata mais de um determinismo mecanicista. As proposições advindas de uma ciência positiva racionalista mudaram, mas elas se inscrevem sempre no domínio de um saber que possa prever, afirmar e intervir.

As críticas endereçadas ao determinismo são responsáveis por um certo abrandamento do modelo inicial, que se traduz sobretudo por uma atenuação dos princípios. A tendência atual é de graduar os efeitos da verificação e de explorar a relativização das condições da experimentação. É preciso, contudo, notar que todas estas discussões se fazem em torno da relação entre a ciência e a determinação, ou ainda, entre o verdadeiro conhecimento e a necessidade.

A ciência, que se impôs como uma referência e um poder na sociedade moderna, cai na armadilha do seu próprio discurso. É quase paradoxal que a ciência não chegue a sobrepujar, em razão do risco de não poder encontrar outras formas, as críticas que ela mesma fundou. De um lado, o discurso da certeza determinista é o mesmo que desperta a desconfiança e a refutação. De outro, os discursos alternativos não são capazes de preservar o papel, a importância e as instituições do mundo dito científico.

Este paradoxo também está vivo na geografia. Às vezes, a crítica do modelo determinista mesológico pode ser interpretada como sendo a refutação a todo e qualquer gênero de determinismo. Essa condenação é vista como uma "atitude tanto mais curiosa na medida em que ela evoca freqüentemente a ciência, ainda que o determinismo tenha durante muito tempo sido considerado — e ainda o é freqüentemente — como o fundamento de toda conduta científica, por oposição à metafísica".[5]

---

[5] DURAND-DASTES, *op. cit.*, p. 105.

O debate está longe de chegar ao fim e, recentemente, uma publicação reuniu em torno da questão do determinismo epistemólogos e físicos.[6] As posições expostas não dão nenhum sinal de um consenso possível. De um lado, encontramos aqueles que acreditam que a ciência só poderá continuar a se definir enquanto tal aceitando o determinismo. De outro, os críticos colocam em dia as contradições deste gênero de raciocínio, mas são no momento incapazes de propor um novo modelo efetivamente eficaz e alternativo. Finalmente, há aqueles que permanecem em posições intermediárias, aliás os mais numerosos atualmente. No caso da física, por exemplo, a noção de "caos determinista" parece ser a concepção mais aceita nestes últimos anos.[7]

Tais discussões nos mostram que este debate concerne a todos os domínios do conhecimento. Trata-se antes de uma controvérsia da ciência em geral, que é transmitida aos campos particulares de cada disciplina. A filosofia possui uma enorme tradição em relação a essa temática. Livre arbítrio, necessidade, causalidade, contingência, acaso, liberdade, entre outras, são questões vindas da mesma fonte filosófica. O fato de que o determinismo, com essa denominação, só apareça no fim do séc. XVIII, nos indica que a eclosão da "revolução científica" retomou este debate antigo, dando-lhe uma forma moderna inscrita na ciência.[8]

As vias do determinismo na geografia

A querela do determinismo na geografia parece ter sido esgotada se julgarmos pela numerosa bibliografia sobre este assunto e pode parecer ousado, até mesmo temerário, procurar

---

[6] POMIAN (Krzysztof) (org.), "La querelle du déterminisme", in Le débat, Paris, Gallimard, 1990, p. 291.

[7] HAKEN (H.) e WUNDERLIN (A.), "Le chaos déterministe", in La Recherche, 1990, nº. 21, pp. 1.248-1.255.

[8] A denominação "determinismo" apareceu na França em 1836 e foi precedida em alguns anos pelo conceito correspondente em alemão, segundo a Encyclopaedia Universalis, Paris, 1989, vol. 7.

dizer alguma coisa de novo a propósito deste tema. A análise da bibliografia mostra, no entanto, que um certo ponto de vista foi privilegiado: a oposição entre o determinismo e o possibilismo. Nessa perspectiva, a ênfase é colocada sobre as duas condutas científicas da geografia do início do século, valorizando a riqueza do possibilismo em relação ao reducionismo da visão de um homem submetido às condições naturais. Este ponto de vista se limita a um único gênero de determinismo, a saber, aquele preconizado por Ratzel, associado ao aspecto mesológico, e o debate é considerado encerrado desde os anos vinte deste século. Essa visão um pouco caricatural corresponde, todavia, a um aparente consenso em torno da questão do determinismo na geografia.

Nosso objetivo é mostrar que existem outras vias na afirmação do determinismo em geografia, sem que elas estejam necessariamente ligadas à questão homem-meio. Ao mesmo tempo, importa reconhecer a importância do discurso determinista como uma parte integrante da geografia dita científica. Se as proposições ratzelianas foram objeto de numerosas críticas, isso não quer dizer que a geografia tenha resolvido, de uma vez por todas, seus problemas metodológicos a respeito do modelo positivo-racionalista.

Segundo Claval, a tradição determinista na geografia conheceu três grandes momentos na História: a tradição médica hipocrática, retomada no séc. XVIII pelos naturalistas e filósofos; a leitura teleológica da natureza, de inspiração herderiana; e finalmente aquela nascida do evolucionismo de Darwin, que teve a maior posteridade na geografia acadêmica.[9]

A primeira tradição atribui uma importância fundamental aos elementos naturais na constituição da fisiologia humana. Esta tradição provém da mesma associação feita pela filosofia da Antiguidade, que via nos quatro elementos o princípio de

---

[9] CLAVAL (Paul), "Causalité et géographie", *in Espace Géographique*, n? 2, 1985, Paris, pp. 109-115.

organização da vida e do mundo. O naturalismo do séc. XVIII retomou a tradição da medicina grega do séc. V a.c., na medida em que o comportamento social devia ser objeto de uma explicação tão objetiva quanto qualquer outro fenômeno. Os exemplos deste determinismo são numerosos e La Mettrie, Buffon e Montesquieu figuram entre os autores mais conhecidos que abordaram esta questão. Muitas outras tentativas foram feitas, levando em conta parâmetros explicativos tão diferentes quanto o clima, as condições de morfologia, a anatomia, a etnia, etc. Em suma, tratava-se de encontrar um critério que permitisse descrever o comportamento humano tão claramente quanto o movimento dos astros no céu.

O exemplo de Montesquieu é bastante significativo. Ele nos apresenta uma reflexão sobre as diferentes condições de climas, procurando, a partir delas, a chave do mistério da personalidade de um povo. É preciso notar bem que Montesquieu queria, antes de tudo, determinar as fontes objetivas dos diferentes tipos de constituições políticas. Sua abordagem consistia em estudar a relação civilização/natureza como alguma coisa capaz de ser vista em termos gerais, objetivos e verificáveis, o que corresponde, pois, a um ponto de vista explicitamente científico.

Se no exemplo de Montesquieu o plano das questões e o gênero de respostas se inscrevem no modelo das ciências nascentes, a situação é completamente outra na segunda grande tendência do determinismo identificada anteriormente. O determinismo teleológico de Herder se dirige antes para uma leitura próxima do não-racionalismo. A premissa fundamental desta concepção é que Deus, através de sua onipotência, gravou na natureza os destinos de cada povo. A natureza não é um meio de determinação, mas antes um meio de interpretação de uma determinação anterior, derivada da criação divina do mundo. Nesse caso, diferente de Montesquieu e dos outros naturalistas, não há nenhuma preocupação de objetividade. Trata-se simplesmente da vontade divina. Não há mais generalização imaginável, cada povo possui por seu meio ambiente a medida de sua possível progressão. Em lugar de leis, ele nos propõe uma leitura dos signos da natureza e, desta maneira, a interpretação substitui a explicação. O determinismo neste caso está submetido a um outro sistema de causas, muito distante do rigor científico. A posteridade deste modelo, estranho à sociedade racionalista, foi assegurada na geografia por Ritter e, depois, por E. Reclus. O que deve ser sublinhado aqui é a diferença fundamental da base deste determinismo. Procurar os signos e produzir uma interpretação da natureza seguindo uma ordem mística constitui justamente a atitude oposta a qualquer conduta do modelo racionalista. Se nos dois casos o determinismo se manifesta, não devemos nos deixar enganar e precisamos distingui-los enquanto nascidos de polaridades metodológicas antagônicas.

É verdade que estas duas posições podem se encontrar unidas no discurso de alguns autores. Tal é o caso de Lamarck, por exemplo. Sua análise evolucionista de base empírica/racionalista terminava por uma metafísica da natureza que era descrita como a tradução da vontade "de seu autor sublime". No entanto, ainda que Deus fosse concebido como a causa final, o método de conhecimento de sua vontade era geral, objetivo, experimental, isto é, racionalista. Para Darwin também, a natureza possuía uma dimensão final de ordem metafísica, mas seu interesse científico não se dirigia para a ordem final, e sim para o processo de diferenciação das espécies e das condições do meio ambiente. Nesse domínio, não há intervenção divina e o método capaz de produzir um conhecimento é a ciência objetiva.

O terceiro tipo de determinismo geográfico encontrou sua inspiração nas idéias do evolucionismo. Conhecemos hoje, a partir de numerosos estudos, a importância de Darwin para a geografia e sobretudo sua influência na definição do determinismo ratzeliano. No início de sua vida universitária, Ratzel, que tinha formação de naturalista, foi um leitor entusiasta da obra de Darwin e escreveu mesmo uma obra inteiramente inspirada pelas idéias darwinistas.[10] A retomada do determinismo sob o ponto de vista do evolucionismo indica uma importante mudança de perspectiva com relação às teses mecanicistas existentes até então.

Na França, por exemplo, Numa Broc nos faz notar que durante um longo período no séc. XIX toda explicação estava excluída da geografia.[11] Essa disciplina era considerada como um longo inventário de dados e informações sem nenhuma preocupação de sistematização. Conhecemos a reação da cultura francesa durante o séc. XIX às idéias revolucionárias. A recusa voluntária em especular teoricamente pode, portanto, ser explicada pelo questionamento de toda herança que pudesse ser aparentada àquela do Século das Luzes, a respeito do qual já frisamos a importância que dava ao estabelecimento de um pensamento normativo para descrever as relações homem-meio. Segundo Broc, no fim do séc. XIX, a necessidade de tratar os dados geográficos de uma maneira teórica se impôs de novo e o reflexo majoritário foi de reatar com o determinismo mecanicista. É somente com Vidal de La Blache que a geografia francesa pode romper efetivamente com esse tipo de reflexão.[12]

Para Stoddart, a geografia em geral continuou a evocar um determinismo simplista, originário de um modelo mecanicista de causa e efeito, visto que a absorção das idéias evolucionistas

---

[10] CLAVAL (Paul), *Essai sur l'évolution de la géographie humaine, op. cit.*, p. 44.

[11] BROC (Numa), "La pensée géographique en France au XIX.ème siècle: continuité ou rupture?", *Revue géographique des Pyrénées et du Sud-Ouest*, Tomo 47, pp. 225-247, 1976.

[12] Para Berdoulay e Soubeyran, a "ruptura" de Vidal de La Blache foi feita a partir do neolamarckismo, tomado sob uma concepção neokantiana e desta união nasceu a perspectiva "possibilista". BERDOULAY (V.) e SOUBEYRAN (O., "Lamarck, Darwin et Vidal: aux fondements naturalistes de la géographie humaine" *in Annales de Géographie*, nºs 561-562, pp. 617-634, 1991.

foi tardia nesta disciplina.[13] Desta forma, o pensamento de Ratzel teve um papel de mudança paradigmática nas concepções geográficas. Através da idéia de inter-relação e conexão entre os seres vivos e seus meios naturais, Ratzel, influenciado por Haeckel, propõe uma perspectiva nova para o determinismo geográfico. Neste caso, a idéia de causa e efeito imediatamente determináveis é substituída por uma determinação produzida ao longo de um processo de evolução e de diferenciação.

O mito ratzeliano

Em sua obra *Antropogeografia*, Ratzel pretendeu demonstrar a necessidade das relações entre os diversos gêneros de comunidades concebidas como organismos, constituídas em forma de comunidades e seus meios naturais:

> "Descrever os movimentos da humanidade sobre a Terra e formular-lhes as leis, tal é o objeto da antropogeografia".[14]

Esta pesquisa foi conduzida dentro de um espírito de objetividade, utilizando as categorias gerais da biologia da época e recorrendo à História como terreno de verificação das ciências sociais. A análise de Ratzel descrevia vários gêneros de dinâmicas territoriais, tentando traçar um quadro geral ou um modelo para essas dinâmicas. Ele se interessava sobretudo pela relação solo/cultura e pensava ser capaz de estabelecer leis regulares explicativas, isto é, seu objetivo final era construir uma teoria espacial positiva.

---

[13] STODDART (D. R.), "Darwin's impact on geography", *in AAAG*, n.º 56, pp. 683-698.

[14] RATZEL (Friedrich), *La géographie politique — Les concepts fondamentaux*, escolha de textos feita por François Ewald, Fayard, 1987, p. 89.

"Nesta poderosa ação do solo, que se manifesta através de todas as fases da História, bem como de todas as esferas da vida presente, há alguma coisa misteriosa que angustia o espírito; pois a aparente liberdade do homem parece aniquilada. Vemos, com efeito, no solo a fonte de toda servidão. Sempre o mesmo e sempre situado no mesmo ponto do espaço, ele serve como suporte rígido aos humores, às aspirações mutáveis dos homens, e quando lhes acontece esquecer este substrato, ele os faz sentir seu poder e lhes recorda, através de sérias advertências, que toda a vida do Estado tem suas raízes na terra. Ele regra os destinos dos povos com uma cega brutalidade. Um povo deve viver sobre o solo que recebeu do destino, deve morrer aí, deve suportar sua lei."[15]

Contrariamente à opinião de certos geógrafos, o determinismo geográfico tem forte conexão com o problema filosófico que opõe necessidade e liberdade. Contudo, se o tema é similar àquele que animou os debates durante o Século das Luzes, a metodologia proposta por Ratzel é sensivelmente diferente.

No fim do séc. XIX, a biologia foi considerada como um novo paradigma para as outras ciências em razão do sucesso da teoria evolucionista. Acreditava-se na possibilidade de estabelecer uma teoria positiva que se aplicaria ao homem, a exemplo do que já havia sido feito para as ciências ditas "naturais". Por intermédio do discurso da biologia evolucionista, Ratzel deu uma perspectiva rigorosa, objetiva e geral à geografia, permitindo-lhe, portanto, ascender ao *ranking* das ciências positivas modernas. Essa perspectiva explicava as diferenças de cultura e de desenvolvimento percebidas pelo senso comum, e dava ao

---

[15] RATZEL (Friedrich), "Le sol, la société et l'Etat", in *La géographie politique, op. cit.*, p. 204.

mesmo tempo a essa explicação o reconhecimento científico necessário, ao enunciar leis gerais e ao generalizar essas leis, tidas como válidas para todas as culturas e épocas.

"O estudo das influências que os meios naturais exercem sobre os grupos humanos e sua repartição na superfície da Terra, coloca a geografia de Ratzel no ponto de junção entre as ciências da natureza e as ciências do homem, dentro de uma perspectiva de ecologia, conferindo ao determinismo dos fatos da natureza um lugar decisivo, bem como mutável e a situa dentro de uma orientação científica resolutamente positivista (unidade das ciências sobre o modelo da biologia, força vital e dinâmica dos grupos inspiradas do darwinismo, existência de uma ordem constante dos fenômenos, leis que se descobrem pela observação e pelo método indutivo)."[16]

Desta maneira, o discurso ratzeliano recoloca a geografia na modernidade científica. Segundo Peet, por exemplo, o determinismo geográfico de Ratzel foi, sem dúvida alguma, a primeira versão de uma geografia moderna.[17] Às proposições dos naturalistas de um determinismo "imaturo", inspirado no modelo da mecânica, Ratzel responde com uma abordagem inovadora, utilizando a teoria mais aceita pela ciência da época, o darwinismo. Por essa razão, ele pode ser considerado por Claval como o pai da geografia humana moderna.[18] Em sua obra, não se encon-

---

[16] FREMONT (Armand) et alii, Géographie Sociale, Masson, Paris, 1984, p. 13.

[17] PEET (Richard), "The social origins of Environmental Determinism", in Annals of the Association of American Geographers, n? 75, 1985, pp. 309-333.

[18] CLAVAL (Paul), Eléments de géographie humaine, Paris, Librairies Téchniques, 1974, p. 51.

tram as mesmas hesitações metodológicas presentes em Humboldt e Ritter, e seu ponto de partida pela ciência positiva é claro, sem ambigüidades. O veio racionalista foi o principal fator na recusa de Ratzel ao "romantismo e idealismo" na geografia, que ele identificava a Ritter e à sua concepção de organismo inspirada diretamente no Romantismo.

Schaefer também percebeu a diferença entre o pensamento de Humboldt e Ritter e o de Ratzel. Ele acredita que "se o determinismo foi tomado para significar que a natureza está submetida a leis, não permitindo nenhuma exceção, então isto é apenas o senso comum de toda ciência moderna" e, segundo ele, Ratzel foi o primeiro a pensar "originalmente e imaginativamente segundo esta orientação".[19] Assim, também para Schaefer, o determinismo ratzeliano marca a entrada da geografia na modernidade científica.

Todos estes fatos explicam a razão pela qual o determinismo de Ratzel constitui um momento mítico da geografia. Todas as vezes que o tema da objetividade, do modelo racionalista ou da ciência positiva é abordado, o nome de Ratzel é invocado como sendo o fundador desta concepção.[20] A geografia viu nascer outros determinismos: o econômico; de influência marxista; o lógico-matemático, da Nova Geografia; o psicológico da escola da percepção behaviorista, mas é sempre em relação a este momento fundador instituído por Ratzel que tais movimentos se situam.

Pela análise do determinismo proposta por Peet, é possível

---

[19] SCHAEFER (F. K.), "Exceptionalism in geography: a methodological examination", *in AAAG*; nº 43, pp. 226-249, pp. 242 e 247, respectivamente.

[20] Pinchemel, por exemplo, se refere a uma "disputa que opõe periodicamente os defensores e os adversários do "determinismo geográfico". PINCHEMEL (P.), "Géographie et déterminisme", *in Bulletin de la société belge d'études géographiques*, nº 2, 1957, pp. 211-225, p. 211.

avaliar o peso desta mistificação. Ele insiste na associação entre o nascimento de uma geografia moderna e o determinismo ratzeliano, afirmando que "o determinismo ambiental foi a entrada da geografia na ciência moderna". A denominação "moderna" refere-se evidentemente à capacidade de uma "racionalização científica" presente em Ratzel racionalização que é a primeira na história da geografia segundo Peet. Naturalmente, ele critica certos aspectos da teoria de Ratzel e também de E. Semple, notadamente seus resíduos "místicos" devidos, segundo sua interpretação, ao recurso à analogia organicista. Contudo, o determinismo enquanto método jamais é questionado; ao contrário. Peet parafraseia aqui os geógrafos da New Geography. Para eles também, o método determinista de Ratzel era visto como uma tentativa de estabelecer um caminho científico para a geografia e a única crítica incidia sobre o conteúdo deste determinismo.

A superioridade do marxismo em relação ao determinismo positivista consiste no fato de que o primeiro afasta todo aspecto místico ou religioso, e em comparação com o determinismo positivista o marxismo ofereceria uma base teórica para a "compreensão realmente científica das relações entre natureza, produção e sociedade". Nesse mesmo sentido, ele acrescenta, ainda, que "a moderna geografia emerge como uma parte do novo entendimento 'científico' do mundo, em oposição com as anteriores formas religiosas de compreensão". Dessa maneira, o positivismo, a despeito do método científico empregado, não era capaz de afastar as influências ideológicas ligadas ao contexto da época (o imperialismo). O marxismo, ao contrário, pode ao mesmo tempo explicar os fatos cientificamente e banir toda influência ideológica. O método materialista histórico é o único a poder proporcionar "o entendimento científico em termos das contradições inerentes de uma sociedade histórica particular". Esse método era, portanto, visto como o "único caminho aceitável" de criticar o determinismo ambientalista, ainda que hoje saibamos que ele não tenha sido capaz de impedir que certas interpretações marxistas recaíssem na explicação ambientalista.[21] Um século depois de Ratzel, a geografia estava de novo submetida a um só método e a uma só linguagem, em torno de um novo determinismo, visto como sendo o mais científico.

Vimos nesta apresentação que o determinismo de Ratzel foi objeto de dois tipos de críticas. A primeira pode ser considerada como interior. Ela parte das outras correntes racionalistas e procura fazer uma diferenciação clara entre o método e o conteúdo histórico do determinismo. Dessa "exegese", a metodologia sempre sai reforçada e um novo sentido é dado ao conteúdo, anunciando o início de uma "nova" ciência geográfica. Poder-se-ia muito bem concluir, como o fez Pincheme, que "seríamos tentados agora a dizer que não pode haver geografia sem determinismo", ou ainda, como Clozier, que "toda ciência supõe um certo determinismo."[22] Este é o caso se julgarmos os comentários críticos dos marxistas e dos geógrafos da Nova Geografia. Periodicamente, portanto, a geografia vê aparecer novas proposições ou pelo menos "ilusões de novidade" para um determinismo moderno e científico.[23]

A outra perspectiva crítica se inscreve na tradição que se opõe ao racionalismo. Ela também vem periodicamente ocupar o espaço deixado vazio pelo excesso do positivismo/racionalismo. Segundo Berdoulay, "o vazio é então ocupado por um recurso às condutas mais próximas da literatura ou da arte, por vezes impulsionadas pelo pensamento fenomenológico ou existencialista".[24] De fato, a tradição humanista, ao conceber uma

---

[21] Ver, a este respeito, MARK (B.), "Geographical Determinism in Fin-de-siècle Marxism: Georgii Plekhanov and Environmental Basis of Russian History", *in AAAG*, 1991, vol. 81, n? 2, pp. 3-23.

[22] PINCHEMEL, *op. cit.*, p. 233, CLOZIER (R.), *op. cit.*, p. 125, ou ainda, LEWTHWAITE, *op. cit.*, pp. 15 e 16.

[23] BERDOULAY, *op. cit.*, p. 70.

[24] BERDOULAY (V.), *op. cit.*, p. 71.

ciência compreensiva, rejeita tudo o que diz respeito ao determinismo lógico. No entanto, as armadilhas do determinismo podem vir através da teleologia, como é o caso de Herder e de Ritter. De qualquer forma, na abordagem humanista, a necessidade jamais é objeto da conduta do conhecimento ou do método; ela é uma finalidade, uma certeza. Esta dupla direção crítica foi percebida por Lewthwaite, que situa sua origem no séc. XVIII, o que de certa forma reafirma a concepção, adotada aqui, de relacionar esta dualidade fundamental aos dois pólos epistemológicos característicos da modernidade.[25]

---

[25] LEWTHWAITE, *op. cit.*, pp. 18 e 19.

8

Vidal: um cruzamento de influências

Na proliferação de análises históricas e epistemológicas que têm como objeto a geografia francesa e, mais precisamente, a obra de seu "pai fundador", é de bom-tom interrogar sobre a pertinência eventual de um novo olhar. A geografia vidaliana nutriu tantas discussões e críticas, que pode parecer temerário pretender propor-lhe uma nova leitura. A ciência, contudo, em seu projeto mesmo, não pára de se debruçar sobre as mesmas questões, e as respostas que conseguirá formular serão sempre permeadas, como as obras que analisa, pelas preocupações do momento. Assim, nos parece que na multiplicidade de pontos de vista que se apresentam à análise crítica, as possibilidades de fazer emergir o novo de um mesmo objeto são, por definição, inesgotáveis. Tudo depende, pois, do percurso intelectual ao qual submetemos a leitura e do resgate de certos temas, uns mais, outros menos, lembrados ou valorizados. Eis aí o desafio ao qual nos lançamos.

A primeira tarefa que se impõe neste percurso é talvez o

reconhecimento, ainda que parcial, das idéias filosóficas que contribuíram para forjar o contexto intelectual geral no interior do qual a geografia evoluiu neste momento.

De imediato, é difícil acreditar na existência de um contexto intelectual homogêneo à época da formação da escola francesa de geografia. Discussões múltiplas visavam a salvaguardar certos planos particulares de diversas correntes filosóficas e muitas soluções diferentes foram propostas. Efetivamente, próximo a 1890, um movimento de contestação tomou definitivamente a forma de confrontação em relação à idéia de ciência até então hegemônica. Longe de um consenso, essas reações beberam em fontes variadas, notadamente em autores como Hegel, Schelling, Aristóteles e, sobretudo, Kant.

Sem dúvida, a influência de Kant é devida aos limites que este impôs à atividade racional em sua possibilidade de alcançar a essência das coisas, e muito interessante é constatar que, ao mesmo tempo, o nome de Kant pôde servir para questionar a ciência positiva ou para justificá-la. O relativismo científico do criticismo ensina que toda certeza ou conhecimento está inscrito nos dados de uma experiência relativa a um fenômeno. As coisas em si, apesar de sua existência material, não podem ser percebidas em sua totalidade. Somente as idéias, segundo a acepção platônica ou a da metafísica substancial aristotélica, puderam pretender ascender às essências através de uma intelectualidade pura.

Segundo Bréhier, a interpretação do criticismo kantiano pelas correntes filosóficas do final do séc. XIX terminou por conduzir a,

"de um lado, uma filosofia que afirma o infinito, a necessidade, a substância, a coisa em si, o fatalismo histórico; de outro, aquela que afirma o finito, a liberdade, o fenômeno, o teísmo. Entre essas duas doutri-

193

nas nenhuma conciliação é possível; elas são dois ramos de um dilema entre os quais é preciso optar". [1]

Em torno destas questões trazidas pela interpretação do relativismo científico de Kant, aparecem os pares de temas recorrentes: liberdade/necessidade, probabilidade/determinismo. Eles têm como objetivo geral examinar os limites da razão, as possibilidades de um conhecimento verdadeiro, as relações entre razão e fé, e as ligações recíprocas entre o homem e a natureza.

Esses temas são a matéria fundamental dos debates da segunda metade do séc. XIX, expostos por um grupo de pensadores franceses conhecidos pelo nome de espiritualistas/positivistas. Esta denominação faz referência ao fato de, por um lado, eles tentarem renovar o espiritualismo eclético e, por outro, se esforçarem em não renunciar completamente às conquistas das ciências que seguiram o modelo positivista.

Ravaisson, por exemplo, influenciado pelos cursos de Schelling, busca, por intermédio da noção de hábito, apreender a síntese do complexo idéia-ação. A partir do hábito, seria possível enxergar a atitude imediata, onde não há distância entre a concepção da ação e sua realização. O hábito é um ato inteligente, mas sem consciência. É também espontaneidade irrefletida de uma vontade viva, ou uma intuição real que confunde o ser e o pensamento (como a substância aristotélica). Por analogia, não há na natureza nenhuma regra de necessidade, pois a liberdade lhe é inerente. A natureza é composta de matérias vivas e móveis passíveis de compreensão pelo sentimento. Devemos interrogar a natureza para conhecê-la, mas, como conjunto de forças vivas, não chegaremos jamais a racionalizá-la completamente. A única maneira de ascender a um conhecimento verdadeiro é permanecer sensível à expressividade, à linguagem destas forças. Enquanto formas vivas, é preciso observar sua maneira de ser.

Para Lachelier, outro filósofo da mesma época, não há distinção entre as leis do pensamento e as leis do ser. Seu ponto de partida se apóia na *Analítica transcendental* e na *Crítica do julgamento*, mas sua conclusão é absolutamente diferente. Ele se aproxima gradualmente de uma concepção teológica na qual residiria todo fundamento da explicabilidade e, conseqüentemente, na refutação da razão como instrumento do conhecimento. Nota-se que o dualismo continua, apesar da distância em relação às idéias primordiais de Kant.[2] Ele é um dos representantes mais típicos do que chamamos freqüentemente de neokantismo francês, isto é, um criticismo que procura resolver pela caução de Deus a distância kantiana entre a coisa em si e o objeto do conhecimento. Para Gusdorf, Ravaisson e Lachelier constituem, no domínio francês, os principais continuadores da inspiração romântica.[3]

Em torno da discussão do papel e do grau de liberdade dos fenômenos, E. Boutroux escreveu uma obra chamada *De la contingence des lois de la nature* (1874). Segundo ele, o conjunto de conhecimentos acumulados está associado às causas regulares e aos aspectos mais permanentes dos fenômenos. A contingência é, no entanto, um dado irredutível que recoloca em questão o saber estruturado exclusivamente sobre suas regularidades. Quando se toma somente o repetitivo como modelo, perde-se completamente a possibilidade de compreender as mudanças que emergem justamente de situações não-regulares. Para Boutroux, haveria uma complementaridade entre o conhecimento produzido pelas ciências positivas, derivadas de um modelo racional-dedutivo, e o saber moral, inspirado diretamente de Deus.

---

[2] Este dualismo foi tratado com relação à geografia por LIVINGSTONE e HARRISON, "Immanuel Kant, subjectivism and human geography: a preliminary investigation", *in Transactions of the Institute of British Geographers* nº 6, 1981, pp. 359-74.

[3] GUSDORF (G.), *Le savoir romantique de la nature, op. cit.*, p. 37.

Da mesma maneira que Ravaisson, Boutroux afirma a existência de uma razão total superior. A totalidade da razão se inscreve no conjunto do campo da experiência humana — científica, religiosa, moral, artística, etc. O encontro da ciência e da religião é um traço característico desses autores. Eles tentaram acabar com a limitação do conhecimento baseado exclusivamente em princípios racionais e viam na teologia uma possibilidade de conciliação para alcançar um saber absoluto.

Henri Bergson deu ao espiritualismo uma dimensão mais criativa e afirmativa. O espaço e o tempo são, na vida, categorias discretas que, por necessidade de mensuração e de comparação, exigem um esforço de coincidência pelo qual se chega a uma homogeneidade formal. Contudo, o aspecto quantitativo não deve fundir os eventos distintos em uma só progressão uniforme.

Bergson mostra que a continuidade mental repousa sobre dois tipos de fonte: a primeira é formada pelo habitual, aquilo que volta como repetição (bem próxima da concepção de hábito de Ravaisson); a segunda é composta de eventos únicos, concretos. Ele identifica também dois gêneros de conhecimento: um completo, único e particular, logo limitado; outro imperfeito, geral e progressivo.[4] Esta dualidade é a mesma que o faz distinguir sociedades estáveis e fechadas, opostas a outras, imperfeitas, mas progressivas e mutantes, posição aliás muito próxima à de Vidal de La Blache, ao descrever "as sociedades isoladas e as sociedades abertas", poucos anos mais tarde.[5]

Aqueles que trabalhavam diretamente no domínio científico sofreram também a influência do conjunto de discussões que vêm sendo assinaladas, assim como dos apelos da atmosfera social que lhes motivou. Um movimento geral de crítica se manifestou no seio das disciplinas contra o modelo dominante científico/positi-

---

[4] Estas características levam Gusdorf a identificar uma "naturfilosofia à francesa" no pensamento de Bergson. GUSDORF (G.), *Le savoir romantique de la nature, op. cit.*, p. 37.

[5] VIDAL DE LA BLACHE (P.), "Les conditions géographiques des faits sociaux", *in Annales de géographie*, 11 (55), 1902, p. 15.

vista. Os matemáticos e físicos, mais do que os outros, impuseram restrições aos esquemas do determinismo. Eles propuseram uma ciência mais consciente de seu papel de representação do real, comparativamente à fé anterior em uma identidade absoluta entre pensamento e realidade. Os novos pontos de vista destes cientistas fazem da ciência uma atividade que não tem mais a pretensão de alcançar o real, mas antes de fornecer meios de adaptação ao mundo. A causalidade é uma ficção que tem como objetivo prático adaptar o homem à realidade.

Apesar desta carga crítica, um certo número de pensadores continuava a defender uma visão positivista que continuava, não obstante as críticas, a ser uma doutrina forte durante todo este período. Meyerson, por exemplo, afirmava que a força do positivismo vinha do fato de ser ele a única via legalista da ciência, o único modelo para uma doutrina científica normativa. Trabalhava-se com a idéia de causalidade, pois não haveria outros meios de estabelecer relações sem cair em um subjetivismo e, portanto, em uma relatividade absoluta.

A diversidade destas posições traduz bem a atmosfera dos últimos anos do séc. XIX e do início do século XX. O conhecimento, seus limites, as condições gerais de sua produção e sua validade estavam em vias de transformação, criando uma atmosfera que apresenta fortes analogias com o movimento romântico, tanto pelos temas trazidos à discussão, razão/sentimento, necessidade/liberdade, objeto/totalidade, como pelos argumentos evocados.[6]

A existência recorrente de um conjunto de atitudes de recusa ao racionalismo como um movimento claramente identificável se manifesta no último quarto do séc. XVIII e reaparece com força ao longo da segunda metade do séc. XIX, e não explica, assim, as principais rupturas que caracterizam a história das idéias deste período.

---

[6] BRÉHIER (E.), *op. cit.*, T. III, p. 890.

As categorias e a estrutura do pensamento vidaliano

Os conceitos e as categorias figuram como chaves estruturais na composição de uma explicação. São as partes constitutivas de uma cadeia lógica. Têm um sentido próprio, mas se referem também, em graus variáveis, ao eixo explicativo do sistema mais geral do qual fazem parte. A ausência relativa de referências explícitas, ou de relação imediata entre a obra de Vidal e uma doutrina definida, não é certamente a expressão de uma negligência teórica. Não se deve ver nisto a adoção de um empirismo cego que o dispensaria de qualquer preocupação metodológica mais profunda. Vidal não se restringiu a descrever realidades, ele também criou categorias, noções gerais interligadas que constituem a própria base de seu discurso teórico. A análise destas categorias e de seu papel pode, pois, revelar certos aspectos negligenciados da epistemologia vidaliana.

Quatro idéias principais são recorrentes em sua obra: organismo, meio, ação humana e gênero de vida. A primeira é um lugar-comum da época. Trata-se de uma idéia cara ao séc. XIX que se encontra discutida nas obras de numerosos geógrafos: Ratzel, Elisée Reclus, Raoul Blanchard, Jules Sion, para citar somente alguns. Ela serviu para colocar em questão a natureza mecânica que dominava no século precedente, ainda impregnado de uma razão galileana/newtoniana. A Terra, a paisagem, a região, as nações, a cidade etc. eram todas concebidas como organismos. Nem a escala, nem o tipo de fenômeno eram importantes; quer ele fosse essencialmente natural (paisagem não-humanizada), quer fosse humano poderia sempre ser considerado como um organismo.

Assim, do recurso à noção de organismo, emerge uma certa concepção que não parece necessitar de outras explicações. Trata-se do processo de extensão abusiva de um conceito descrito por Bachelard como um obstáculo verbal. Esse uso "pré-científico" da linguagem impõe ao espírito esquemas gerais não-demonstrativos e substitui uma definição precisa e rigorosa dos conceitos que, desfeitos assim de sua carga existencial, não podem conduzir a uma explicação "realmente" científica.[7] A noção de organismo se ligava ao grande tema da finalidade. O organismo possui uma causalidade que, em última instância, é sua realização enquanto ser. A circularidade deste gênero de raciocínio leva a considerar o ser como sua própria causa final e, por conseqüência, sua função de ser. Afirma-se, também, que o organismo, enquanto totalidade, pode ser conhecido em si mesmo pela observação de seu desenvolvimento. Já em Kant havia uma distinção entre o ser vivo (organismo) e a máquina. Esta última é portadora de uma força motriz, mas só o ser vivo possui uma força "formadora", responsável por seu desenvolvimento. O organismo, por ser gerador de energia, dá assim garantias de continuidade e de unidade.

Esta concepção do organismo aparenta-se muito ao conceito aristotélico de *physis*. Esse conceito foi traduzido em latim, a partir do grego antigo, em termos de "natureza". Na verdade, a *physis* é um movimento de vir a ser, a forma reunindo a matéria e a finalidade em um conjunto sintético e total. Convém notar que, nesta tradição metafísica, a natureza já era concebida como uma matéria em movimento de auto-realização permanente, definida como sua própria essência.

A idéia de meio para Vidal tem a mesma característica sintética e circular. Sintética, porque corresponde à fusão de forças de origens diversas que agem simultaneamente, dando-lhe uma forma. Circular, porque essa forma, que aparece como totalidade (a região, por exemplo), é todavia a reunião de diversos elementos em conexão, ao mesmo tempo causa e efeito uns dos outros. Dito de outra forma, trata-se do resultado de um campo de ação e de tensão particular que é o próprio objeto do conhecimento. Este esquema é o mesmo que descreve Bergson no exemplo da lâmpada de sódio.

---

[7] BACHELARD (G.), *La formation de l'esprit scientifique*, Paris, Vrin, 1938, cap. IV.

Este campo de ação, o meio, que é o domínio epistemológico da geografia, se define por sua maneira de ser. Ele existe como uma manifestação real e concreta, e, assim sendo, pode ser objeto de uma curiosidade verdadeiramente científica. A fisionomia é a expressão da singularidade de cada combinação. Ela permite reconhecer a expressão de uma essência invisível (o movimento) dentro do domínio do "visível" (sua manifestação concreta). Daí a enorme valorização da observação como etapa primeira do processo cognitivo.

O estudo do meio era o ponto de partida da pesquisa geográfica. Era preciso observar o movimento de seus elementos, suas funções e limites, de forma a realizar o objetivo final, que reside na reconstituição do conjunto enquanto "todo" organizado. Por isso, como no caso do organismo, parte-se do meio para melhor voltar a ele, no interior de uma seqüência circular.

O meio está contudo sujeito a uma força de transformação extremamente poderosa: a ação humana. Como os outros elementos do meio, o homem age sobre seu meio ambiente ao mesmo tempo que sofre sua ação:

> "O homem faz parte desta cadeia [que une as coisas e os seres] e, em suas relações com o que o cerca, ele é ao mesmo tempo ativo e passivo, sem que seja fácil determinar na maioria dos casos até que ponto ele é um ou outro".[8]

A especificidade da ação humana, com relação à dos outros elementos, vem de sua maior capacidade de transformação. Ela tem um papel central na organização do meio. Enquanto que, para o determinismo, o homem era apenas um elemento entre os outros, com Vidal, ele se faz mestre dos

---

[8] VIDAL DE LA BLACHE (P.), *Principes de géographie humaine*, Paris, Armand Colin, 1921, p. 104.

outros, pois se adapta à natureza e a transforma em seu próprio benefício.

> "A ação do homem tira seu maior poder dos auxiliares que mobiliza no mundo vivo: plantas de cultura, animais domésticos; pois assim ele coloca em movimento forças contidas, que encontram graças a ele um campo livre para agir".[9]

Evidentemente, não há lugar para acreditar aqui em uma capacidade de adaptação e de transformação ilimitada do homem em relação às condições do meio. Tudo depende de sua herança cultural e instrumental, mas, enquanto "mestre" da natureza, o homem tem a capacidade virtual de se opor a ela parcialmente. Assim, o discurso de Vidal se parece às vezes com uma descrição da luta aberta entre cultura e natureza.

Esta luta era, em sua origem, uma forma de sobrevivência mas, à medida que o homem se libertou (sem jamais chegar a fazê-lo completamente) das condições imediatas, mais ele tomou consciência de que a missão a cumprir residia no controle da natureza. As armas deste combate são dadas pela cultura e "a civilização se resume na luta contra estes obstáculos [naturais]". O homem luta "como agricultor; luta também como pastor".[10] Assim, a atividade humana transforma a matéria bruta em ferramenta e utiliza a energia viva da natureza em seu benefício. Isso define a verdadeira obra geográfica do homem, e a geografia, como disciplina, é "o inventário destes esforços de conquista". Os desafios do homem são proporcionais aos obstáculos que a natureza impõe:

---

[9] VIDAL DE LA BLACHE (P.), *Principes de géographie humaine, op. cit.*, p. 14.

[10] VIDAL DE LA BLACHE (P.), *Principes de géographie humaine, op. cit.*, p. 23.

"Há, nesta extensão do homem [sobre o globo], a despeito do frio, da seca, da rarefação do ar, um desafio que é uma das afirmações mais notáveis de sua hegemonia sobre a natureza".[11]

É preciso, sem dúvida, abordar aqui a questão da relação entre o meio e a ação humana. Em certa medida, o meio é uma força viva, isto é, ele tem um movimento próprio e regras de conexões que escapam à intervenção do homem. É verdade também, no entanto, que a noção de meio é relativa — não há um meio absoluto — e parece lógico que ela seja definida em função de sua relação com o homem. É certo que as combinações e as associações entre os diversos elementos da natureza, que compõem um conjunto cheio de complementaridades, não existem necessariamente apenas em suas relações com o homem. Mas quem, senão o homem, dá um sentido a esta multiplicidade, seja por sua intervenção direta, seja por seu espírito, capaz de reconhecer-lhe as formas? É ele que se impõe como um elemento central, de forma única e particular, segundo os diversos gêneros de vida, e de forma geral e permanente pela obra humana que recobre a superfície do globo.

"Para constituir os gêneros que o tornam independente das probabilidades de alimento cotidiano, o homem teve que destruir certas associações de seres vivos para formar outras. Teve que agrupar graças a elementos reunidos em diversas partes sua clientela de animais e de plantas, para se fazer assim ao mesmo tempo destruidor e criador, isto é, para executar simultaneamente os dois atos nos quais se resume a noção de vida".[12]

---

[11] VIDAL DE LA BLACHE (P.), *Principes de géographie humaine, op. cit.*, p. 22.

[12] VIDAL DE LA BLACHE (P.), "Les genres de vie dans la géographie humaine", *in Annales de géographie*, 20 (111), p. 201.

Encontramos aqui um dos problemas nodais da epistemologia vidaliana: como conciliar o fato de que o homem, por sua atividade, seja mestre de seu meio, se ele está ao mesmo tempo parcialmente submetido a ele? Porque para Vidal não há um meio em geral. Poder-se-ia dizer que é pela ação humana que a força da natureza se realiza. Daí resulta um novo conjunto, um novo ser, síntese do homem e do meio: "A natureza prepara os sítios, o homem cria o organismo". Neste sentido, o pensamento de Vidal pode muito bem ser visto sob o ângulo da dinâmica aristotélica do ato e da potência. Assim, a força natural só tem sentido em relação à cultura, o meio se define somente em função da obra humana que o transforma. Ninguém, melhor que Vidal, exprimiu esta relação:

> "É preciso partir desta idéia de que uma região é um reservatório onde dormem energias das quais a natureza depositou o germe, mas das quais o emprego depende do homem. É ele quem, ao submetê-las ao seu uso, dá luz à sua individualidade".

É nesta relação entre o gênero de vida e a obra de transformação humana, tomada globalmente, que se situa a própria essência do objeto da geografia. É a ela que se reporta, e até mesmo se reduz, toda tentativa de explicação, pois é aí que reside a finalidade última do gênero humano.

"O homem criou para si gêneros de vida. Com a ajuda de materiais e de elementos tomados da natureza ambiente, ele conseguiu, não de um só golpe, mas por uma transmissão hereditária de procedimentos e invenções, constituir alguma coisa de metódico que assegura sua existência e que constrói um meio para seu uso".[13]

---

[13] VIDAL DE LA BLACHE (P.), *Principes de géographie humaine*, *op. cit.*, pp. 115-116.

Somente a ação humana pode conferir um sentido à matéria, força onde dormem possibilidades. A matéria natural é, assim, o conjunto das condições que devem ser realizadas para que uma forma, o meio, possa aparecer: "As próprias formas procuram organizar-se entre si, para realizar um certo equilíbrio".[14]

Como a forma (o meio) é a manifestação da ação humana sobre o conjunto das possibilidades propostas pela natureza, toda explicabilidade está contida na descrição das condições necessárias à sua aparição. Por conseqüência, o princípio final da geografia é a descrição da Terra: "A explicação pertence, portanto, somente à Terra tomada em seu conjunto". É interessante a comparação entre o poeta romântico Novalis, que via a natureza como um plano enciclopédico sistemático de nosso espírito, e Vidal, que a concebia como um livro: "Quanto mais páginas se desenrolam no estudo da Terra, mais se percebe que elas são folhas de um mesmo livro".[15] O conjunto sintético que ela constitui é o princípio de todo fenômeno e, portanto, de toda explicabilidade. A explicação se reporta sempre a ações concretas, das quais a finalidade última reside na construção da obra transformadora do homem. A geografia torna-se o inventário destas ações que, enquanto realizações concretas e essenciais, contêm toda explicabilidade. Assim, para Vidal, o esquecimento do objeto essencial "é também a perda da possibilidade de explicar". Aliás, este é o ponto distintivo da geografia, pois para as outras ciências, História, sociologia etc.,

> "parte-se do homem para chegar ao homem, representa-se a Terra como uma cena onde se desenrola a

---

[14] VIDAL DE LA BLACHE (P.), "Des caractères distinctifs de la géographie", *in Annales de géographie*, 22, 1913, p. 294.

[15] VIDAL DE LA BLACHE (P.), "Le principe de la géographie générale", *in Annales de géographie*, 5(20), p. 141.

atividade do homem sem refletir que a cena tem uma vida nela mesma".[16]

Identificamos uma certa estrutura circular a respeito das noções de organismo e de meio. Corolariamente, acontece o mesmo para a categoria "gêneros de vida". Estes últimos se definem como a forma específica que cada grupo desenvolve, sua maneira de ser e de viver. Eles compõem um conjunto particular de atitudes que tira sua significação do interior do próprio grupo, seja pela maneira de se vestir, de falar, de habitar, em suma, por sua maneira de ser. Ao mesmo tempo, os gêneros de vida revelam os meios desenvolvidos por uma coletividade para sua sobrevivência, superando, em diversos níveis, o desafio da natureza em um meio concreto e imediato. Eles são fruto de escolhas humanas frente ao meio ambiente, escolhas das quais a sucessão conduzirá ou não a uma progressão mais ou menos rápida, a uma conquista mais ou menos eficaz. Os gêneros de vida atuais são, portanto, resultados contingentes dos gêneros de vida anteriores, ao longo de uma cadeia contínua, regida não por uma idéia de necessidade, mas somente de possibilidade; "As formas atuais só são inteligíveis se as encaramos na sucessão da qual fazem parte".[17]

É sem dúvida exagerado e mesmo apressado, à luz dos paralelos que estabelecemos entre o discurso lablacheano e uma certa metafísica ou romantismo, adiantar que Vidal tenha se baseado diretamente em uma ou em outra destas correntes. Por outro lado, passar por esses pontos de encontro em silêncio pode significar a omissão de elementos importantes da epistemologia vidaliana. Nada nos autoriza a afirmar que ele se inspi-

---

[16] VIDAL DE LA BLACHE (P.), "Le principe de la géographie générale", *in Annales de géographie*, 5(20), 1896, p. 130.

[17] VIDAL DE LA BLACHE (P.), "Des caractères distinctifs de la géographie", *in Annales de géographie*, 22(124), 1913, p. 294.

rou diretamente nos esquemas aristotélicos ou na *Naturphilosophie*, para estabelecer os pontos de vista gerais da geografia. Todavia, como notamos anteriormente, entre as correntes epistemológicas do final do séc. XIX, algumas tinham efetuado um certo retorno, seja à metafísica clássica, seja ao romantismo e à *Naturphilosophie*.

Talvez não exista filiação entre a geografia de Vidal e uma corrente filosófica precisa. Parece antes que influências diversas foram conjugadas para produzir uma nova concepção da geografia, de acordo com os pontos de vista aceitos na época. Ele não procedeu, como era usual no pensamento positivo, à elaboração de cadeias causais. A maneira de ser dos fatos se confunde com o fato em si, as formas sob as quais ele se apresenta se confundem com sua forma de ser. Daí a importância da descrição. Explicação e descrição, eis aí as duas vertentes de uma única e mesma idéia, ou duas etapas que se conjugam no pensamento de Vidal. Mais precisamente, havia uma maneira de descrever que explicava, e esta é freqüentemente considerada como uma arte no pensamento científico.

> "Assim, a geografia em Vidal de La Blache tem, portanto, como fato geográfico, sua originalidade em uma forma de convergência; todos os traços, qualquer que seja sua natureza, concorrem para precisar a fisionomia dos lugares. Mas, ao mesmo tempo, esta descrição é seletiva; ela elimina certos traços, acumulando outros, pois, no fundo, ela se orienta segundo um pensamento. É uma *descrição científica*. [...] Tais são, portanto, os exemplos de um mestre que sabia ver, que, dentro de sua compreensão tão penetrante da ciência geográfica, deu à descrição um lugar de honra que retorna a ele por direito, descrição racional sem dúvida, mas descrição evocadora que,

segundo a própria expressão de Vidal, 'se grava nos olhos'".[18]

Para se ter uma idéia do uso particular das categorias em Vidal, tomemos o exemplo de Durkheim, que é diametralmente oposto. Quando Durkheim definia o ato moral a partir da sanção social respondendo a uma transgressão, isso não queria dizer, como ele se esforçou em afirmar, que ele buscava um conceito geral da moralidade, nem mesmo que se aproximava de sua essência. Tratava-se de um simples meio operacional, capaz de reconhecer algumas dimensões da moralidade em uma sociedade dada. A sanção social era, portanto, um conceito arbitrário, útil à análise de um certo tema, mas sem valor explicativo em si. O conceito funcionava como uma categoria de análise, e não de síntese.

A conduta de Durkheim visava a dar à ciência social instrumentos metodológicos capazes de torná-la tão objetiva e positiva quanto as ciências empírico-formais. Neste sentido, Durkheim reavivava o modelo de ciência kantiano. A filiação entre *Les règles de la méthode sociologique* e *La critique de la raison pure* pode ser vista no processo de "coisificação" do fato social. Este processo se dá em estreita harmonia com os preceitos kantianos da "Análise Transcendental", a sociedade sendo concebida como um *a priori* que transcende os grupos que a compõem.

Este contraponto é importante para pensar a epistemologia vidaliana, pois seus principais adversários eram os discípulos diretos de Durkheim que formaram a escola da morfologia social. Se alguns traços da escola francesa de geografia podem ter uma certa semelhança com o novo positivismo dos anos 1890-1900, parece que, na maioria dos casos, a geografia se distanciava dele.

---

[18] CLOZIER (R.), *Histoire de la géographie*, Paris, P.U.F., coll. Que sais-je?, 1967, pp. 106-107.

Aliás, quando Hartshorne, acreditando na filiação exclusivamente kantiana da geografia, emitia críticas a propósito da definição imanente dos conceitos, e desejava que se reconhecesse neles seu caráter arbitrário, construído, ele o fez de um ponto de vista criticista. Sem dúvida alguma, suas críticas eram dirigidas contra a utilização que a escola francesa fazia de conceitos como o de "região", ainda que isto jamais tenha sido explicitado em sua obra. Ele afirma, por exemplo, que

"estamos interessados portanto na hipótese de que nada é auto-evidente na produção da pesquisa geográfica, mas sim construído pelo que, na falta de um melhor termo, podemos chamar de pensamento filosófico sobre a geografia. (...) Em particular, parece perigoso basear um discurso de definição da geografia como ciência na hipótese de que há alguma coisa tão óbvia que nenhuma prova científica foi ainda oferecida. (...) Nenhuma divisão regional do mundo, mesmo que tome em conta todos os elementos significativos, é um retrato da realidade, mas sim um artifício arbitrário do estudioso, mais ou menos conveniente para seus propósitos — e por esta razão difere de estudioso para estudioso, dependendo de que elementos apareçam para ele como mais significativos". [19]

Sem dúvida, Hartshorne faz eco aqui às posições analíticas que acabamos de descrever a propósito de Durkheim. Vidal, ao contrário, não pensava em uma geografia identificada a um objeto ou a um campo determinado que, por si mesmo, a individualizaria em relação às outras ciências. Esta individualização dependia antes de um gênero particular de tratamento das questões, um ponto de vista que traduzia um "espírito geográfico". Este

---

[19] HARTSHORNE (R.), *The nature of geography*, *in AAAG*, 29, 1939, pp. 251-285.

ponto de vista procurava ver as coisas em suas conexões, suas múltiplas combinações, isto é, ver os fatos como um "todo". O objeto de estudo da geografia era a superfície da Terra e os fenômenos que aí se produzem. A geografia deve integrar os fatos que as outras disciplinas estudam separadamente. Um dos meios de ver os fenômenos em conexão se faz por intermédio das categorias sintéticas utilizadas no discurso vidaliano. Uma outra forma, complementar sem dúvida, era perceber os fatos através de suas manifestações fenomenais, de suas fisionomias. Não há necessidade de criar mecanismos de análise estruturais para explicá-los, trata-se somente de olhá-los, pois o que se mostra é o fato em toda a sua complexidade e amplitude:

"Não é preciso ter medo, afirma Vidal, da 'impressão que exala das linhas da paisagem, do contorno dos horizontes. A inteligência das causas compreende melhor a ordem e a harmonia'. A explicação, aliás, velada no desenho, só aparece freqüentemente aos especialistas".[20]

O método vidaliano é caracterizado por três proposições: observação (descrição), comparação e conclusão. Assim, a tradição das narrativas de viagens e das descrições regionais se encontrava incorporada em sua construção científica. A premissa fundamental residia na necessidade de começar pela observação direta. Como Vidal recusava todo sistema apriorista, essa observação devia se produzir pelo contato direto com a realidade estudada, o pesquisador interrogando diretamente seu objeto. O olhar deve se fazer "erudito" para perceber estas ligações, pois, aos olhos do profano, as coisas estão sempre em dispersão. Daí provém a tradição das grandes marchas e de longas estadias. Ele insiste, assim, sobre a necessidade

---

[20] CLOZIER (R.), *Histoire de la géographie, op. cit.*, p. 107.

"de se observar mais e mais diretamente, mais e mais atentamente as realidades naturais. Este método trouxe seus frutos, o essencial é ater-se a eles".[21]

Pela reunião de elementos na observação, é possível estabelecer entre eles relações explicativas ou perceber as relações entre suas recíprocas variações. Desta maneira, observa-se os fenômenos encadeados, o que, aliás, é uma idéia muito cara ao pensamento de Vidal. Assim, para cada região, existe um movimento particular resultante das combinações múltiplas entre os elementos que a compõem:

"A ordem dos seres, suas formas e suas relações, cores e partes externas, a hierarquia de seus caracteres e a diferenciação visível que a exprime — tudo isto representa finalmente a própria ordem da natureza. E o sentimento de ordenação que nos invade, diante da contemplação do mundo, apreende em sua alteridade o imenso movimento da vida, que atravessa o horizonte e compartimenta as paisagens. A Terra é uma coisa viva. A vida, transformada ao passar de organismo em organismo, circula através de uma multidão de seres".[22]

A descrição era o esclarecimento dos fatores responsáveis por cada paisagem. A descrição "seletiva" dos aspectos mais importantes e de seus movimentos continha já os germes da explicação. Vidal não propõe um modelo descritivo fixado de uma vez por todas. "A descrição geográfica deve ser flexível e variada como seu próprio objeto."[23] Não havia, portanto, a obri-

---

[21] VIDAL DE LA BLACHE (P.), "Des caractères distinctifs de la géographie", *in Annales de géographie, op. cit.*, p. 299.

[22] VIDAL DE LA BLACHE (P.), *Principes de géographie humaine, op. cit.*, p. 13.

[23] VIDAL DE LA BLACHE (P.), "Des caractères distinctifs de la géographie", *in Annales de géographie, op. cit.*, p. 298.

gação de percorrer sempre os mesmos temas nem de lhes conceder a mesma importância. Era preciso, sobretudo, identificar os elementos incluídos na cadeia explicativa de uma paisagem ou de uma região particular. Trata-se de descrições "flexíveis" e, portanto, muito diferentes do *plan à tiroir* do qual deram prova as monografias regionais subseqüentes. Os elementos enumerados figuravam aí de forma quase obrigatória e se sucediam freqüentemente segundo a mesma ordem, perdendo por conseqüência sua capacidade explicativa. Alguns geógrafos tentaram, aliás, mostrar a originalidade e o poder explicativo da descrição vidaliana, insurgindo-se contra os críticos que a taxavam de empirismo vulgar, desprovido de qualquer explicação.

De fato, o papel da intuição era fundamental para a observação. Pelo contato direto com as regiões, os geógrafos percebiam o plano de sua estruturação.

"É a obra de um sábio, do qual eles admiram o método rigoroso de investigação, a fecundidade das observações. Mas esta análise científica só revela toda sua personalidade no momento em que ele acrescenta a ela a alma de sua descrição: a evocação de uma paisagem, não mais analisada, mas sugerida, e a impressão que dela se resgata. Impressão que não tem nada de excepcional, que experimentariam muitos viajantes sensíveis à beleza da natureza e à lembrança do passado; impressão, no entanto, intuição freqüentemente profunda".[24]

Eles produziam interpretações a partir deste contato com seu objeto. A antiga tradição hermenêutica não está muito longe do comportamento destes geógrafos, "leitores" eruditos das paisagens e das regiões.

---

[24] SION (J.), "L'art de la description chez Vidal de La Blache", *in Mélanges de philologie, d'histoire et de littérature offerts à Joseph Vianey*, Paris, Les Presses de France, 1934, p. 402.

O papel da analogia e da comparação para Vidal era o estabelecimento de pontos comuns para ascender à explicação, logo à generalização, sem no entanto renunciar ao caráter individual de cada região, "pois o pitoresco não lhe [ao geógrafo] é interditado".[25] O comum está escondido atrás de cada fato individual, e o papel da analogia é, portanto, o de revelá-lo:

> "A ação cada vez melhor reconhecida das leis gerais se traduz por afinidades de formas ou de climas que, sem alterar a individualidade própria das regiões, são as marcas de uma impressão análoga".[26]

Ele insiste, também, em afirmar que o objetivo final do processo científico era o de conduzir ao estabelecimento de leis e de regularidades:

> "Uma necessidade do espírito nos impele a reportar o detalhe isolado, por si mesmo inexplicável, a um conjunto que o esclarece. Os agrupamentos parciais, por regiões ou partes do mundo, têm seu sentido e sua razão de ser, mas eles só refletem imperfeitamente a única unidade de ordem superior que existe sem fracionamento ou restrição".[27]

A preocupação de Vidal foi sempre a de não proceder a uma exclusão da geografia geral em benefício da geografia regional, ou inversamente. O geral deve se ligar aos estudos particulares, da mesma maneira que se deve sempre procurar nos casos particulares indícios de regularidades.

---

[25] VIDAL DE LA BLACHE (P.), "Des caractères distinctifs de la géographie", *op. cit.*, p. 293.

[26] VIDAL DE LA BLACHE (P.), "Le principe de la géographie générale", *op. cit.*, p. 129.

[27] VIDAL DE LA BLACHE (P.), "Le principe de la géographie générale", *op. cit.*, p. 141.

"Os estudos locais, quando se inspiram neste princípio de generalidade superior, adquirem um sentido e uma importância que ultrapassam muito o caso particular que examinam [...] A relação entre as leis gerais e as descrições particulares, que são a sua aplicação, constitui a unidade íntima da geografia".[28]

Em sua perspectiva mais sistemática, Vidal vislumbrava a possibilidade de que a multiplicação das observações das forças criativas das paisagens permitiria um dia a enunciação de regularidades e de leis. De fato, o único e o particular existiriam sempre enquanto realidade observável, e a uniformização seria somente o produto de uma abstração.

É preciso ver que Vidal dava uma enorme importância ao método como fator definidor da geografia. Pela visão dos fatos em sua conexidade, afirma-se a especificidade do tratamento geográfico. Quando ele define a "Terra como um todo do qual suas partes são coordenadas", isto quer dizer que existe uma ordem geral e leis que conduzem este todo, que é justamente seu movimento conexo. No entanto, o papel de cada um dos elementos deste todo não é obrigatoriamente equivalente. Quando Vidal fala da importância do geral e da conexão, ele o faz, contudo, através de exemplos que conduzem antes a uma generalidade própria ao fenômeno (a circulação atmosférica, por exemplo). Por conseguinte, a generalidade não é o resultado de um procedimento explicativo; é antes relativa ao próprio fenômeno. Vidal cita o exemplo de Varenius, para mostrar que, "quando uma parte do oceano se move, todo o oceano se move", isto é, a natureza, enquanto constituída de forças vivas e totais, deve ser conhecida em seus movimentos concretos, e não reconstituída da maneira artificial por uma razão lógico-dedutiva.

---

[28] VIDAL DE LA BLACHE (P.), "Le principe de la géographie générale", *op. cit.*, pp. 142 e 134.

Vidal diante do modelo racionalista

É parcialmente verdade que existe em Vidal um certo compromisso com o modelo científico-positivista. Quando descreve a luta do homem contra a natureza, ele parece fazê-lo do ponto de vista racionalista e otimista de uma sociedade "civilizada", pronta a tudo reconstruir e a tudo superar graças à razão. A civilização representava uma forma da razão, do bom senso, e a natureza estava, para todo fim útil, pronta para servir ao desenvolvimento do homem moderno.

A influência da biologia evolucionista é marcante e freqüentemente ocupa um lugar de núcleo explicativo. A analogia biológica é, aliás, convocada para ligar os fatos de natureza social aos fenômenos naturais. Ele afirma, por exemplo, que,

"entre a geografia física e a geografia política, o elo intermediário é o estudo das plantas [...] o alimento que faz a ligação entre o mundo inorgânico e o organismo".[29]

Aliás, a obra de Vidal é marcada por expressões emprestadas à biologia. Por exemplo, os Estados são "embrionários", como "as árvores de idades diversas e de estatura desigual concorrem para a composição de uma floresta". O evolucionismo biológico fornece o critério classificador das sociedades para as quais, como para os organismos, deve-se "partir do mais simples ao mais complexo". Neste sentido, ele é completamente contraditório com a visão excepcionalista, freqüentemente valorizada em sua obra, notadamente no *Tableau*. Quando se trabalha dentro de uma visão evolucionista, o diferente é sempre reduzido ao semelhante. É preciso estabelecer um só eixo para proceder à comparação e as únicas regras possíveis de distinção são

---

[29] VIDAL DE LA BLACHE (P.), "La géographie politique à propos...", *op. cit.*, p. 103.

de ordem temporal (diferentes estágios), segundo um padrão unilinear de desenvolvimento. Reconhecemos o recurso a tal raciocínio, quando ele afirma, por exemplo, que

> "a ação do tempo entra como coeficiente importante na ação exercida pelas causas naturais. Na medida em que as regiões são mais ou menos avançadas na evolução, elas atravessam uma série de mudanças que se ligam entre si por uma espécie de filiação. Umas conservam ainda traços que já foram abolidos nas outras. Temos assim exemplares vivos dos mesmos fenômenos tomados em diversos estágios".[30]

Existia, pois, um Vidal "positivo" que afirmava que a geografia era uma "ciência que analisa, classifica e compara" e que, muitas vezes, esteve bem próximo a um certo determinismo racial, o qual, mesmo não tendo verdadeiramente uma função explicativa no conjunto da sua obra, teria podido, todavia, se desenvolver no seio de suas interpretações. Ele nos diz, por exemplo, que

> "é o quadro inteiro de uma vida que muda sobre as superfícies onde uma raça mais avançada em civilização vem se estabelecer".[31]

No entanto, há alguma coisa de contraditório entre esta perspectiva, que reagrupa as sociedades em diferentes estágios para os quais o tempo serve de coeficiente, e a outra posição, que afirma a existência das escolhas e das contingências. Segundo esta última, as sociedades não são semelhantes e pro-

---

[30] VIDAL DE LA BLACHE (P.), "Le principe de la géographie générale", *op. cit.*, p. 141.

[31] VIDAL DE LA BLACHE (P.), "La géographie politique à propos...", *op. cit.*, p. 103.

duzem respostas diferentes e não-hierarquizadas, como o esquema previsto no evolucionismo clássico.

As categorias sintéticas utilizadas no discurso de Vidal têm pouco poder explicativo, quando integradas a esta visão hierarquizada. O meio é um conjunto de elementos em relação com um homem "natural", a ação humana se situa entre os reflexos biológico e genético, e os gêneros de vida perdem a riqueza de suas diferenças para tornarem-se simples graus de um desenvolvimento previsível: "Estas formas de civilização constituem tipos que se podem repartir geograficamente. É possível agrupá-los, classificá-los, subdividi-los. Este trabalho é o que praticam as ciências naturais; como ele não inspiraria também a geografia humana?"[32]

Todavia, é preciso notar que estas categorias estão completamente ausentes dos textos mais "objetivos" de Vidal. É o caso, aliás, das "Régions françaises". Neste artigo, ele se preocupa com problemas relativos à gestão do espaço, tomando, assim, parte nos debates ligados à planificação. Após uma breve discussão sobre as vantagens de trabalhar com os limites departamentais, ele conclui que a regionalização moderna da França é mais do que a simples divisão natural cimentada pela História. Segundo ele, apercebemo-nos de que estes limites foram, em grande parte, fundados no "desejo de satisfazer às relações naturais e preexistentes". Contudo, o desenvolvimento e as mudanças de dinâmica impuseram novas maneiras de ver, de pensar e de organizar as regiões. Assim, ainda que os legisladores da constituinte de 1790, que estabeleceram os limites departamentais, tivessem sido sensíveis aos novos imperativos da organização social da época,

"eles não podiam desviar os olhos da realidade de

---

[32] VIDAL DE LA BLACHE (P.), "Les conditions géographiques des faits sociaux", *op. cit.*, p. 23.

então, isto é, de uma França na qual a vida econômica era regida sobretudo pelas condições locais".[33]

O fenômeno fundamental detectado por Vidal eram, portanto, as mudanças impostas à vida moderna, que alteraram "as medidas às quais estávamos habituados a reportar as coisas". Estas mudanças foram ocasionadas pelo desenvolvimento da economia e dos transportes. A indústria, o comércio e mesmo a agricultura são fenômenos que conheceram uma importância crescente e causaram as transformações na maneira de conceber a administração e a planificação da época.

Vidal acreditava, por outro lado, que tais atividades estavam associadas às novas funções das cidades, das quais a ampliação dos limites se efetuava não somente em termos de extensão territorial, mas também como domínio de influência. Existe, portanto, um novo contexto espacial regional, mais ou menos especializado em função da ação dos centros urbanos, transformados nos novos pólos dinâmicos da vida econômica e social. É, assim, pela difusão da indústria e dos transportes que se desenha uma nova gestão do espaço.

Sem dúvida, a temática se parece com aquela que será mais tarde retida como o objeto de uma geografia moderna: o fato urbano, a industrialização, a modernização da agricultura e dos transportes, bem como as novas escalas deste conjunto de fenômenos.

Nesta análise, Vidal não faz nenhuma referência às categorias sintéticas descritas anteriormente. Os conceitos sobre os quais ele se apóia são: funcionalidade, modalidade, escalas, círculos de influência, desenvolvimento industrial e especialização espacial. Ele não recorre à História ou à analogia para chegar à explicação, como na maioria dos seus outros textos. A explicabilidade repousa sobre a análise da mão-de-obra, dos capitais, da

---

[33] VIDAL DE LA BLACHE (P.), "Régions françaises", *Révue de Paris*, 6, 1910, pp. 822-3.

concorrência etc. Mesmo a questão conceitual da região foi revista:

"Se, todavia, é possível falar de uma vida normanda, bretã, loreniana ou provençal, é na medida em que ela é suscetível a submeter-se às condições modernas".[34]

Quando observamos mais de perto este texto de Vidal, descobrimos um pensamento muito diferente daquele que nos é apresentado por seus comentadores. Raros são aqueles que insistiram sobre este aspecto mais "moderno" do pensamento de Vidal e a maior parte dos defensores, por exemplo, da geografia humanista, quando faz referência a Vidal, acentua o caráter "excepcionalista" de sua obra, ocultando, assim, outras dimensões importantes. Os temas tratados por Vidal neste artigo serão retomados mais tarde pela geografia, que se quer objetiva e racionalista, mas se pretende que eles tenham sido completamente "negligenciados" pela escola francesa. As regiões da França foram também o objeto fundamental do *Tableau*, mas foram aí tratadas de forma fundamentalmente diferente. P. Claval nos explica as condições particulares que deram nascimento ao *Tableau* e como estas circunstâncias determinaram o sentido que ele tomou (descrições de unidades com caráter permanente e único).[35] A despeito destas condições, o modelo e a estrutura das "Régions françaises" são tão diferentes, que somos levados a ver uma certa dualidade na obra e no pensamento de Vidal.

Esta dualidade impõe duas leituras de Vidal e pode ser expressa a partir de dois modelos De um lado, um modelo analítico, destinado a produzir leis gerais e medidas objetivas para o estabelecimento de relações entre os fatos estudados. Essas

---

[34] VIDAL DE LA BLACHE (P.), "Régions françaises", *op. cit.*, p. 826 (grifo nosso).

[35] CLAVAL (P.), Prefácio do *Tableau de la géographie de la France, op. cit.*, pp. I-XXII.

características seriam o objetivo final da descrição de casos particulares. Da mesma forma, há uma preocupação com a construção de um corpo científico pela observação de causas regulares. A intenção é produzir uma explicação, no sentido oposto ao da compreensão. Chega-se aí pela análise, ou seja, através de uma decomposição minuciosa dos fatos complexos, pelo encadeamento sistemático de proposições causais apoiadas em uma argumentação sistemática e conclusiva. Neste modelo, o valor da explicação, ou a legitimidade do conhecimento, está diretamente associado ao comportamento objetivo e à capacidade de trabalhar com conceitos, princípios e relações gerais e permanentes, baseados na irrefutabilidade do bom senso.

Do outro lado, no modelo sintético, os fenômenos são vistos como uma matéria que não pode ser decomposta, e necessitam, para manter sua identidade, ser apreendidos globalmente em toda a sua complexidade. O trabalho não se elabora sobre conceitos-idéias abstratos e arbitrários, produzidos por generalizações, mas sobre categorias que definimos a partir da descrição concreta. A generalidade só pode ser estabelecida por analogia e comparação, jamais por dedução: ela está, portanto, sempre ligada a casos individuais. Vidal faz permanentemente uso da descrição de casos específicos em sua argumentação. Não se trata, todavia, de um exercício didático; este recurso à descrição funciona antes como fundamento categórico, ou seja, o fenômeno em si como fundador de uma categoria. Tal método compreensivo do conhecimento se baseia em descrições detalhadas, obtidas graças ao contato direto e prolongado com os objetos e à utilização de categorias sintéticas que possuem uma explicabilidade própria. Neste caso, a legitimidade do conhecimento não está ligada à maneira de abordar os fatos. Tudo o que é possível conhecer está situado no próprio fenômeno, e a descrição é um instrumento necessário e suficiente para o conhecimento. Em conseqüência, o fundamento é o conteúdo, e não o procedimento.

A primeira parte deste trabalho tentou mostrar que tais modelos são constitutivos da própria modernidade. Eles representam as duas tendências gerais que polarizaram as discussões sobre o saber e os meios para ascender a ele; em suma, a epistemologia da ciência moderna. Vidal, em nenhum momento de sua obra, concebeu estas posições como mutuamente exclusivas. Ao contrário, sempre insistiu em sua complementaridade. É interessante ver que ele se refere, por exemplo, a Humboldt e a Ritter, retendo de cada um deles um aspecto desta dualidade e encontrando na reunião dos dois o sentido global da geografia. Este último, segundo Vidal, busca na comparação por oposição "fazer sobressair a individualidade de cada ser, mas, como em todo organismo, a parte só pode ser apreendida pelo conjunto vivo, segundo um plano geral da configuração do globo".[36] Enquanto que, para Humboldt, "o quadro do conjunto dos fatos, bem como sua repartição terrestre, uma vez conhecidos, as relações se apresentarão por si mesmas ao espírito. Pois, acima de tudo, há o dom da *expressão*".[37] Reforça-se, assim, a dupla filiação da geografia, a mesma que provém de Kant e Herder. Enquanto para Ritter há um método (comparação por oposição) que encontra seu sentido em um plano geral, para Humboldt as relações se apresentam pela expressão, logo como uma impressão e até mesmo um sentimento. A escolha de Vidal, à luz de suas referências, não parece deixar nenhuma dúvida sobre sua visão integradora entre razão e intuição.

Se, para Vidal, estes modelos podem ser integrados, a posteridade teve a tendência a vê-los como posições antagônicas. Certas interpretações de sua obra acentuaram o caráter descritivo e, nesta ótica, a escola francesa, centrada em torno de Vidal,

---

[36] VIDAL DE LA BLACHE (P.), "Le principe de la géographie générale", *op. cit.*, p. 136.

[37] VIDAL DE LA BLACHE (P.), "Le principe de la géographie générale", *op. cit.*, p. 136 (grifo nosso).

tornava-se sinônimo da tradição das monografias regionais, que se constituiu, em seguida, em uma corrente dominante. Contudo, isso não resume toda a produção desta escola, muito menos esgota a orientação epistemológica vidaliana.

É certo que aquilo que chamamos de "visão dualista" não é estranho à natureza do olhar retrospectivo, que é, ele também, colorido pelo contexto atual no qual estamos mergulhados. Em conseqüência, o que entendemos hoje como "dualista" era talvez bem diferente nos tempos de Vidal: os irreconciliáveis atuais não são obrigatoriamente os de ontem.

Enfim, as bases da epistemologia vidaliana, à luz de suas influências diversas — espiritualistas, metafísicas, cientificistas, etc. —, podem parecer, dada a sua variedade, formar um conjunto incoerente. Talvez deva-se ver, ao contrário, na reunião destas influências diversas, o talento mais importante de Vidal. Se hoje podemos, ainda, encontrar em sua obra pólos tão diferentes e mesmo falar de uma dualidade, não podemos deixar de acrescentar que sua obra possuía uma coerência interna. Talvez seja mesmo graças à reunião destes diferentes elementos e influências variadas que ele tenha conseguido efetivamente fundar uma escola de geografia em consonância com seu tempo.

Vidal viveu em uma época de grandes discussões sobre os limites de validade da ciência e sobre o melhor método para produzi-la. De uma certa maneira, sua obra, variada e rica de influências, reflete o ambiente de seu tempo. De um lado, ele sempre manteve um discurso sobre a importância de buscar a generalização, as leis e a explicação, reproduzindo o modelo de ciência objetiva. De outro, tirou proveito de todo um renascimento da tradição metafísica e de seu prolongamento nos movimentos como a Filosofia da Natureza ou o Romantismo. Estes movimentos, que acentuaram a importância da reflexão sobre as relações entre o homem e a natureza, inscreviam-se em toda uma outra tradição de ciência, tradição da qual encontramos certos ecos na geografia vidaliana. Talvez aí resida o segredo do classicismo da obra de Vidal. Nem moderna, nem tradicional, ela incorpora a perpetuidade relativa das grandes referências de um passado, em que se pode encontrar tantas maneiras de interpretar, quanto os pontos de vista daqueles que a examinam.

9

A renovação crítica

Os anos posteriores à guerra de 1939-1945 foram testemunhas do início de uma reação crítica em relação ao tempo glorioso das monografias regionais na geografia. Com efeito, desde o fim do séc. XIX até aproximadamente o quarto decênio do século seguinte, a conduta monográfica foi considerada como a mais adaptada para a geografia. Em face desta aceitação geral, as discussões de caráter metodológico eram secundárias, e o ambiente intelectual geográfico parecia incólume a todas as críticas. O progresso da geografia era considerado como o produto da análise regional, a qual devia ser estendida ao conjunto das terras do globo. O objetivo maior durante este período era, então, o de construir uma "geografia universal", demonstração final da excelência do método regional.

Às vezes, os estudos desta época apresentavam uma certa preocupação de sistematização, sobretudo sob a forma de classificações ou de tipologias em relação a um fenômeno dado, como no caso da Geografia Humana de Brunhes, por exemplo.

Nesta obra, ele se propõe a conceber a Terra como um sistema e deseja fundar uma geografia verdadeiramente positiva. No entanto, no conjunto, era a região, vista enquanto entidade real e evidente, que concentrava quase todo o interesse. A metodologia de base das monografias era a descrição, e a generalização era vista como um objetivo distante, que só poderia ser alcançado uma vez que o conjunto das regiões conhecidas houvesse sido descrito.

Este período é identificado como o apogeu da influência da escola francesa de geografia. Esses trabalhos reclamam para si a influência de Vidal de La Blache, mas tinham a característica fundamental de seguir exclusivamente as noções do *Tableau de la Géographie de la France*, ou, como diz Clozier, "é no *Tableau de la géographie de la France* que aparece melhor o jeito de Vidal de la Blache: é deste livro que serão tirados nossos exemplos". [1]

Hoje, a menção das monografias regionais desperta, senão o desprezo dos geógrafos mais racionalistas, ao menos a sensação de que se trata de uma geografia completamente tradicionalista e ultrapassada. Nossa proposta não é desdizer os julgamentos a propósito das monografias, queremos antes considerar as interpretações que fazem certos geógrafos do desacordo atribuído a esses estudos em relação aos tempos modernos.

O contexto mais geral da crítica das monografias é bem conhecido agora. Trata-se sobretudo da relação entre a geografia e as outras ciências da época e das mudanças na orientação do campo epistemológico geral da ciência.

Como foi referido anteriormente, até por volta de 1870, as ciências naturais pareciam oferecer um modelo definitivo à pesquisa em todos os outros domínios. A partir da virada do século, no entanto, o culto ao positivismo científico começou a ser objeto de várias críticas. A partir dos primeiros anos do século

---

[1] CLOZIER (R.), *Les étapes de la géographie, op. cit.*, p. 104.

XX, a física, a biologia e a psicologia, por exemplo, colocaram problemas dificilmente tratáveis através da linearidade positiva. As descobertas sobre as leis da mutação genética, as novas leis da termodinâmica, o desenvolvimento da psicanálise e a revolução da teoria quântica agitaram as bases do positivismo clássico. Se a maior parte do séc. XIX viveu sob o signo dos grandes sistemas de síntese e sob a fé em um poder absoluto da razão, os vinte primeiros anos do séc. XX, ao contrário, são caracterizados pela relatividade, pela descontinuidade e, de uma certa maneira, pelo sentimento de incerteza e de indeterminação na ciência.

O pensamento filosófico também viu os grandes sistemas de Hegel e Kant submetidos a diversas reinterpretações. As correntes ditas neokantianas, a despeito de sua enorme variedade, foram buscar na distinção entre a ordem dos fenômenos e dos noúmenos uma chave para diferenciar o método científico segundo o objeto de cada disciplina. As "ciências do espírito" foram relacionadas a uma filosofia transcendental definida pela intuição sensível da coisa em si (noúmeno), e se tornaram, portanto, estranhas à filosofia crítica, que privilegiava a esfera do fenômeno. Os nomes mais importantes desta escola foram os de Wilhelm Windelband, de Heinrich Rickert e, sobretudo, de Wilhelm Dilthey. Para eles, as ciências do espírito não devem buscar a explicação no mesmo sentido das ciências naturais. Todo fenômeno humano, para ser conhecido, deve estar mergulhado em seu contexto, e este é definido pela totalidade da vida; a subjetividade, a imaginação, a religião, a sensibilidade, a vontade, em suma, a visão de mundo (*Weltanschauung*) do homem que empreende uma ação. O único modo de conhecer, para as ciências do espírito, é a interpretação. A conduta proposta por esta escola verifica-se análoga àquela dos exegetas fazendo a interpretação dos textos bíblicos. A compreensão recusa o caráter puramente racional da pesquisa explicativa e, por conseqüência, seu universalismo. Em seu lugar, ver-se-á nascer uma ciência que parte da empatia pessoal entre o sujeito e o objeto, uma ciência idiográfica, segundo a qual o único meio de generalização será a analogia entre os diversos casos interpretados. As críticas ao positivismo clássico deixaram, portanto, aparecer proposições que faziam apelo ao poder da intuição, aos sentimentos e ao indeterminismo, para substituir as doutrinas sustentadas pela racionalidade.

Este período é freqüentemente reconhecido como o da associação entre a escola francesa, o triunfo das monografias regionais, bem como o da valorização do intuicionismo e do indeterminismo. Este quadro, todavia, foi, em grande parte, desenhado pelos anos ulteriores que, querendo retornar ao positivismo, buscavam valorizar justamente as "fraquezas" metodológicas desta geografia do início do século, julgada como ultrapassada e pré-científica.

O retorno do racionalismo sob a forma de um positivismo crítico

Depois do impacto da nova relatividade, das mutações genéticas, da nova geometria não-euclidiana e de toda a carga negativa de desconfiança em relação ao modelo positivo na ciência que os acompanhou, novas tendências racionalistas despertaram. Os principais parâmetros sofreram redefinições, e, em lugar de falar de determinismo, o novo racionalismo se exprimia pela probabilidade; a ciência que pretendia possuir um só método, e respostas para todos os problemas, foi substituída por uma ciência de condutas múltiplas, adaptadas à especificidade dos objetos científicos, limitando também o estatuto da verdade a certas condições.

Ao mesmo tempo, toda a onda da intuição, do sentimento e do indeterminismo do período anterior foi colocada em questão em nome da precisão metodológica. A questão era a mesma que aquela colocada alguns anos antes sobre a natureza de um método científico, sua importância e seus limites. No entanto, as respostas tinham um outro sentido. Quando se recorria aos mesmos autores, as interpretações destes autores eram opostas àquelas da época precedente. Kant, por exemplo, do qual só se tinha retido essencialmente a intuição sensível, foi em seguida considerado como fazendo parte de uma tradição empírica ao lado de Locke, Hume e J. S. Mill. Esta última concepção foi em grande parte desenvolvida na Inglaterra, a partir de um grupo de pesquisas epistemológicas de Cambridge. Essa escola se caracteriza sobretudo por sua preocupação em afastar toda influência idealista da ciência. A metafísica é, portanto, vista como o pior inimigo do método científico. O subjetivismo, a vontade e a intuição do espírito, tributários sempre de uma concepção metafísica ou simplesmente não-científica, eram por eles completamente rejeitados. A filosofia e o conhecimento deviam associar-se à lógica e às matemáticas, que eram os únicos meios de escapar ao subjetivismo desenfreado e ao positivismo incondicional.

Na Europa continental, um outro grupo paralelo também se formou em torno das questões do método científico e dos conceitos objetivos: o círculo de Viena. A bem da verdade, as idéias deste grupo só conseguiram se impor nas ciências sociais depois da Segunda Guerra Mundial. De qualquer forma, sua eclosão é testemunha deste retorno ao método científico e à aplicação dos princípios gerais e objetivos às pesquisas.

Finalmente, os Estados Unidos, pela primeira vez, estavam na origem de uma influência filosófica que se estendeu à Europa. Trata-se do pragmatismo, nascido das idéias de W. James. Para ele, também, o mais importante era libertar a ciência da influência do idealismo e ao mesmo tempo se prevenir contra as construções monolíticas do positivismo clássico. A base de seu sistema é a vontade, uma vontade que é antes de tudo guiada pelo interesse de utilidade. É preciso notar a importância dada ao aspecto prático da interpretação filosófica que, de certa maneira, podia também pretender alcançar um conhecimento objetivo e socialmente válido.

Todas estas correntes, de uma maneira ou de outra, renovam a ligação com a ciência racionalista e tentam afastar a onda intuicionista ou espiritualista enxertada no pensamento científico. Elas estão conscientes dos limites que é preciso impor à explicação científica e também desconfiadas em relação às pretensões do positivismo clássico, mas não aceitam o horizonte das críticas neokantistas ou o idealismo puro. Em conseqüência, estas correntes são conhecidas como o "positivismo crítico" ou "neopositivismo".

É evidente que a geografia do início do século, idiográfica, descritiva, organizada principalmente em torno das monografias regionais, sofreu as repercussões destas críticas e mudanças de perspectivas metodológicas. Meynier, por exemplo, data estas mudanças em torno de 1939 e vê aí a substituição de um tempo de intuições pelo tempo das rupturas no pensamento geográfico francês.[2] Para apresentar este período de transformação, escolhemos três autores: Carl Sauer, Richard Hartshorne e Fred Schaefer. O objetivo é mostrar como a perspectiva neopositivista na geografia se constituiu progressivamente antes de se disseminar verdadeiramente nos anos cinqüenta com a Nova Geografia. A escolha destes autores nos permite seguir o estabelecimento de uma argumentação crítica que leva da geografia clássica à geografia moderna.

As vias do retorno ao racionalismo na geografia

Os textos examinados mais de perto datam, respectivamente, de 1925 (Sauer), 1939 (Hartshorne) e 1953 (Schaefer),[3] ou

---

[2] MEYNIER (A.), *Histoire de la pensée géographique en France, op. cit.*

[3] HARTSHORNE (Richard), "The nature of Geography; a critical survey of current thought in the light of the past., *AAAG*, 1939; SAUER (Carl O.)" "The Morphology of Landscape", University of California, vol. 2, 1925, republicado *in Land and Life*: a selection from the writings of Carl Ortwin Sauer, University of California, 1963, pp. 315-350; SCHAEFER (F. K.), "Exceptionalism in geography: a methodological examination", *AAAG*, 43, pp. 226-249.

seja, intervalos de 14 anos os separam. A despeito deste grande lapso temporal e de algumas diferenças significativas, pensamos encontrar aí uma via comum.

Em primeiro lugar, eles encarnam três reações críticas e, ao analisar o desenvolvimento da geografia da época, propuseram vias originais para a sua renovação. Além disso, estes três textos examinam, cada um segundo um ponto de vista particular, questões comuns sobre a natureza da geografia e sobre seus problemas metodológicos. Eles tiveram também grande ressonância na comunidade geográfica e marcaram fortemente a seqüência dos debates nesta disciplina. A despeito dos anos que os separam, estas obras tiraram seus argumentos críticos da mesma fonte fundamental: a geografia alemã do início do século. Há, inclusive, uma coincidência das fontes citadas, ainda que isso não os tenha conduzido a posições similares. Acreditamos, também, que estas três obras são, em diferentes medidas e segundo os diferentes contextos da época, tentativas para estabelecer uma metodologia que pudesse fazer da geografia moderna uma disciplina rigorosa e científica.

Sauer e o método morfológico

Sem dúvida, a geografia norte-americana deve sua reputação inicial a dois autores principais muito populares: W. Morris Davis e Ellen C. Semple. O primeiro, influenciado pela teoria biológica, procurou estabelecer as leis do desenvolvimento da geomorfologia a partir da idéia de ciclos vitais. Esta concepção de ciclos foi durante muito tempo aceita como sendo a teoria científica que permitia explicar as diferentes paisagens como estágios, segundo uma uniformidade de processos e formas generalizadas. Do outro lado, Ellen Semple, discípula de Ratzel, foi a porta-voz de um determinismo estrito, no qual todos os fenômenos do desenvolvimento social eram associados às condições do meio ambiente, resultante de leis invariáveis e gerais.

Até os anos vinte deste século, a perspectiva determinista foi o traço dominante de quase toda a geografia nos Estados Unidos. A Universidade de Chicago e o grupo próximo à Associação dos Geógrafos Americanos mantiveram uma hegemonia estável, e os nomes mais importantes desta época eram Harlan H. Barrows, Thomas G. Taylor e R. D. Salisbury. Ao lado de Davis e de Semple, eles partilhavam a idéia de uma geografia científica fundada sobre o determinismo.

A formação acadêmica de Carl Sauer é feita essencialmente dentro deste ambiente intelectual. Ellen Semple era sua amiga pessoal, e Salisbury foi seu orientador de pesquisa durante o doutorado na Universidade de Chicago. A despeito deste ambiente, Sauer não era insensível às críticas que se reforçavam nesta época contra o positivismo determinista, críticas que colocavam também em questão a geografia fundada sobre esses princípios: "Em várias partes, uma significativa atividade está sendo manifestada, provavelmente influenciada em certa medida pelas correntes anti-intelectuais. Em todo caso, uma sacudidela vigorosa está em marcha".[4]

A outra questão fundamental dos trinta primeiros anos deste século foi a separação aparentemente incontornável entre as perspectivas regional e geral da geografia. Carl Sauer sustentou que estas controvérsias impediam uma unidade estrutural ao trabalho do geógrafo e acrescentava que se tratava da mesma dualidade encontrada entre os ramos físico e humano. Em suma, a geografia se apresentava esquartejada, sem unidade e sem um método preciso depois do vazio deixado pela crítica ao determinismo. A proposição de Sauer concernente ao estudo da paisagem era precisamente uma tentativa de resolver estes problemas maiores da geografia da época, isto é, suas dualidades fundamentais (física/humana, geral/regional) e a ausência de um método objetivo próprio.

---

[4] SAUER (Carl O.), "The Morphology of Landscape", *op. cit.*, p. 315.

Uma grande parte da inspiração de Sauer veio de seu contato com as obras da geografia alemã, sobretudo as de Passarge e Schlüter. Para esses dois autores, o estudo da paisagem deve se restringir essencialmente aos aspectos visíveis, às formas, excluindo, assim, todos os fatos não-materiais da atividade humana. Cada paisagem deve ser analisada em função de suas características morfológicas e genéticas. A geografia, ciência que busca o sentido da distribuição e da associação espacial das formas e fenômenos, deve ser capaz de interpretar as configurações morfológicas que estruturam o espaço e seus processos de desenvolvimento no tempo.

Sob a influência destes dois autores, Sauer nos expõe sua proposição de pesquisa em geografia, no artigo de 1925, "The Morphology of Landscape". Ele começa afirmando que toda ciência só adquire uma identidade através da escolha de um objeto e de um método. A natureza da geografia, freqüentemente objeto de pontos de vista diferentes, deve se limitar ao que é evidente, da mesma forma que as outras disciplinas. No caso da geografia, o evidente e o imediato estão na paisagem; esta deve ser, portanto, o único objeto fundamental da pesquisa geográfica. A paisagem é concebida por Sauer como uma associação de formas, físicas e culturais, o resultado de um longo processo de constituição e diferenciação de um espaço. Ele sublinha a importância da análise da estrutura e das funções de cada paisagem, as quais devem ser vistas sob um plano sistemático geral: "Qualquer que seja a opinião que se possa ter sobre lei natural, ou nomotética, geral ou relação causal, uma definição de paisagem como singular, sem ordem ou desconexa, não tem valor científico".[5] Os geógrafos, segundo Sauer, devem proceder de uma maneira analítica para reconhecer os elementos significativos na estruturação de uma paisagem. Mesmo que ele não nos diga claramente, a crítica se dirige às monografias regionais, em

---

[5] SAUER (Carl O.), "The Morphology of Landscape", *op. cit.*, p. 323.

que estes elementos figuram supostamente sem uma verdadeira análise de seu papel na constituição das paisagens. A crítica é, no entanto, mais evidente quando Sauer nos apresenta o objetivo da geografia como sendo o estabelecimento de tipologias lógicas e comparações analíticas. A partir daí, compreende-se que ele considere a descrição da paisagem (da região) simplesmente como uma fase preliminar do trabalho científico, que deve se prolongar, em seguida, pela análise lógica.

O método proposto por Sauer é fundado sobre a análise da organização sistemática das formas que estão na base de toda estrutura espacial. Este método se caracteriza por três princípios fundamentais: as estruturas possuem sempre elementos "necessários"; todas as formas podem ser reconhecidas por suas funções homólogas em diferentes paisagens; os elementos estruturais devem ser organizados em séries, para compor tipologias morfológicas. Ele sustenta que por este método a geografia é capaz de estabelecer um conhecimento sistemático e geral, englobando todo o leque da diversidade espacial, diversidade que é o verdadeiro objeto científico da geografia. Contrariamente ao que é geralmente afirmado, Sauer foi o primeiro a dizer, antes de Hartshorne, que a diferenciação regional (*areal differentiation*) constituía o objeto fundamental da geografia.

A conseqüência direta deste raciocínio é o fato de que a geografia regional é considerada como a síntese e o objetivo último do trabalho geográfico. Não devemos esquecer que, segundo Sauer, uma ciência é definida por um objeto e por um método. Assim, se ele concorda que a síntese regional, pelo estudo das paisagens, constitui o objeto fundamental da geografia, como nas monografias, a questão do método é, entretanto, aquela pela qual ele se mantém distante em relação a estes estudos regionais.

Ao escolher corretamente uma metodologia, a geografia pode, segundo Sauer, ultrapassar suas dicotomias. Primeiro, a dicotomia entre geral e particular seria superada pela descrição de "formas". Essas formas são o produto de observações comparadas e revelam uma estrutura invariável que tem uma importância generalizada. As formas são a expressão local e empírica de um sistema abstrato funcional-lógico. A partir daí, ele nos faz notar que a geografia regional é sintética, pois ela reafirma relações globais e gerais. Em suma, as paisagens são os elementos primários da observação empírica e, ao mesmo tempo, pela aplicação de lógicas genéticas e sistemáticas, tornam-se os produtos teóricos finais da investigação geográfica. No que concerne à dicotomia entre físico e humano, Sauer, sem descartar a importância das pesquisas sobre as paisagens naturais, concebe a cultura como sendo o elemento morfológico mais importante. Assim, a finalidade dos estudos geográficos é explicar as paisagens culturais, e a morfologia física deve ser vista como um *medium* transformado pelo desenvolvimento da cultura. A importância da História no processo de constituição de uma paisagem é, portanto, fundamental, e Sauer sugere mesmo uma "geografia histórica" independente, ao lado das geografias geral e regional.

A preocupação de Sauer, como dos autores da época, era a de construir uma geografia moderna. Segundo ele, "a geografia moderna é a expressão moderna da mais antiga geografia". Dessa maneira, a transformação do tradicional em moderno se opera por intermédio de um método científico sobre um conteúdo conhecido há muito tempo. Se a geografia mantém um constante interesse pela diferenciação regional em sua história, o que diferencia um saber moderno de um saber tradicional é o tratamento metodológico da matéria geográfica.

Tal perspectiva está em perfeita consonância com o pensamento positivista/racionalista. A obra de Sauer, no entanto, estava mergulhada em um contexto onde o positivismo clássico era objeto de críticas severas, como vimos precedentemente. Também Sauer recusa várias vezes os princípios deterministas. Contudo, ele reconhece que é importante estabelecer regras gerais para a investigação científica, isto é, recomenda firmemente a utilização de um método objetivo e unificador para a geografia. Muitas vezes Sauer se refere à geografia vidaliana, sublinhando sua importância: "Vidal de La Blache, talvez antes que qualquer outro, percebeu a situação e restabeleceu a morfologia em sua justa posição. As monografias regionais procedentes de sua escola expressaram, muito mais adequadamente do que o que foi feito depois, o completo conteúdo das formas e suas relações estruturais na paisagem, encontrando na paisagem cultural a expressão máxima de uma área orgânica. Nestes estudos, por exemplo, a posição do homem e seu trabalho é explicitamente o mais importante fator e forma na paisagem".[6] Este reconhecimento é, no entanto, sempre acompanhado de advertências sobre a necessidade de sistematicidade e de generalização para as descrições regionais. Depois de Vidal de La Blache, o outro geógrafo mais citado por Sauer é Jean Brunhes. Este último, ao lado de Maximilien Sorre, é incontestavelmente o mais sensível aos princípios do racionalismo positivista entre os geógrafos da escola francesa do início deste século. Aliás, os traços valorizados por Sauer na obra de J. Brunhes são justamente aqueles que revelam a influência positivista, ou seja, a preocupação classificadora e seu esforço para estabelecer uma tipologia sistemática dos fenômenos geográficos.

Sauer contesta também os comentários de L. Fèbvre e de Henri Berr a respeito das "influências geográficas" em nome de uma geografia mais próxima do racionalismo científico. Estes dois autores, que criticam o determinismo apoiando-se no nome de Vidal de La Blache, provam, segundo Sauer, sua não-familiaridade com a pesquisa geográfica. Ele acrescenta, em seguida, que, a despeito do fato de que o nome de Vidal de La Blache ocupe, desde então, um lugar de honra no pensamento geográ-

---

[6] SAUER (Carl O.), "The Morphology of Landscape", *op. cit.*, p. 329.

fico, ele jamais foi um geógrafo muito inclinado para o racionalismo: "O racionalismo já viu dias melhores".[7]

Esta concepção não quer dizer que Sauer era favorável à adoção de um determinismo geográfico. Com efeito, ele acredita que um conhecimento pode ser científico sem recorrer diretamente a uma fórmula causal. Segundo Sauer, a explicação determinista limita o campo de investigação, pois a realidade se apresenta sempre de uma forma mais rica do que aquela que é encarada e explicada pelo esquema determinista. Finalmente, Sauer afirma que o método morfológico não nega o determinismo, sem, no entanto, aderir a ele.

É interessante ver que Sauer, em sua crítica ao positivismo clássico, busca referências em Goethe, em Benedeto Croce e em O. Spengler. Este último era muito conhecido na Alemanha dos anos vinte por suas proposições e atitudes românticas e irracionalistas. Contudo, Sauer não parece ser atraído pelo irracionalismo ou pela subjetividade e pensa que estes dois elementos não devem figurar na ciência. Ele afirma, sem nuances, que "a morfologia permite a organização do campo da geografia como uma ciência positiva". As dimensões estética e subjetiva de uma paisagem existem sempre, mas não fazem parte do interesse científico, enquanto "muito do sentido de uma área se revela a partir do procedimento científico".[8]

Em suma, a posição de Sauer se inscrevia em uma perspectiva crítica em face do racionalismo estrito. Ao mesmo tempo, ele se mostrava crítico a respeito da proliferação de monografias insuficientemente consistentes do ponto de vista metodológico. O método "morfológico" proposto por Sauer deveria suprimir estes dois problemas, isto é, seria capaz de constituir um conhecimento objetivo, sistemático e geral sem, no entanto, apelar para um modelo de causa-efeito. A ciência é sempre fundada

---

[7] SAUER (Carl O.), "The Morphology of Landscape", *op. cit.*, p. 348.

[8] SAUER (Carl O.), "The Morphology of Landscape", *op. cit.*, p. 344.

sobre um método objetivo, e a geografia deve ter constantemente esta preocupação de precisão, rigor e generalidade. Por outro lado, o conhecimento científico não é o único possível, e o método, ao mesmo tempo que permite uma aproximação positiva da realidade, limita o campo de observação. Neste sentido, a despeito do fato da geografia trabalhar com elementos objetivos, ela deve estar consciente de que a realidade se estende para além dessas representações e que as certezas científicas são sempre relativas, porque limitadas.

Hartshorne: por um classicismo metodologicamente fundado

Uma grande parte do que foi visto a propósito de Sauer é também válida no caso de R. Hartshorne. A redação de *The Nature of Geography*, 14 anos depois, é tributária, aliás, das discussões ocorridas na Associação dos Geógrafos Americanos, a propósito deste artigo de Sauer.[9]

O problema inicial era o mesmo, a saber, a dicotomia crescente, de um lado, entre uma geografia geral e uma geografia regional, e, de outro, entre o desenvolvimento independente dos ramos físico e humano. A solução proposta também era semelhante e consistia em fundar a geografia regional sobre um método objetivo e positivo. Sua fonte de inspiração também era a mesma: a geografia alemã do início do século.

Contudo, as diferenças são bastante significativas entre Hartshorne e Sauer, o que explica que suas influências tenham tido desenvolvimentos próprios e, no fim da primeira metade do século, elas serão a base de duas grandes tendências da geografia americana. A primeira, originária das tradicionais escolas do Leste e do Meio-Oeste, seguiu uma abordagem regionalista e

---

[9] MARTIN (G. J.), "The Nature of Geography and the Schaefer-Hartshorne Debate", *in Reflections on Richard Hartshorne's The nature of geography,* ENTRIKIN (N.) e BRUNN (S.) (eds.), *AAAG*, 1989, pp. 69-90, p. 69.

empírica. Ela foi sem dúvida a tendência predominante nos círculos universitários norte-americanos até o início dos anos sessenta.[10] A segunda se desenvolveu na Califórnia, em torno de Sauer, e procurava renovar o estudo das relações homem-meio, a partir de uma abordagem histórica e antropológica.

Já em 1939, Hartshorne dedicava uma grande parte de seu trabalho ao exame crítico das proposições de Sauer concernentes ao estudo das paisagens, o que o levou a precisar a discordância metodológica que dará lugar às duas orientações maiores identificadas precedentemente. Se, no artigo de Sauer de 1925, as posições são ainda conciliáveis, a partir de 1941, a resposta dada às críticas de Hartshorne afasta definitivamente estas duas tendências.[11]

A análise do texto de Hartshorne pode nos ajudar a perceber melhor os termos desta controvérsia. Segundo ele, o conceito de paisagem, tal como era utilizado por Sauer, apresentava diversos problemas. Em primeiro lugar, há na história da geografia uma enorme variedade de acepções possíveis para esta noção. Diferentes autores, ao trabalharem com este conceito, deram-lhe limites e importâncias bastante diferentes. O tema foi objeto mesmo das vivas controvérsias que tiveram lugar entre os geógrafos alemães do início do século, como Hettner, Passarge e Schlüter. Hartshorne acreditava que esta noção, quando de sua introdução na geografia americana, não foi convenientemente apresentada, com todas as suas implicações. A noção de *landscape*, carregada de ambigüidades e de imprecisões, colocava, segundo Hartshorne, mais problemas para a geografia do que lhe oferecia soluções. Ele se interroga, então, a respeito da pertinência de introduzir este conceito, que vinha substituir o

---

[10] Ver, por exemplo, BUTZER (K. W.), "Hartshorne, Hettner, and the Nature of Geography", *in Reflections on Richard Hartshorne's The nature of geography, op. cit.*, pp. 35-52, p. 35.

[11] SAUER (Carl O.), "Foreword to historical geography", *AAAG*, nº 31, 1941, pp. 1-24.

de região, sem, no entanto, trazer mais precisão ou riqueza analítica.

Em segundo lugar, o conceito de *landscape*, tal como foi apresentado por Sauer, acentua a dicotomia entre os fenômenos físicos e humanos, pois parte de uma distinção prévia entre a paisagem natural e a paisagem cultural. Hartshorne não aceita esta separação e coloca em evidência os problemas advindos da noção de uma paisagem natural primitiva e isolada de toda ação humana. Segundo ele, a distinção entre o natural e o cultural, a partir de um momento histórico, é arbitrária e injustificada, pois ela só pode ser estudada por reconstituição histórica. Ele nota também que, segundo o ponto de vista de Hettner, a riqueza metodológica da geografia consiste justamente em poder construir periodizações que não sejam dependentes das épocas clássicas da História. Desta maneira, haveria tantas geografias históricas, quantas regiões, pois cada uma possui seu tempo próprio.

Finalmente, ele critica também a seleção dos elementos que Sauer recomendava para o estudo das paisagens. Segundo Hartshorne, limitar as pesquisas aos aspectos materiais, propostos por Sauer e Schlüter, lhe parece ilógico e sem nenhuma justificativa metodológica. Trata-se de uma proposição que não encontra eco na história da geografia e significa, portanto, a exclusão de fenômenos tradicionalmente estudados por esta ciência. Além disso, tal limitação não tem condições de promover um conhecimento unificado, pois a interpretação completa de um quadro regional supõe recorrer à análise também dos elementos não-materiais.

É preciso notar que a visão de Hartshorne, em *The Nature of Geography*, pretende buscar as justificativas de uma geografia moderna nas origens desta disciplina. Isto quer dizer que o melhor caminho para a geografia atual é ditado pelo reconhecimento crítico de sua evolução. Desta forma, a natureza da geografia se exprime sobretudo a partir de sua história, sendo este, aliás, o sentido do título e do subtítulo de sua obra. O ponto de partida da análise de Hartshorne é a valorização das tradições que formam a geografia clássica. Ao mesmo tempo, trata-se de uma análise crítica, à luz de um método moderno, capaz, segundo ele, de afastar as preocupações secundárias do objeto fundamental da pesquisa geográfica: a diferenciação regional. Por esta via, Hartshorne queria produzir a transição entre um saber clássico e uma geografia moderna.

Compreendemos, assim, os argumentos críticos dirigidos a Sauer pelo não-respeito deste último às tradições da pesquisa geográfica. O critério fundamental de seleção dos dados na geografia, desde o início com Humboldt e Ritter, é a associação de fenômenos pela conexão causal expressa espacialmente (*areal relationship*). Uma paisagem não pode, portanto, estar limitada ao imediatismo dos sentidos. Esta concepção "perceptiva" se confunde com o sentido genérico da palavra *Landschaft*, que na linguagem cotidiana serve ao mesmo tempo para designar a aparência de um espaço tal como ele é imediatamente percebido, e serve também, simplesmente, para designar uma parte limitada do espaço. A ambigüidade conotativa do sentido comum faz com que esta noção não possa ser retida como um conceito científico: "A impressão subjetiva que o artista (aí incluindo pintores ou literatos) recebe de uma paisagem ou de uma região, e a qual ele deseja comunicar aos outros, é muito diferente da descrição objetiva que o geógrafo deve tentar proporcionar".[12] O estudo da diferenciação regional deve ser objeto de uma conduta aprofundada por conceitos precisos, capazes de estabelecer um sentido agudo de sistematicidade e de objetividade na pesquisa.

A sistematicidade e a objetividade do trabalho geográfico para Hartshorne são os elementos que permitem ultrapassar o nível da descrição, para atingir a análise científica. A ênfase des-

---

[12] HARTSHORNE (Richard), "The Nature of Geography", *op. cit.*, p. 133; ver, também, p. 151.

medida dada às formas espaciais, como queria Sauer, impede uma análise mais clara das funções, que é, para Hartshorne, o centro do trabalho científico, buscando generalizações e estabelecendo relações estáveis entre os fenômenos: "O estudo da 'fenomenologia das paisagens' prova não ser nada mais do que o estudo de fenômenos individuais encontrados nas paisagens; a estrutura, a origem, o crescimento e a função das paisagens provam ser apenas a estrutura, a origem, o crescimento e a função de cada elemento material da paisagem".[13] O mesmo ocorre a respeito dos padrões de relações (*patterns*), ou tipologias. Para os adeptos do conceito de paisagem, a tipologia morfológica é o produto final da pesquisa. Segundo Hartshorne, este raciocínio é primitivo, pois "a mera menção de padrões sem qualquer consideração ulterior é a descrição em sua mais simples e mais acrítica forma".[14] Para fundar um verdadeiro conhecimento científico, é preciso primeiro compreender a significação e a importância de um fenômeno em sua relação com os outros. Não basta inserir o fenômeno dentro de uma tipologia descritiva, para obter a medida de sua importância e de sua significação; é preciso explicar através de uma análise metódica.

Em suma, o criticismo de Hartshorne busca a generalização através do estabelecimento de conceitos claros e objetivos. O mais importante é, sem dúvida alguma, o de região. Ele está na base da concepção científica da diferenciação espacial e, a partir de sua definição, a geografia pode desenvolver um método regional fundado na análise comparativa das estruturas espaciais. O método corológico, segundo Hartshorne, orienta a geografia em direção à reunificação de seu campo de pesquisas físicas e humanas, pois a região é a síntese destas relações complexas. A região é, ao mesmo tempo, o campo empírico da observação e o campo das verificações de relações gerais. A partir de um método regio-

---

[13] HARTSHORNE (Richard), "The Nature of Geography", *op. cit.*, p. 223.
[14] HARTSHORNE (Richard), "The Nature of Geography", *op. cit.*, p. 225.

nal, a dicotomia sistemático/particular desaparece em uma espécie de complementaridade compreendida na noção de região. Finalmente, para Hartshorne, assim como para Sauer, uma geografia científica deve se definir a partir de um método. Se a diferença fundamental entre estas duas perspectivas reside na escolha do melhor método a ser utilizado para a definição da geografia moderna, ao menos estes dois autores estão de acordo em reconhecer que a geografia moderna se define antes de tudo por um procedimento metodológico preciso.

O estatuto científico da geografia é dado também por sua relação com as outras disciplinas, e aí também o método tem um papel fundamental. Hartshorne toma para si a idéia de Hettner, segundo a qual diferentes disciplinas se apresentam como diversos pontos de vista sobre os fenômenos. Não há verdadeiramente diferenças de objetos científicos, e a ciência é definida por um campo único, em que cada disciplina projeta seu ponto de vista particular através de seu método específico. Hartshorne, inspirado pela classificação das ciências de Kant, sugere uma separação entre, de um lado, as ciências sistemáticas e, de outro, a geografia e a História. A História se ocupa do caráter dos diferentes momentos na escala do tempo, e a geografia do caráter dos diferentes espaços e dos lugares. De fato, ele conclui que esta separação é relativa, pois a geografia, por seu método corológico e por seu ponto de vista (*areal relationship*), intercepta todos os outros domínios disciplinares. Ela é definida como sendo uma ciência de síntese em relação aos outros ramos sistemáticos, que se caracterizam pela análise particular de certos fenômenos.

Ele também adota, sempre seguindo o ponto de vista de Hettner, a diferenciação estabelecida por Windelband e Rickert entre as ciências nomotéticas e idiográficas. O campo sistemático das ciências naturais está mais próximo do modelo nomotético, visto que as ciências sociais, pelo caráter único dos fenômenos que submetem à investigação, se aproximam do modelo idiográfico. No entanto, todas as disciplinas estão de alguma forma relacionadas a estes dois procedimentos; aliás, a ciência deve proceder sempre, segundo Hartshorne, do particular para o geral. Ele reconhece, portanto, a necessidade de se estabelecer esquemas universais em todos os campos científicos, compreendendo aí o campo geográfico. Os conceitos e as categorias que guiam a observação e a descrição científica são exemplos desta conduta de generalização e objetivação do saber. Contudo, uma grande parte dos fenômenos observados pela geografia possui um caráter singular e uma localização única. Desta maneira, a despeito do fato de que o objetivo geral da geografia seja produzir uma classificação global das regiões, através de sistemas genéricos, estas regiões possuem sempre aspectos únicos que são irredutíveis à generalização.

Este raciocínio nos permite concluir que, para Hartshorne, a geografia deve proceder à análise racional da realidade, organizando categorias gerais e tipologias funcionais explicativas. Segundo Hartshorne, o conceito é sempre uma obra do julgamento, que deve ser lógico e demonstrável, opondo-se, assim, à região da escola francesa. Elas não são entidades físicas evidentes; são representações da realidade e, enquanto tais, objetos de generalizações formais, lógicas e racionais. É importante sublinhar aqui a distinção, no pensamento de Hartshorne, entre o papel do individual e do único. O individual provém de uma conceitualização genérica com relação a um modelo arbitrário e racional. O único, por outro lado, existe como fundamento fenomenológico e é irredutível às generalizações. A região enquanto instrumento de identificação territorial do geógrafo é um objeto individual; a realidade existente, não-conceitualizada, é sempre única, pois há uma dimensão incontornável de singularidade que não pode ser esquecida. Esta perspectiva de Hartshorne vai estar no centro da crítica feita pela geografia analítica que contesta o interesse da ciência por tudo o que é singular. Hartshorne, assim com Sauer, reivindica a idéia de uma geografia geral e a necessidade de generalização e de objetivação da ciência moderna, mas ao mesmo tempo proclama a irredutível dimensão e importância do estatuto da singularidade, do único no objeto de estudo da geografia. É, aliás, esta ambigüidade que explica os julgamentos divididos de certos geógrafos a propósito de Sauer e de Hartshorne. Entrikin, por exemplo, considera Sauer como defensor de uma tradição geográfica antimodernista. O mesmo conceito é aplicado por Smith a Hartshorne. Por outro lado, Entrikin considera a obra de Hartshorne "moderna" e "positiva", em oposição a Lukermann, que a situa como pré-positiva, idealista, kantiana e neokantiana.[15]

Schaefer e a revolução da natureza da geografia

Quase 15 anos após a publicação de *The Nature of Geography*, Schaefer, um geógrafo pouco conhecido, nos propõe uma revisão completa dos princípios que guiaram a posição de Hartshorne a propósito da natureza da geografia. Algumas críticas, vindas de Sauer, Whittlesey e Ackerman, tinham colocado em perspectiva pontos importantes da obra de Hartshorne.[16] Se abstrairmos essas críticas, no entanto, *The Nature of Geography* foi aceita com uma autoridade quase absoluta durante este período de 15 anos. O artigo de Schaefer, no entanto, significou uma ruptura total com os princípios do pensamento de Hartshorne. Schaefer contestava a interpreta-

---

[15] ENTRIKIN (N.), "Carl Sauer, philosopher in spite of himself", *in Geographical Review*, n? 74, pp. 387-408, p. 393. SMITH (N.), "Geography as Museum: Private History and Conservative Idealism in The Nature of Geography", *in Reflections on Richard Hartshorne's The nature of geography, op. cit.*, pp. 91-120, p. 116. ENTRIKIN (N.), *in* "The Nature of Geography in perspective", *Reflections on Richard Hartshorne's The nature of geography, op. cit.*, p. 16, e LUKERMANN (F.), "The Nature of Geography: Post Hoc, Ergo Propter Hoc?", *in Reflections on Richard Hartshorne's The nature of geography, op. cit.*, pp. 53-68.

[16] SAUER (C. O.), "Foreword to historical geography", *op. cit.*; ACKERMAN (E.), "Geographic training, wartime research, and immediate professional objectives", *AAAG*, n? 35, 1945, pp. 121-143 e WHITTLESEY (D. S.), "The Horizon of Geography", *AAAG*, n? 35, 1945, pp. 1-36.

ção da ciência geográfica proposta, seu conteúdo e sua conduta. A crítica era dirigida a Hartshorne, mas na verdade ela colocava em questão uma grande parte da geografia produzida até então.

Primeiramente, Schaefer denuncia o espírito "anticientífico do historicismo", isto é, coloca em dúvida a autoridade de uma argumentação fundada sobre a tradição. Segundo ele, o fato de que a geografia até o presente e há muito tempo se caracterize por uma abordagem idiográfica não significa que esta conduta seja a única possível ou a melhor. Assim, a crítica de Schaefer é dirigida contra o classicismo do pensamento geográfico, que impedia, segundo ele, o nascimento de uma disciplina verdadeiramente moderna.

Em segundo lugar, Schaefer contesta a classificação das ciências, proposta por Hartshorne e inspirada em Hettner, que faz uma clara distinção entre a geografia e a História e as outras ciências ditas teóricas ou sistemáticas. Segundo Schaefer, a ciência, qualquer que seja a disciplina, está unida justamente por uma mesma linguagem e uma mesma lógica. Desta maneira, todo saber que pretende ser científico deve seguir as normas gerais estabelecidas como sendo as regras do reconhecimento acadêmico, isto é, um corpo disciplinar construído a partir de princípios gerais, objetivos e abstratos. Para ele, o estatuto científico depende, antes de tudo, da capacidade de uma disciplina em dar respostas sistemáticas. A ciência aplica a cada caso um conjunto de raciocínios e de leis que deve ser válido para explicar todos os outros casos semelhantes.

Schaefer julgava que a interpretação da natureza da geografia feita por Hettner e por Hartshorne implicava um procedimento compreensivo, e não uma busca de leis, que é a característica fundamental da ciência moderna:

> "A geografia foi levada a se abrir à invasão de todo um bando de idéias não-científicas, para não dizer anticientíficas: sob o típico argumento romântico do

único [...] um holismo anti-analítico, em conexão com a espúria reivindicação por uma função integrativa da geografia; e, por fim, o apelo à intuição e ao toque artístico na investigação em detrimento da sobriedade objetiva do método científico padrão".[17]

Sem dúvida, o artigo de Schaefer marca uma transformação na história do pensamento geográfico, e por isso é sempre objeto de comentários nas obras que examinam a evolução metodológica da geografia. Considera-se, geralmente, que este artigo marca o fim de uma época, a da geografia clássica. Três pontos principais da reflexão de Schaefer merecem ser sublinhados. Em primeiro lugar, a idéia de que a geografia moderna deve romper com as atitudes históricas às quais estava associada. Em outros termos, a tradição dos estudos geográficos torna-se, então, um obstáculo a superar. A passagem de uma posição clássica para uma perspectiva moderna se faz através de um corte claro com o passado, e a idéia de uma evolução progressiva traduz simplesmente uma forma de reatualizar sempre o classicismo.

O segundo ponto consiste em substituir a legitimidade advinda da tradição por uma identidade metodológica partilhada por todas as disciplinas. Assim, o que é suficiente para caracterizar a geografia moderna é seu alinhamento ao método científico. O fato de que alguns geógrafos tenham concebido uma metodologia própria à geografia não fez senão retardar o desenvolvimento da geografia moderna em relação às outras ciências.

O terceiro ponto é a importância atribuída por Schaefer à forma do discurso científico. A linguagem das ciências é o elemento fundamental do método científico. Ela deve ser clara, lógica e objetiva. A geografia, como todas as outras ciências, tem

---

[17] SCHAEFER (F. K.), "Exceptionalism in geography: a methodological examination", *op. cit.*, p. 235.

como tarefa a explicação. Para chegar a analisar e explicar a ordem espacial, os geógrafos devem recorrer à linguagem científica das leis, o único horizonte abstrato conveniente para uma análise espacial. Schaefer nos cita o exemplo da cartografia, que é a conjugação de uma linguagem objetiva e de regras gerais, conjugação que garante a utilidade e o rigor na análise.

A crítica de Schaefer marca o fim de um período, aquele que buscava distinguir um método próprio a partir da especificidade da natureza da geografia. Este período clássico reconhecia a importância da definição de um método para a afirmação de um saber moderno; no entanto, buscava uma particularidade metodológica que seria própria à geografia, singularizando-a em relação às outras disciplinas. A afirmação de Schaefer, segundo a qual há apenas um método científico, aplicável a todas as disciplinas, consagra, portanto, um corte maior no pensamento geográfico.

A grande questão, advinda do fim dos particularismos metodológicos, é a de saber qual poderia ser o procedimento capaz de ser satisfatório para o conjunto das disciplinas e de realizar a unificação da ciência. Mesmo que a questão fundamental não seja mais a mesma, constata-se que estes autores trataram de questões que serão retomadas pela geografia ulterior e que eles constituem, assim, uma fonte fundamental para as discussões dos anos seguintes. O culturalismo de Sauer, o método regional de Hartshorne e a crítica racionalista de Schaefer são, sem dúvida alguma, temas reapropriados pelas correntes ulteriores, que os retomaram nos termos e sob a forma dos debates científicos atuais.

Parte 3

O advento dos tempos modernos

10

O horizonte lógico-formal
na geografia moderna

Durante o período do entre-guerras, as correntes do pensamento científico se desenvolveram de forma bastante segmentada geograficamente. Esta segmentação é talvez devida ao espírito pouco cosmopolita de uma época que conheceu grandes tensões nacionais, grandes crises econômicas e grandes fraturas ideológicas. As dificuldades de diálogo e de comunicação são aparentemente as causas da dispersão geográfica das "escolas e círculos" organizados nesta época. Os círculos de Viena, de Praga, a escola de Frankfurt, de Cambridge, entre outras, marcaram definitivamente a identidade científica desses anos. Paradoxalmente, foram estas mesmas dificuldades e as perseguições que precederam à Segunda Guerra, que plantaram as sementes de um novo cosmopolitismo. Com efeito, nesta época, uma verdadeira diáspora de pensadores esteve na base das múltiplas trocas entre as escolas, que tinham permanecido, até então, voltadas para si mesmas.

Assim se explica a influência tardia do positivismo lógico. Este movimento tinha começado verdadeiramente no início do séc. XX, a partir de uma ampla discussão nos círculos filosóficos. Contudo, foi apenas por volta da metade do séc. XX que o positivismo lógico estendeu sua influência sobre as outras disciplinas. Esta orientação, também conhecida como filosofia analítica, estabeleceu-se primeiro sobre os domínios da matemática e da física, e, em seguida, às outras ciências, à psicologia, sociologia, biologia e economia. Na geografia, este movimento é geralmente conhecido sob o nome de Nova Geografia ou Geografia Quantitativa. A quantificação é efetivamente um de seus aspectos mais familiares. Contudo, essa corrente corresponde a uma orientação muito mais complexa do que a simples matematização.

A origem da filosofia analítica se situa na crítica das correntes neo-hegelianas, correntes bastante em voga, sobretudo na Inglaterra, no início deste século. De fato, apesar da diversidade das tendências no interior do movimento analítico, há nele um elemento fundamental que reencontramos sistematicamente: a recusa geral a toda metafísica. Para os neo-hegelianos, o universo é espiritual e a existência se confunde com a percepção. Em outros termos, não há um objeto sem sujeito e todo conhecimento provém de uma relação interna. O julgamento criticista de Kant não é aceito, pois ele pressupõe a adequação de uma noção à coisa, isto é, uma relação externa ao sujeito. Toda relação externa, espacial, temporal ou de causalidade, do ponto de vista deste idealismo, é ilusória. Há apenas uma única relação possível entre fenômenos, a que relaciona o todo às partes. Desta forma, o neo-hegelianismo privilegia as relações de identidade e de diferença, que reenviam à distinção tradicional entre realidade e aparências. Segundo a interpretação de Wittgenstein, o erro desta concepção é confundir o valor de uma variável com a própria variável. A identidade de um objeto deve ser expressa pela identidade do signo e jamais por um signo de identidade.[1] As primeiras críticas deste gênero de raciocínio aparecem, no entanto, na obra de Moore, que denuncia a falsa identidade entre um objeto e a sensação desse objeto como um todo fenomenal. Segundo Moore, a atitude idealista é contraditória, pois ela afirma, ao mesmo tempo, que o objeto e sua sensação são distintos e que eles não o são. A abstração da lógica hegeliana, situada na base deste raciocínio, é vista por Moore como sendo ilegítima. Efetivamente, segundo Hegel, o entendimento pensa os dois termos de uma relação como unidades em oposição uma em relação à outra, e é a razão que os unifica dialeticamente. O ser e o nada, por exemplo, devem ser vistos enquanto dois momentos inseparáveis de um devir unificado, e não, como quer o entendimento, como dois pólos irredutíveis da realidade.[2]

A possível exterioridade de uma relação cognitiva e a definição de um objeto de conhecimento, sem o recurso a um universo espiritual em comunhão com o objeto, são as duas diferenças fundamentais entre esta nova forma de realismo e o neo-hegelianismo. Neste realismo, a afirmação de um sujeito do conhecimento independente do objeto abre a possibilidade de uma experiência sintética, que permite a utilização de um modelo matemático para o conhecimento. O recurso utilizado por Moore em seu percurso crítico consistia na análise das proposições do discurso dos neo-hegelianos. A Bertrand Russell cabe o mérito de ter aperfeiçoado este procedimento e de ter feito dele um método. Após a crítica das posições neo-hegelianas, Russell nos conta que a etapa seguinte foi a de revelar as verdadeiras significações do discurso científico por intermédio da lógica. Este

---

[1] WITTGENSTEIN (L.), *Tractatus logico-philosophicus*, Paris, Gallimard, 1961, proposição 5.53, pp. 80-82.

[2] HEGEL (G. W. G.), *Science de la logique*, livro primeiro, trad. Jankélévitch, Paris, Gallimard, 1949, p. 86.

procedimento analítico associado ao método lógico funda o movimento da filosofia analítica.

A proposição de base de Bertrand Russell é a de substituir, na lógica tradicional de Aristóteles, a relação entre sujeito e predicado por uma função que une duas variáveis. Esta nova forma de lógica recebeu a denominação de moderna, pois tem como pressupostos ser mais objetiva, geral e precisa do que a lógica tradicional. Segundo Russell, as proposições atômicas, isto é, as formas mais simples de proposições e os quantificadores (quantificador universal — "para todo x"; e quantificador existencial — "há pelo menos um x"), constituem a base das proposições que estruturam todo pensamento.

É necessário distinguir a busca de rigor lógico pela linguagem da procura de uma precisão metodológica a partir da definição de conceitos e categorias, como era o caso na conduta de Hartshorne e de Sauer. A filosofia analítica não se caracteriza pela busca de conceitos gerais para estruturar a reflexão. Esta filosofia concebe a linguagem como sendo o fundamento do pensamento lógico. Desta maneira, a linguagem revela por sua estrutura o valor de verdade, e é ao mesmo tempo o meio de reflexão e a garantia de legitimidade desta última.

A associação entre estrutura da linguagem e verdade é deduzida da tese do paralelismo lógico-físico. Segundo esta tese, há uma correspondência entre linguagem e realidade, ou seja, a estrutura da linguagem é a mesma do mundo. A variedade e a forma do real figuram na variedade e na forma da linguagem, e as estruturas que podem ser conhecidas são sempre lógicas. A partir daí, deduz-se que o conhecimento consiste na figuração lógica dos fatos. Assim, segundo Russell, o problema epistemológico de se conhecer as coisas como elas são, e as garantias que podemos ter a respeito da verdade desse conhecimento, se remete de fato a determinar como "falar" logicamente das coisas. O conhecimento científico estabelece, assim, as relações e os graus de significação entre os fatos, seguindo as regras da lógica moderna.

Para a filosofia analítica, somente a linguagem matemática pode ser legítima como instrumento de conhecimento, pois só ela sabe restringir sua importância aos limites impostos pela lógica. Esta linguagem é a garantia de uma relação lógica com a realidade e define o campo possível do conhecimento, segundo a última e mais conhecida das proposições do *Tractatus logico-philosophicus*: "Aquilo do qual não se pode falar, é preciso calar".[3] A conseqüência imediata desta corrente foi a valorização das ciências matemáticas como o novo paradigma metodológico. As outras disciplinas deveriam buscar, no modelo da matemática, sua coerência, rigor e objetividade. A outra conseqüência importante é a universalização dos procedimentos para a ciência e a unificação do método, que se referem sempre aos princípios lógicos, os quais são o fundamento da matemática.

Segundo Wittgenstein, existem três tipos de proposições que correspondem aos três modelos do conhecimento. O primeiro é composto de proposições dotadas de sentido; elas provêm de um saber empírico e demandam uma prova experimental para serem aceitas (mais tarde, estas proposições serão chamadas "verificáveis"). O segundo modelo concerne às proposições vazias de sentido, deduzidas de uma concepção formal onde o valor de verdade dos enunciados analíticos está inscrito em sua forma lógica. Finalmente, o terceiro tipo corresponde às proposições destituídas de sentido, sustentadas por uma metafísica. Essas últimas proposições se caracterizam por uma impossibilidade de avaliação de seu valor de verdade, pois não possuem significação ao nível lógico.

Na terceira e na quarta seção do *Tractatus*, Wittgenstein nos apresenta dois outros aspectos importantes da filosofia analítica. Em primeiro lugar, o conhecimento do mundo é feito a partir da construção de "quadros de fatos". Esses quadros nos

---

[3] WITTGENSTEIN (L.), *op. cit.*, proposição n. 7, p. 107.

indicam uma forma lógica e estável dos objetos, sem, no entanto, reproduzir suas propriedades materiais. Em segundo lugar, existe uma correspondência biunívoca entre os fatos destes quadros e a realidade, correspondência expressa pela relação lógica. Desta maneira, chega-se ao conhecimento pela construção de modelos lógicos que restituem o comportamento dos fatos no mundo real.

Os modelos lógicos foram utilizados na ciência, notadamente em razão do prestígio da física quântica, que obteve resultados a partir de uma conduta matemática não proveniente de dados experimentais. Um exemplo é o do cálculo matricial, desenvolvido, em 1843, por Cayley, e que continuou sem aplicações práticas até a emergência da nova física quântica, no início deste século.

O outro aspecto importante da física analítica é a noção de sistemas substituindo a noção de objeto. Nesta perspectiva, as moléculas são consideradas como sistemas de átomos; estes últimos são eles mesmos sistemas compostos de um núcleo e de elétrons; os núcleos são também sistemas de outras partículas; e assim sucessivamente. A concepção sistêmica foi adaptada para as outras ciências nos anos trinta, primeiro na biologia e em seguida na economia. Ela apresenta a vantagem de ligar os fenômenos às suas estruturas e de poder simultaneamente vê-los em diversos níveis, graças à utilização de subsistemas. Assim, a teoria geral dos sistemas foi um modelo poderoso entre todas as ciências, inclusive para a geografia.

O discurso analítico funda uma geografia moderna

A visão sistêmica, a utilização de modelos e a submissão à lógica matemática penetraram fortemente nas ciências naturais e sociais a partir dos anos cinqüenta. É neste contexto que se faz a passagem de uma geografia clássica para uma geografia dita moderna. Aliás, os novos adeptos deste modelo sempre sublinharam o caráter de ruptura, de revolução, desta passagem do clássico ao moderno.

Uma das primeiras manifestações desta nova maneira de conceber a geografia, como vimos precedentemente, se encontra no artigo de Schaefer de 1953. A crítica que ele faz a propósito da geografia anteriormente estabelecida foi desenvolvida e chegou ao que hoje se conhece como "revolução quantitativa".

De fato, a revolução metodológica na geografia tinha começado muito mais cedo, nos anos trinta, através da obra de Christaller sobre os lugares centrais.[4] O contexto da época, no entanto, limitou a difusão deste trabalho, que passou quase despercebido. O principal objetivo de Christaller era demonstrar que a distribuição e o tamanho das cidades no sul da Alemanha não eram aleatórios. Segundo sua concepção, estes fenômenos estavam ligados entre si e mantinham uma certa regularidade em sua expressão. Assim, os mercados de produtos e de serviços de tamanhos diferentes estão articulados de maneira a formar uma rede urbana funcional, regular e hierarquizada. A partir destas proposições, Christaller estava em condições de construir um modelo coerente da dispersão espacial destas cidades. Pelo alcance geral de tais proposições, este modelo podia ser também aplicado a outras regiões e assim era possível, pela correlação lógica, resgatar uma explicação geral dos fenômenos ligados à estrutura e ao tamanho de uma rede urbana.

Segundo Claval, o desenvolvimento de uma metodologia analítica na geografia deve muito à economia espacial e foi efetivamente por intermédio de Lösch, um economista, que a obra de Christaller se fez conhecer.[5] A partir dos anos cinqüenta, sob inspiração do trabalho de Christaller, outros modelos foram aplicados à geografia, tais como os de von Thünen, Weber e

---

[4] CHRISTALLER (W.), *Die zentralen Orte in Süddeutschland*, Iena, 1933, trad. ing. *Central Palaces in Southern Germany*, 1966.

[5] CLAVAL (Paul), *Essai sur l'évolution de la géographie humaine*, Les Belles Lettres, Paris, 1976, p. 140.

Reilly. Pesquisadores pioneiros, como E. Ullman e W. Isard, começavam a formar grupos de geógrafos que se interessavam por estes novos parâmetros. A abordagem por "modelização" rapidamente estendeu seu campo de estudos aos problemas intra-urbanos, aos transportes, aos sistemas regionais e à cartografia temática. Sua verdadeira difusão, no entanto, data do início dos anos sessenta, e a primeira obra de síntese em geografia humana só foi publicada em 1965.[6]

A estrutura do movimento da Nova Geografia

Nosso interesse fundamental não é escrever uma história factual desta corrente. A análise proposta aqui tem como objeto unicamente a dinâmica de transformação das orientações metodológicas. Apoiar-nos-emos, sobretudo, no discurso daqueles que estiveram na origem desta transformação e na forma pela qual este discurso afetou a perspectiva geral da geografia. A influência da teoria analítica sobre os geógrafos engajados nesta corrente de pensamento é um dos elementos-chave para compreender esta dinâmica. A posse deste novo método, a ruptura que ele ocasionou em relação à geografia clássica, e a convicção de ter encontrado a conduta verdadeiramente científica para a geografia são algumas das conseqüências mais importantes da associação entre a geografia e a teoria analítica. A hipótese retida é a de que a estrutura da "revolução quantitativa" na geografia é análoga ao próprio movimento da modernidade. Em outros termos, a dinâmica pela qual este movimento se impõe na geografia se reporta à dinâmica da modernidade, ao mito do "novo", tal como o descrevemos anteriormente.

Os elementos que compõem nossa análise são, portanto, bem definidos e limitados. Primeiro, procuraremos mostrar que estes geógrafos engajados ao novo paradigma buscaram uma

---

[6] HAGGETT (Peter), *Locational Analysis in Human Geography*, E. Arnold, Londres, 4.ª ed.,. 1968.

identidade própria em relação à geografia anterior. A refutação das tradições geográficas serviu, portanto, como um primeiro elemento de justificação e de imposição do "novo". Em segundo lugar, sublinharemos o caráter de ruptura vivido por esta Nova Geografia em relação à outra, dita clássica. Finalmente, o terceiro ponto procura o sentido da releitura da história da geografia efetuada por esta nova corrente. Nesta releitura, é possível observar que a Nova Geografia sublinha a filiação da ciência à uma posição racionalista e, portanto, que ela busca negar qualquer outra tradição e valorizar exclusivamente as que poderiam se aproximar do procedimento racionalista. A análise guiada por estes três pontos encontra uma estrutura semelhante em todos os textos desta época que examinaremos. É tal estrutura que apresentaremos agora.

Uma refutação fundamental: as tradições

O que há em comum entre os textos que difundem a Nova Geografia é o fato de que todos eles começam invariavelmente pela crítica do projeto dito clássico ou tradicional da geografia. W. Bunge, I. Burton, D. Harvey e P. Haggett, por exemplo, estão todos de acordo em reconhecer que a dita singularidade dos fatos geográficos é incompatível com a visão científica moderna.[7] A concepção de fenômenos únicos, segundo eles, impede qualquer esforço em direção à explicação teórica. A geografia, tal como é concebida classicamente, estaria portanto condenada a ser apenas uma tediosa descrição de acontecimentos, sem poder jamais ligá-los através de uma relação geral e teórica.

---

[7] Estes textos são, respectivamente: BUNGE (William), "Theoretical Geography", *in Lund Studies in Geography*, The Royal University of Lund, Gleerup pbs, 1962, pp.1-13; BURTON (Ian), "The Quantitative Revolution and Theoretical Geography", *in The Canadian Geographer*, VII, 4, 1963, pp.151-162; HARVEY (David), *Explanation in Geography*, E. Arnold, Londres, 1969; HAGGETT (Peter), *Locational Analysis in Human Geography*, E. Arnold, Londres, 1965.

A realidade é etetivamente única e todas as coisas são diferentes, desde que as olhemos em seus mínimos detalhes. A perspectiva científica, no entanto, compensa a perda do detalhe pela generalização. A diferença fundamental entre o único e o individual, segundo Bunge, por exemplo, consiste no fato de que o individual é capaz de ser apreendido dentro de uma perspectiva geral ou por uma construção teórica, sem, no entanto, perder suas especificidades. Bunge critica firmemente a concepção adotada por Hartshorne, segundo a qual a unicidade e a generalidade são qualidades intrínsecas aos fatos. O ponto de vista de Bunge é de que, se as inter-relações entre os fenômenos geográficos aparecem de forma caótica, isto se deve unicamente à falta de um método científico. O problema é antes de tudo um problema de método, e não um problema intrínseco ao fato geográfico, contrariamente ao que Hartshorne, segundo Bunge, queria demonstrar.

No mesmo sentido, Burton afirma que, em um mundo sem teorias, todos os fenômenos são únicos. Se a geografia deseja verdadeiramente ser considerada como uma ciência, deve recorrer à observação das regularidades em seu campo de conhecimentos. As regularidades são, segundo Burton, o primeiro passo para se estabelecer teorias, e estas últimas fundam a condição necessária do saber científico moderno. A resistência da comunidade geográfica, frente à ciência moderna, é interpretada por ele como estando ligada à tradição possibilista. Na medida em que o possibilismo afirmava o livre arbítrio e a impossibilidade de se prever cientificamente os fenômenos, contrariava diretamente os fundamentos da ciência moderna.

Quando Haggett evoca as "tradições excepcionalistas" em geografia, faz apelo também à identificação entre a idéia de unicidade fenomenal e a geografia regional tradicionalista. Aliás, desde o início de seu texto, ele marca sua discordância em relação à escola francesa de geografia, dizendo que sua abordagem "se afasta sensivelmente da conduta tradicional da geografia humana (Brunhes, 1925, Vidal de La Blache, 1922), preocupada em colocar questões de natureza biográfica sobre os fenômenos observados", e acrescenta que, "quando nos interessamos pelo 'único', não podemos mais do que contemplar sua unicidade. Donde, a situação atual pouco satisfatória: as pesquisas sistemáticas (gerais) e a geografia regional, fundada sobre a idéia de unicidade, dificilmente colaboram".[8]

Para D. Harvey, o peso da tradição se situa na herança kantiana de um espaço considerado de maneira absoluta. Este tipo de raciocínio, segundo Harvey, repousa na hipótese segundo a qual todas as localizações são únicas. A concepção que apreende as regiões como realidades objetivas, verdadeiras individualidades geográficas, deriva deste mesmo raciocínio de um espaço tomado absolutamente. A pesquisa dos geógrafos em busca da natureza intrínseca das regiões, característica da geografia clássica, deve, segundo Harvey, ser vista como uma questão metafísica sem nenhuma relação com a idéia de ciência moderna. Esta última concebe um espaço relativo, no qual a localização depende do gênero de coordenadas escolhidas. A escolha é também relativa aos objetivos de cada pesquisa e não há, em princípio, um sistema de coordenadas melhor do que os outros; tudo depende da finalidade do trabalho.

Todos estes autores são unânimes em afirmar que existe uma tradição na geografia, dos estudos qualitativos ou monográficos, que deve ser descartada. Esta renúncia é justificada em nome da geografia moderna, que necessita se alinhar metodologicamente às disciplinas científicas, para merecer ser considerada como parte deste conjunto. De fato, o argumento mais freqüentemente invocado no discurso destes autores é a necessidade de se fazer da geografia uma ciência, ou seja, um conhecimento moderno do mundo. No discurso destes autores, a ciên-

---

[8] HAGGETT (Peter), *Locational Analysis in Human Geography* (trad. francesa de FRECHOU, A. Colin, Paris, 1973), *op. cit.*, pp. 12-13.

cia nada tem em comum com a geografia que tinha sido produzida até então. Há aí, efetivamente, uma firme vontade de estabelecer bem a fronteira entre o antigo, a tradição, e o novo, a ciência moderna.

Segundo Bunge, o objetivo da pesquisa é a integração entre o conhecimento geográfico e a metodologia científica. Uma filosofia geral da ciência orienta a reflexão sobre o lugar da teoria. Desta forma, a geografia então definida recebe o nome de teórica (teorética). As teorias se estruturam em dois planos: por sua relação com os fatos, ou seja, no caso da geografia, pela descrição, e por sua relação com a lógica, seguindo um modelo matemático. O único meio de estabelecer um conhecimento científico é, segundo Bunge, pela ligação entre os fatos, a lógica e a teoria.

Para ele, a geografia tradicional teria privilegiado somente a primeira parte, descartando completamente a segunda, a que diz respeito ao conhecimento analítico. Todavia, mesmo a descrição da geografia tradicional é criticada; pois uma descrição, para obter um verdadeiro interesse científico, necessita de um caráter de generalização metódico, que estava ausente na maior parte dos casos anteriores. De acordo com Bunge, os geógrafos científicos se distinguem dos descritivos por sua maneira de conceber o papel da descrição: para os primeiros, ela é um meio; para os outros, um fim em si. A propósito da descrição, Harvey acreditava, também, que é necessário que ela seja realista e racional e acrescenta que "a análise moderna sugere, de fato, que a descrição cognitiva e a explicação são diferentes meramente em grau, não em gênero". Aliás, para Harvey, a descrição científica formal está na base da explicação.[9] Se a geografia tradicional jamais chegou à explicação, foi, em parte, porque adotou um modelo de descrição que não correspondia aos critérios da ciência moderna e teórica.

---

[9] HARVEY (David), *Explanation in Geography, op. cit.*, pp. 5 e 10.

A geografia teórica, uma revolução?

O estabelecimento de uma geografia verdadeiramente científica e teórica deve preencher certas condições. Segundo Bunge, a clareza, a simplicidade, a generalidade e a exatidão são as condições mais importantes. Estas qualidades decorrem diretamente do método. O uso de uma linguagem matemática nos impõe, segundo Bunge, uma estrutura lógica que é a única capaz de produzir uma "transparência" e uma objetividade necessária a todo trabalho científico. Na medida em que a utilização desta linguagem e desta lógica só aparece com a geografia teórica, só ela pode pretender fundar a ciência geográfica moderna.

Burton concebe a revolução quantitativa como o momento-chave que transformou a natureza do conhecimento geográfico. Esta revolução significou a construção de um verdadeiro campo teórico de investigação. A partir da lógica e da matemática, a geografia pôde desenvolver métodos de verificação e de previsão, e esta possibilidade transforma a natureza profunda da geografia. Sempre, segundo Burton, o caminho a cumprir, para se tornar uma disciplina científica, passa pelo desenvolvimento de teorias e modelos em todos os ramos da investigação geográfica.

A obra de Harvey, *The Explanation in Geography*, foi, sem dúvida alguma, uma referência fundamental para o desenvolvimento da teoria analítica na geografia. Estando a revolução concluída, o objetivo geral de Harvey era o de apreciar, neste processo, as tendências gerais da ciência e suas aplicações na geografia.

Do ponto de vista metodológico, Harvey adota a opinião sustentada por Hempel, que descreveu todo o procedimento geral recomendável à ciência, para chegar a uma concepção objetiva e analítica. A argumentação de Hempel é inspirada fundamentalmente nas ciências da natureza e seus exemplos das etapas da ciência: a observação, a experimentação, a modelização, a verificação e a concepção das teorias são freqüentemente tiradas da física, da química e da biologia. A filiação racionalista do pensamento de Harvey aparece também, claramente, no fato de que ele justifica seus pontos de vista sobre a importância da lógica matemática, referindo-se freqüentemente à obra de Russell e de Carnap. O sentido da explicação científica, os tipos de teoria, as formas da linguagem são, portanto, diretamente inspirados pela corrente da teoria analítica que dá corpo àquilo que é conhecido como positivismo lógico ou neopositivismo.

A estrutura do livro de Harvey apresenta um procedimento similar ao dos outros exemplos citados precedentemente. A geografia anterior é julgada insuficiente ou inapta a responder às questões colocadas pelos tempos modernos. A tradição dos estudos geográficos é também vista como um obstáculo ao advento de uma geografia objetiva e positiva. Os campos tradicionais na pesquisa geográfica singularizam e afastam o discurso geográfico das outras disciplinas. Estes campos são, portanto, a causa principal do atraso relativo da geografia, e qualquer vontade de mantê-los afasta um pouco mais a geografia do domínio das disciplinas científicas.

Harvey também está em total desacordo com Hartshorne a respeito da especificidade da geografia, pois os limites da geografia são os mesmos que os das outras ciências. A concepção de Hartshorne, inspirada de Windelband, Dilthey e Rickert, que procuravam distinguir as ciências nomotéticas das ciências idiográficas, parece a Harvey inaceitável para uma ciência que quer repousar sobre fundamentos metodológicos sólidos. Da mesma forma, a aceitação das teses kantianas, que "vêm sendo usadas muito mais como suporte para a tradição da pesquisa do particular (isto é, pelo método idiográfico) contra o desafio de uma nova geração que trabalha em um estilo mais nomotético".[10] Este conflito de gerações antagônicas caracteriza a passa-

---

[10] HARVEY (David), *Explanation in Geography, op. cit.*, p. 72.

gem de uma perspectiva clássica para uma perspectiva moderna. A geografia moderna deve responder ao desafio dos novos tempos através da construção de novas perspectivas, técnicas e justificações:

"Temos sido obrigados a insistir sobre a complexidade dos sistemas axiomáticos, sobre construção de modelos teóricos, sobre a linguagem matemática, entre outras coisas. Esta abordagem não tem sido provavelmente do gosto de muitos geógrafos acostumados às abordagens mais tradicionais para desvendar os mistérios que os cercam. Sem dúvida, isto pode horrorificar estes que procuram compreender examinando detalhadamente mapas, peregrinando, pensativos e atentos, por ruas e campos, revendo dados sepultados em arquivos poeirentos, remexendo reportagens de velhos jornais, escavando com sondas pedológicas e mergulhando em cavernas calcárias, observando e esperando formar sua própria experiência perceptiva, treinando-se a apreciar".[11]

O caráter revolucionário da geografia analítica se manifesta, assim, pelo esforço em expulsar qualquer traço tradicional do campo de pesquisas geográficas, o que traduz bem a vontade de ruptura em relação à tradição. Por intermédio de novas técnicas e perspectivas, a geografia abre caminho para o reconhecimento e o prestígio dos novos tempos: "O moderno movimento na direção de uma universalidade metodológica pode ser visto como uma tentativa de ser mais explícito no estabelecimento de leis freqüentemente reprimidas nos 'esboços explicativos' que os geógrafos costumam oferecer".[12]

---

[11] *Idem*, p. 291.

[12] HARVEY (David), *Explanation in Geography, op. cit.*, p. 109.

A revolução reescreve a história da geografia

Nos textos analisados, há uma clara redefinição do sentido do determinismo na geografia. Uma espécie de consenso é forjado em torno da idéia de que a geografia, a partir do início do século, após a refutação do determinismo ambientalista, teria perdido o caminho do conhecimento científico. A atitude de Ratzel é freqüentemente apresentada com elogios, como sendo aquela de um geógrafo que pretendia estabelecer um conhecimento objetivo, geral e científico. As premissas do discurso ratzeliano são discutíveis, mas seu processo de buscar leis, generalizações, sustentadas por hipóteses teóricas, é freqüentemente considerado como a atitude correta para a ciência, em oposição às outras tradições: "As reações contra o excesso do determinismo geográfico foram ao mesmo tempo negativas e positivas. Aspecto negativo: o seu abandono conduziu à recusa quase sistemática de qualquer teoria; em seguida, aquilo que os geógrafos publicaram tornou-se mais preciso, mas também infinitamente menos interessante. A descrição substituiu a hipótese, a repetição, o debate. Aspecto positivo: os geógrafos procuraram resolver as complicações dos sistemas regionais, sem jamais se fiar nestas chaves simples que fornecem as relações de causa e efeito".[13]

Esta reinterpretação da história da geografia tem a intenção fundamental de conferir um lugar de honra ao determinismo, visto como o verdadeiro predecessor da conduta científica moderna. Neste sentido, o determinismo é a única tradição verdadeira da ciência geográfica. Burton, por exemplo, nos indica que tudo se passou como se, após o intermédio da idiografia, a geografia tivesse retomado o caminho da ciência. Segundo ele, há mais do que uma simples coincidência no fato de que a nova geografia seja também conhecida como neodeterminismo. A diferença mais importante se situa ao nível do conteúdo, pois o

---

[13] HAGGETT (Peter), *Locational Analysis in Human Geography*, op. cit., p. 35.

determinismo ratzeliano se apresenta sob relações ingênuas: "Grosseiras tentativas sistemáticas de explicação foram feitas por deterministas, mas nos anos 20 elas estavam em desgraça".[14] A geografia analítica, por possuir instrumentos eficientes, linguagem, métodos e técnicas, teria a possibilidade de apresentar a face verdadeiramente científica do determinismo moderno. Algumas vezes, a literatura ulterior busca diminuir a filiação entre estes dois determinismos, o do meio ambiente e aquele produzido pela perspectiva analítica. Um dos argumentos é o de que a geografia teórica possui antes uma aproximação probabilista e, portanto, escapa ao mecanismo simples do determinismo.

Contudo, Harvey nos mostra que a adoção de modelos probabilistas supõe, em princípio e numa certa medida, a aceitação do determinismo como premissa. A diferença introduzida se situa no grau de positividade das respostas.[15] Em outros termos, o determinismo moderno é do tipo relativo, isto é, afirma um fato e ao mesmo tempo anuncia a possibilidade de erro, tudo isso a partir de proporções bem medidas matematicamente.

Ao lado de Ratzel, o outro autor freqüentemente mencionado pela Nova Geografia é Schaefer, considerado como uma espécie de "padrinho" desta corrente teórica. Morto em 1953, Schaefer não pôde assistir ao desenvolvimento da "revolução quantitativa", mas seu nome era sempre lembrado no combate que conduziu contra a geografia tradicional, personificada na figura de Hartshorne. O verdadeiro culto a Schaefer chegou a desenvolver uma lenda, segundo a qual ele teria sido objeto de investigações por parte da CIA, denunciado por geógrafos tradicionalistas que se sentiam ameaçados por suas posições científicas.[16] Assim, a geografia analítica encontrou um meio de criar

---

[14] HARVEY (David), *Explanation in Geography, op. cit.*, p. 76.

[15] HARVEY (David), *Explanation in Geography, op. cit.*, pp. 400-404.

[16] Ver, a este respeito, MARTIN (G. J.), "The Nature of Geography and the Schaefer-Hartshorne Debate", *op. cit.*, que traz à luz o culto a Schaefer, devido em parte a W. Bunge.

um mártir da nova ciência, uma espécie de Galileu da *New Geography*.

Um novo modelo para a geografia

David Harvey afirma que a geografia desenvolveu cinco principais temas de pesquisa: a diferenciação regional, a paisagem, a relação homem-meio, a distribuição espacial e o tema geométrico. A história da geografia, segundo ele, pode ser vista como a tentativa de explicar e de teorizar estes temas. Os fenômenos relativos à distribuição espacial, a partir das teorias locacionais, assim como as análises geométricas foram, entre todos estes temas, os mais sensíveis à formalização na geografia, os outros permanecendo sempre no nível da simples descrição. David Harvey também identificou os gêneros possíveis de explicação na geografia: descrição cognitiva, análise morfométrica, análise de causa-efeito, explicação temporal, análise funcional e ecológica, e, finalmente, a análise sistemática.

A ligação entre os temas apresentados mais acima e os gêneros de explicação parece imediata. Do raciocínio de Harvey é possível deduzir que a análise sistemática é a forma mais poderosa e apropriada à explicação na geografia. Aliás, os temas que apresentam, segundo ele, bons resultados teóricos, são justamente aqueles que foram tratados através desta metodologia: a diferenciação espacial e as análises geométricas. Sempre segundo Harvey, a forma de explicação descritiva é primitiva; as relações de causa-efeito, bem como a explicação pela dimensão histórica arriscam-se sempre a se deixar influenciar por questões metafísicas. A análise funcional, por sua vez, é parcial, por privilegiar somente uma relação entre os fenômenos, a da função, entre todas as outras existentes. Desta forma, a apresentação do problema da explicação em geografia, para D. Harvey, acentua a primazia da análise sistêmica como o meio mais adaptado e mais de acordo com a revolução metodológica na geografia.

A geografia moderna, sob a influência desta corrente teórica, produz então uma nova síntese. Nesta versão, a análise espacial constitui o objeto fundamental da geografia, e o método sistêmico é aquele com que se pode explicar cientificamente os fenômenos; em suma, a concepção sistêmica deve ser o instrumento da nova cosmovisão geográfica.

A teoria geral dos sistemas retoma os mesmos termos definidos pela racionalidade analítica. Ela faz parte, como a lógica matemática, dos novos instrumentos que definem uma abordagem moderna da ciência. O que constitui a força desta teoria é a uniformidade lógica de todo processo de conhecimento. Segundo seus defensores, todos os fenômenos podem ser vistos como sistemas, independentemente do caráter particular ou da natureza dos elementos que os compõem e das relações que os unem.

A idéia geral de sistema é inspirada nas concepções da termodinâmica, sobretudo no segundo princípio, conhecido pelo nome de Carnot-Claudius, que define a noção de entropia. Esta noção corresponde à probabilidade de mudança dentro de um sistema, em função de seu grau de organização. A variação entre estes dois elementos obedece à seguinte regra: quanto maior o valor da entropia, maior o grau de desorganização do sistema (isomorfismo). Desta maneira, os baixos níveis de entropia correspondem aos altos níveis de ordem interna em um sistema. A estas duas noções fundamentais se associa aquela da informação. Ela pode ser definida como sendo o valor estatístico da incerteza provável. A informação é, então, o contrário da entropia, e por isso é conhecida também como negentropia.

Os sistemas são, portanto, poderosos instrumentos do cálculo de probabilidade. Eles podem ser analisados segundo seus estados de organização sucessivos. Através dos modelos, e variando o valor da entropia, é possível estimar o comportamento provável de um sistema. Este gênero de experimentação foi feito em diversos campos da ciência. A economia e a psicologia, entre as ciências sociais, foram as mais sensíveis a este método. David Harvey observa a aplicabilidade destas noções na geografia e nos cita alguns exemplos e tentativas já realizados.[17]

Seria injusto não mencionar uma certa hesitação de Harvey em relação ao otimismo excessivo com o qual a teoria geral dos sistemas foi acolhida na geografia. De fato, ele propõe uma distinção entre dois níveis diferentes para a utilização desta teoria. Ao nível metodológico, acredita que se trata de um instrumento fundamental, que fornece uma grande capacidade explicativa para a geografia. Ao nível filosófico, identifica dois grandes perigos: primeiro, a tentação de considerar a teoria dos sistemas como uma metateoria, uma espécie de teoria das teorias. Em segundo lugar, Harvey vê também a possibilidade de que se desenvolva uma metafísica perigosa a partir de uma idéia de necessidade lógica universal. Este último ponto de vista já tinha sido suspeitado por Bergson, que via no segundo princípio da termodinâmica a mais metafísica das leis físicas.[18] Assim, para Harvey, a geografia moderna deve sempre prestar atenção à tentação finalista, limitando a importância dos instrumentos analíticos a seu papel metodológico e, a partir daí, ele faz suas as preocupações do racionalismo mais moderno.

O elemento mais sedutor da concepção sistêmica é a possibilidade de prever ou de antecipar fatos através do conhecimento científico, sem o recurso a uma lógica mecânica de causa-efeito. Segundo Bunge, esta capacidade de avançar resultados é a característica distintiva da geografia moderna. Para a maior parte dos geógrafos ligados a esta corrente, o prestígio da geografia dependeria da aplicação deste conhecimento científico ao terreno prático da intervenção.

---

[17] Ver HARVEY (David), *Explanation in Geography*, op. cit., pp. 462-464.

[18] BERGSON (H.), *L'évolution créatrice*. Quadridge, PUF, Paris, 1991, p. 269.

De fato, a participação dos cientistas na planificação era cada vez mais requisitada. Os anos 50/60 foram efetivamente marcados por esta participação, que passava também por contatos interdisciplinares mais estreitos. A geografia, por intermédio da visão sistêmica, aproximou-se sobretudo da economia espacial. Alguns modelos inspirados na concepção neoclássica, incluindo a hipótese de um comportamento racional e da maximização de lucros e oportunidades, foram retomados nas pesquisas geográficas. Contudo, a cooperação interdisciplinar limitava-se aos domínios científicos engajados nas mesmas vias de transformações metodológicas, como a sociologia formalista, a psicologia behaviorista e a economia de inspiração neoclássica.

A cooperação interdisciplinar, aliada ao interesse pelas aplicações práticas e pela renovação metodológica, levou a Nova Geografia a produzir uma redefinição dos conceitos tradicionais da geografia clássica. A região, por exemplo, tornou-se um modelo para a análise espacial, como uma estrutura lógica e hierarquizada. Nesta perspectiva, Grigg se esforçou em caracterizar os sistemas de regiões, que definiu recorrendo a uma classificação analítica.[19] O sistema regional serve, portanto, para explicar certas dinâmicas, e o recorte territorial depende dos parâmetros do observador, que são eles mesmos relativos à finalidade da pesquisa. Segundo Grigg, a região enquanto entidade real está morta e a regionalização deve ser, a partir de então, considerada unicamente como um simples meio de análise.

Este gênero de abordagem é conhecido na geografia como análise regional, e tornou-se um dos temas preferenciais da visão sistêmica aplicada à geografia. Foi em grande parte, segundo esta

---

[19] GRIGG (D.), "Regions, models and classes", *in* CHORLEY (R. J.) e HAGGETT (P.), *Models in Geography*, The Madingely Lectures, Londres, 1967.

inspiração, que os geógrafos participaram dos trabalhos práticos de planificação.[20]

A concepção sistêmica renovou, portanto, completamente a análise geográfica. A região não é mais vista como uma unidade territorial; ela é concebida como uma classe espacial que faz parte de um sistema hierarquizado. Como propunha Schaefer, a geografia abandona a noção de lugar pela concepção de espaço. Desta maneira, a singularidade pode ser substituída pela generalização. O exemplo da região é eloqüente, mas, em todos os domínios da geografia, mudanças significativas foram efetuadas para se trabalhar de acordo com as novas perspectivas teóricas e técnicas.

Na mesma época, uma outra corrente nascia nas ciências sociais, o estruturalismo. Esta corrente desenvolveu-se primeiro no domínio da lingüística, mas rapidamente começou a exercer uma influência fundamental sobre as outras ciências sociais. A geografia, aparentemente, não foi sensível a esta tendência. A razão fundamental da preferência da geografia pela teoria geral dos sistemas em detrimento do estruturalismo é devida, segundo Dosse, à filiação da primeira às ciências da natureza, enquanto que o estruturalismo nasceu no quadro das ciências humanas: "Esta ausência é tanto mais surpreendente que pudemos medir a que ponto o estruturalismo privilegiou as noções de relações em termos de espaços, em detrimento de uma análise em termos de gênese. A diacronia foi substituída pela sincronia".[21]

---

[20] A bibliografia a este respeito é bastante grande. Ver, a título de exemplo: GRIGG (D.), "The Logic of Regional systems", *AAAG*, n? 55, 1965, pp. 465-491; BERRY (B.), "Approches to Regional Analysis: A Synthesis", *AAAG*, n? 54, 1964, pp. 2-11; BRUNET (R.), "Pour une théorie de la géographie régionale" *in La pensée géographique française contemporaine, extraits offerts à André Meynier*, Presses Universitaires de Bretagne, 1972, pp. 649-662; BRUNET (R.), "Spatial Systems and Structures. A model and a case study", *Geoforum*, VI, 2, 1975, pp. 95-103; e CHORLEY (Richard J.) e HAGGETT (Peter), *Models in Geography*, Londres, Methuen, 1967.

[21] DOSSE (F.), *Histoire du structuralisme*, Ed. La Découverte, Paris, 1992, pp. 399 e 392.

Esta escolha explica-se talvez pela preocupação de rigor positivo e pela tradição de um modelo hipotético-dedutivo, que caracterizam as ciências da natureza. Talvez seja preciso também ver aí o traço da tradição temática do objeto homem-meio, advinda da geografia clássica, e que conseguiu perdurar para além da revolução que pretendia tudo renovar. De toda forma, a adoção do modelo sistêmico podia finalmente fazer a geografia passar de uma posição analítica retrospectiva para uma aproximação prospectiva, pois se trata de um modelo nascido do racionalismo positivista. Os elementos recorrentes desta orientação metodológica são *mutatis mutandis* os mesmos para todas as correntes afiliadas ao racionalismo. Trata-se de um modelo de ciência que reclama para si a objetividade e a precisão por intermédio de um método científico rigoroso, e o recurso a este método significa também a perspectiva de respostas e verificações positivas, isto é, afirmativas e gerais que permitiriam, ao mesmo tempo, reforçar o prestígio da disciplina e convidá-la a agir no campo direto da sociedade.

A Nova Geografia e a modernidade

O que retorna mais freqüentemente no discurso dos autores ligados a esta corrente da Nova Geografia é, sem dúvida, a evocação de uma geografia científica e moderna. Construir uma perspectiva geográfica moderna, sustentada por um método lógico-matemático, parecia ser o caminho incontornável dos novos tempos. O comentário de Burton, que, em 1963, dizia que a revolução teórica havia acabado na geografia, nos dá uma idéia do pretenso sucesso destas aspirações.

Se olharmos estes textos no quadro do combate da modernidade, combate perpétuo entre o tradicional e o novo, eles aparecem como "cartas" de intenções que anunciam a chegada definitiva da geografia aos novos tempos. Da mesma forma que os momentos de grandes convulsões sociais, as revoluções científicas são seguidas de períodos de estabelecimento da nova ordem. Pode-se, portanto, considerar que a simples denúncia de um comportamento tradicional, defasado e antiquado, foi a base da eclosão da Nova Geografia, e que, após esta eclosão, tal corrente procurou estabelecer, ao longo dos anos 60 e 70, sua legitimidade, avançando os resultados obtidos. Estes resultados foram justamente o alvo da maior parte das críticas dirigidas contra este modelo. As hesitações e contestações não podiam mais ser interpretadas como simplesmente a reação tradicionalista, e os limites do novo método começaram a se tornar objeto de debates. Alguns anos mais tarde, os geógrafos que tiveram o papel de porta-vozes deste movimento no início, tornaram-se eles mesmos seus críticos. Desta maneira, a metade da década de setenta viu o poder inexorável da revolução quantitativa sucumbir ao peso de outros horizontes críticos, de outras revoluções. De qualquer forma, a discussão entre antigos e modernos na geografia, claramente exposta durante a revolução quantitativa, deixou marcas fundamentais.

A partir deste movimento, o debate epistemológico passou a ocupar um dos primeiros lugares no leque das questões geográficas. Não queremos absolutamente dizer que este debate esteve ausente até então. A geografia clássica conheceu também este gênero de controvérsia, como vimos anteriormente. A diferença é que, no curso destes últimos anos, o debate se tornou mais claro, divulgando suas filiações filosóficas e aceitando o fato de que esta é uma discussão em torno da legitimidade metodológica. De uma certa maneira, o que mudou foi que a natureza da geografia não pode mais ser caracterizada unicamente pela especificidade de seu objeto, pelo olhar do geógrafo ou por seu papel sintético em relação às outras disciplinas. A identidade geográfica, a partir dos anos sessenta, definiu-se como o reflexo do pertencimento a um pólo epistemológico preciso. Foi também por esta referência clara à metodologia, como fundamento da discussão científica moderna, que se fez a passagem de uma geografia clássica para uma geografia moderna.

David Harvey nota também esta mudança de perspectiva, afirmando que "o metodólogo está de agora em diante mais comprometido com a 'lógica da justificação', do que com a ligação filosófica de suas crenças em relação à natureza da geografia".[22] A lógica da justificação científica é, no entanto, a que está mais sujeita a controvérsias, e os anos ulteriores expressarão, através das diversas orientações da pesquisa geográfica, seus pontos de vista contraditórios.

---

[22] HARVEY (David), *Explanation in Geography*, *op. cit.*, p. 6.

11

O horizonte da crítica radical

O entusiasmo e o vigor da geografia analítica foram progressivamente perdendo o fôlego, em face das múltiplas críticas e das dificuldades impostas, sobretudo pelas considerações do caráter político do espaço, feitas à geografia. O progresso do início dos anos sessenta perdia seu impacto e as numerosas promessas contidas no discurso da Nova Geografia começavam a mostrar seus limites.

Estas críticas podem ser reunidas em dois grandes grupos: as de caráter teórico-metodológico e as que consideram o domínio prático e ideológico da Nova Geografia. O primeiro grupo diz respeito à utilização de modelos econômicos de inspiração neoclássica ou neoliberal.[1] Estes modelos pressupõem um com-

---

[1] Este tema, aliás, gerou uma longa e viva polêmica entre Brian Berry e David Harvey. Ver BERRY (B.), "Revolutionary and Counter-revolutionary Theory in Geography. A ghetto commentary" *Antipode* n.º 4, 1972, pp. 31-33; "Review of H. M. Rose" (ed.), "Perspectives on Geography, Geography of the Ghetto, Perception, Problems and Alternatives", *AAAG*, n.º 64, 1974, pp. 342-345;

portamento social perfeitamente racional, isto é, uma conduta que, em geral, busca a satisfação máxima de suas necessidades a partir de uma via analítica, racional e objetiva. A maioria destes modelos supõe também uma concorrência perfeita, uma difusão igualitária da informação e um espaço isomórfico.

O primeiro ponto da controvérsia é o da motivação racional. Ao longo de toda a década de 60, a antropologia cultural e uma parte da sociologia consagraram-se a pesquisas que punham em relevo a complexidade dos comportamentos sociais. Esses estudos mostram que as atitudes sociais se reportam em geral ao contexto de cada comunidade, estabelecendo valores e atitudes, que têm pouca relação, ou quase nenhuma, com um comportamento estritamente racional e utilitário. Em outros termos, o indivíduo não pode ser comparado a um agente econômico perfeito e a análise racional das oportunidades deve passar pelo estudo de outros elementos igualmente determinantes na ação social. Desta maneira, a corrente da crítica radical tem a tendência a considerar o comportamento social como o resultado de um conjunto de elementos, alguns gerais e determinantes, outros particulares ou contingentes. Os resultados são, portanto, bastante diferentes daqueles que podem ser antecipados por uma análise racional que se baseie tão – somente na idéia de maximização das vantagens.

O mesmo pode ser dito em relação à concorrência. Se teoricamente, no sentido da modelização, a concorrência pode ser considerada como perfeita, isto é, todos os agentes supostamente disporiam dos mesmos níveis de oportunidades e de independência para decidir, na prática, esta concorrência não existe. A força dos grandes grupos econômicos, os efeitos dos monopó-

---

"Review of Social Justice and the City of David Harvey", *Antipode*, n.º 6, 1974, pp.142-145; e HARVEY (D.), "A commentary on the comments", *Antipode*, n.º 4, 1972, pp. 36-41; "Discussion with Brian Berry", *Antipode*, n.º 6, 1974, pp. 145-148; "Review of B. J. Berry. The Human Consequences of Urbanisation", *AAAG*, n.º 65, 1975, pp. 99-103.

lios, os favores políticos são elementos muito mais importantes, a despeito de seu caráter contextual e particular, para a localização e o desenvolvimento da atividade econômica, do que a pretensa concorrência perfeita e geral.

A informação, da mesma forma, não pode ser vista sob a perspectiva de uma pretendida eqüidade. A informação figura entre os elementos que são controlados socialmente no jogo pelo poder e pelo prestígio social. Por fim, o espaço isomórfico dos modelos não se assemelha em nada à imagem da realidade de um espaço carregado de valores, tradições, hábitos, etc. Os obstáculos espaciais não são exclusivamente de natureza física; ao contrário, são majoritariamente da ordem da percepção social, resultado de um complexo jogo de agentes diversos.

Os princípios que sustentaram os modelos teóricos mais prestigiados da geografia moderna foram então vistos com desconfiança. As condições de abstração teórica da Nova Geografia eram assim acusadas de se apoiarem em bases falsas. Estas críticas não recomendavam, no entanto, um retorno à concepção dos fenômenos como individualidades. Tratava-se antes da exigência de um modelo que pudesse "verdadeiramente" levar em conta as condições existentes, sem se deixar influenciar por "realidades desejadas".

Esta crítica teórico-metodológica acrescentava, ainda, que a sofisticação da descrição e das técnicas não estava de acordo com a simplicidade explicativa empregada pela Nova Geografia. O conjunto dos instrumentos quantitativos seria apenas uma roupagem renovada das velhas questões da geografia clássica. Para esta visão crítica, a corrente "teórica" tentava fazer avançar a geografia somente pela consideração formal, mantendo intocáveis os eixos explicativos da "velha geografia". Tratava-se portanto, segundo a opinião destes críticos radicais, de uma "falsa revolução".

O outro ponto de vista consistia em apreciar os resultados práticos e, sobretudo, o papel político da "Revolução Quantitativa". Aí também as críticas eram definitivas. A idéia de uma geografia que deveria intervir na realidade, capaz de dar respostas objetivas, neutras e justas aos problemas sociais, foi então firmemente contestada, e a ação dos geógrafos nos planos de gestão do território foi interpretada como sendo tão-somente uma tentativa de preservar o *status quo*. A pretensa objetividade, segundo estes críticos, traduzia, em verdade, um compromisso com um ponto de vista ideológico da classe dominante. Sem proceder a uma verdadeira crítica dos modelos gerais de interpretação, a objetividade proclamada limitava-se somente ao tratamento de dados, evitando, assim, qualquer questionamento da ordem social. Para estes críticos, a ciência só pode ser interpretada segundo um ponto de vista político, e a pressuposição de neutralidade já é em si mesma uma premissa ideológica. A ciência é o produto de uma sociedade desigual, na qual o poder é exercido por grupos minoritários que controlam também a produção do saber, seus objetivos e aplicações. O discurso da objetividade é, portanto, construído sobre aparências e tem como objetivo fundamental reproduzir e justificar "cientificamente" as estruturas do poder e os prestígios sociais já constituídos.

Destes dois grupos de críticas, teórico-metodológica e ideológico-prática, decorrem duas associações que vão marcar profundamente a perspectiva radical. A primeira associação relaciona o modelo da ciência "teórica" e o idealismo. O comportamento racional como princípio de análise é a conseqüência de uma falsa idéia, segundo a qual o homem é essencialmente racional. Esta idéia generaliza a racionalidade, independente dos contextos históricos e da situação particular da inscrição dos indivíduos nas classes sociais, criando uma noção abstrata, sem nenhuma correspondência com o real. Um conceito não pode partir de uma idéia abstrata; para serem válidos, os conceitos devem se referir a situações historicamente definidas. Marca-se, assim, a diferença entre um procedimento que parte de uma idealização, para compreender a realidade, e outro que parte da realidade material, para construir conceitos explicativos, isto é, opõe-se uma ciência idealista e ideológica a um verdadeiro conhecimento histórico-materialista.

Outra associação efetuada é aquela do positivismo como sendo a forma da ciência burguesa por excelência. Esta forma da ciência é fundamentalmente um discurso de legitimação do exercício desigual do poder e do controle social. Os modelos de desenvolvimento estudados pela geografia sob esta perspectiva buscam, assim, dar apenas uma aparência de "naturalidade" ao desenvolvimento do capitalismo, pois as correlações e leis, enunciadas de um ponto de vista positivista, consideram as formas desiguais da produção do espaço como as únicas possíveis. O positivismo confere um sentido eterno e irrefutável ao desenvolvimento do capitalismo, que é, contudo, carregado de circunstâncias históricas e de relatividade social. A ciência que se proclama absolutamente objetiva cai, portanto, na armadilha do historicismo que, ao estabelecer leis e regras que se pretendem válidas para todos os tempos, impõe ao olhar retrospectivo a certeza contemporânea. Se o positivismo se apresenta como o único método rigoroso, é justamente para neutralizar um saber crítico, construído sob parâmetros que valorizam a existência de classes sociais.

O discurso crítico considera, portanto, a ciência em sua forma dominante como um instrumento de alienação social, e os métodos positivistas como procedimentos eficazes para reproduzir os modelos de desigualdade social e espacial. Esta crítica é uma das mais difundidas nos textos dos geógrafos radicais, que queriam demonstrar, assim, a grande ruptura, a verdadeira revolução efetuada pelo horizonte crítico em oposição à ciência "tradicional" positivista. Este discurso enfatizava a concepção de que a verdadeira revolução na metodologia da geografia moderna só chega a partir da crítica radical:

> "Surge destas contradições societais [desigualdades, ação do capitalismo monopolista, segregação espa-

cial] uma ciência radical, que procura explicar não somente o que está acontecendo, mas também prescreve uma mudança revolucionária".[2]

Posicionando-se simultaneamente contra a geografia tradicional e a geografia dita quantitativa, os radicais pretendiam fundar uma nova ciência, que devia estar de acordo com as bases de uma nova sociedade: "A ciência radical é, pois, o agente consciente da mudança política revolucionária".[3] Os argumentos, a exemplo do que havia feito a corrente analítica, utilizavam também a idéia de defasagem e de insuficiência. Para os radicais, no entanto, a idéia principal era a de crise. Crise do capitalismo, crise política, crise da ciência política, do positivismo. Como vimos anteriormente, a idéia de crise tornou-se uma imagem-força da modernidade que, em seu nome, legitima a adoção do "novo", para substituir o que é então considerado como superado e em choque com os novos tempos.

Encontra-se, aqui, uma estrutura similar àquela do discurso dos "quantitativistas". Há de imediato uma crítica à velha geografia, ou geografia tradicional, seguida da crítica à geografia analítica, para, enfim, introduzir o projeto de uma nova ciência, que irá finalmente dissolver toda a inadequação, a defasagem e as dicotomias, para fundar uma nova geografia. Sob esta nova forma, a objetividade possui uma natureza diferente daquela estabelecida pela ciência positivista, e só através dela se poderá, por assim dizer, revelar a estrutura da realidade última. Neste sentido, a revolução radical, assim como a precedente, pensou em produzir um método de análise infalível, rigoroso e preciso. Ela também reclamava uma posição científica fundada sobre um conhecimento objetivo, sem os obstáculos ideológicos conser-

---

[2] PEET (R.), "Introduction", *Radical Geography: Alternative viewpoints on contemporary social issues, op. cit.*, p. 1.

[3] PEET (R.), "Introduction", *Radical Geography: Alternative viewpoints on contemporary social issues, op. cit.*, p. 7.

vados pela geografia analítica. Tratava-se, portanto, de um saber a serviço de uma transformação social, e não mais de um saber visando manter as estruturas sociais. As categorias de análise utilizadas eram igualmente formais e abstratas, à diferença de que partiam de situações históricas concretas, e não de premissas e pressupostos ideais. Enfim, tal corrente acredita estar fundada sobre o conhecimento da essência dos fatos, e não das suas aparências.

As ligações deste horizonte crítico com o materialismo histórico e dialético, seja pela utilização direta de suas categorias analíticas, seja pela valorização de um discurso político engajado na ciência, são razões para que se examinem algumas características desta doutrina, para melhor perceber o desenvolvimento da crítica radical na geografia.

O discurso científico do marxismo

A obra de Marx, examinada com o distanciamento necessário, é sem dúvida inspirada pela idéia de ciência que caracterizou o séc. XIX e, por isso, considerada por muitos como o último grande sistema filósófico do Iluminismo. Segundo, por exemplo, Domenbach, "na medida em que ele [o capitalismo] necessita de uma doutrina, ousarei dizer que foi Marx que o forneceu: otimismo racionalista, mística da produção, confiança nos dons inesgotáveis da natureza. (...) Tudo isto coroado pela utopia do fim da história, este momento maravilhoso no qual o pleno emprego das forças humanas colocará fim às condições limitadas das formas precárias de produção".[4] Este sistema global de explicação da realidade deveria ser capaz de compreender a totalidade dos problemas sociais. Seus elementos essenciais estão ligados à produção da vida material ou ao plano econômico *lato sensu*, pois as con-

---

[4] DOMENBACH (Jean-Marie), *Enquête sur les idées contemporaines*, Seuil, Paris, 1987, p. 29.

dições desta produção são a base de toda estrutura social e organização humana. A perspectiva de Marx é produzir um saber objetivo e racional, objetivo, pois representa a observação do real/histórico; racional, pois é guiado por demonstrações e deduções lógicas, rigorosas e necessárias.

"A produção em geral é uma abstração, mas uma abstração racional, na medida em que sublinha e precisa efetivamente os traços comuns, evitando assim, para nós, a repetição. No entanto, este universal ou este caráter comum, isolado por comparação, é ele mesmo um conjunto articulado complexo no qual os membros divergem para se revestir de determinações diferentes. Alguns destes elementos pertencem a todas as épocas, outros são comuns somente a algumas. Algumas determinações serão comuns à época mais moderna e à mais antiga. Mas, se é verdade que as línguas mais evoluídas têm em comum com as menos evoluídas certas leis e determinações, é precisamente o que constitui sua evolução o que as diferencia destes caracteres gerais e comuns".[5]

O materialismo histórico e dialético é o método que permite a passagem da imagem caótica do real para uma estrutura racional, organizada e operacionalizada em um sistema de pensamento. A primeira etapa deste método é, pois, a busca dos elementos essenciais comuns que estruturam o real: "O leitor que quiser me seguir deverá se decidir a elevar-se do singular ao geral".[6] A tradição da filosofia alemã costumava, na observação do real, centrar seu interesse no domínio do fenomenológico,

---

[5] MARX (Karl), *Contribution à la critique de l'économie politique*, Paris, ed. Sociales, 1977, p. 151.

[6] MARX (Karl), Prefácio à *Contribution à la critique de l'économie politique*, Paris, ed. Sociales, 1977, p. 1.

281

ou seja, daquilo que "aparece". A perspectiva marxista encontra no método materialista-histórico o instrumento capaz de projetar a percepção para além do fenomenológico, fazendo sobressair as verdadeiras essências escondidas atrás das aparências. A realidade última é, portanto, revelada por intermédio da razão, que reconhece, no movimento caótico da sociedade, os fatores fundamentais de sua organização e de seu desenvolvimento, ou, nas palavras do próprio Marx: "Reconhecer, para além das aparências, a essência e a estrutura internas".[7]

Marx introduz a noção de uma razão histórica, materialmente determinada, em oposição à concepção do idealismo que definia o real como um produto da razão absoluta. Desta maneira, o marxismo afirma que o sujeito do conhecimento, historicamente determinado e contextualizado socialmente, é capaz de ser apreendido pela ciência a partir das categorias essenciais que o envolvem: a produção, a reprodução, o consumo, a troca, a propriedade, o Estado, o mercado e as classes sociais. Estas categorias são concebidas a partir de um raciocínio que desenvolve uma cadeia de determinações entre elas. Desta maneira, a produção determina a troca que, por sua vez, é determinada pelo mercado; este último é o princípio de determinação da divisão do trabalho, que dá a base à produção: "Uma produção determinada determina, portanto, um consumo, uma distribuição, uma troca determinada, as relações determinadas que estes diferentes momentos possuem entre si".[8] Estas categorias abstratas realizam, portanto, um percurso de determinações que torna possível o estabelecimento de relações necessárias entre os diversos fenômenos recolocados dentro de um verdadeiro sistema.

A finalidade desta conduta é compreender a sociedade em seus aspectos fundamentais, suas determinações, leis e regras de

---

[7] MONLEON (Jacques de), *Marx et Aristote — Perspectives sur l'homme*, FAC ed., Paris, 1984, p. 20.

[8] MARX (Karl), *Contribution à la critique de l'économie politique, op. cit.*, p. 165.

evolução. Para chegar aí, é preciso reconhecer historicamente o desenvolvimento destas categorias em diversos momentos e estabelecer o sentido e a direção de sua evolução: "É manifestamente este último método que é correto do ponto de vista científico".[9]

No plano teórico, a ciência inspirada no marxismo busca as determinações atuantes sobre os elementos, ou, em outras palavras, as regras do movimento geral do sistema social: a lei da acumulação, a lei da composição orgânica do capital, a lei dos rendimentos decrescentes, as leis da renda diferencial, etc., e, através delas, podem ser gerados modelos abstratos prospectivos. A base do sistema materialista-histórico é dada pelas regras que determinam o tipo de relação de produção frente ao desenvolvimento das forças produtivas; estes dois elementos são os termos fundamentais que definem um modo de produção e, ao mesmo tempo, constituem a causa da transformação dialética. Desta maneira, a concepção do progresso social na teoria marxista reforça a idéia do mito da modernidade. A sociedade se transforma, segundo o marxismo, por momentos de crise, de lapso entre as relações de produção antigas em concorrência com novas forças produtivas. Trata-se também de uma dinâmica que acentua as rupturas e a progressão inexorável do novo sobre o antigo. O marxismo é essencialmente moderno também na medida em que faz apelo a um método moderno, base da legitimidade de seu sistema explicativo; um sistema lógico, racional, fundado em determinações objetivas.

No plano prático, a perspectiva marxista define uma nova atitude do cientista em sua relação com a sociedade, sempre crítico e pronto a denunciar as armadilhas ideológicas montadas pelo saber comprometido com o *status quo*. A prática científica deve favorecer a ligação entre o saber e a transformação social.

---

[9] MARX (Karl), *Contribution à la critique de l'économie politique*, op. cit., p. 166.

Contudo, exatamente como em A. Comte, a ciência para Marx se torna o único meio positivo de instituir a verdade e deve servir àqueles que querem agir na sociedade. A denominação "socialismo científico", reivindicada pelo próprio Marx, exprime, aliás, a diferença fundamental entre sua concepção racional, lógica e metódica, e as outras utopias socialistas, que são apenas fruto da pura imaginação. Em suma, o modelo epistemológico do marxismo obedece, sem dúvida, aos princípios normativos advindos de uma racionalidade estrita, e pretende intervir na realidade ungido da legitimidade conferida por seu método objetivo e geral.

No fim dos anos sessenta e durante toda a década de setenta, o marxismo exerceu uma forte influência sobre as ciências sociais. De fato, esta influência se fez em dois níveis. De um lado, impôs uma retificação do trabalho acadêmico para enquadrá-lo em uma visão mais ampla e consciente do contexto político da ciência e da sociedade. O marxismo foi, assim, o instrumento de discussões sobre a responsabilidade social dos pesquisadores e a apropriação do trabalho científico. De outro lado, a doutrina marxista deu a possibilidade às ciências sociais de desenvolverem modelos teóricos deterministas inteiramente concebidos na esfera do domínio social, isto é, independentes dos modelos das ciências naturais, que até então eram os únicos a propor modelos verdadeiramente racionalistas e objetivos.

Estas duas características, a definição de um novo papel político do saber e a formulação de um modelo nomotético para as ciências sociais, são os traços mais fortes do discurso de todos os críticos radicais da geografia. Todavia, ainda que a geografia radical se distinga por uma perspectiva efetivamente geral comum, nota-se em seu interior uma diferenciação importante. De um lado, um grupo de geógrafos, sobretudo franceses, trabalhou para reavaliar o peso das tradições geográficas e impor um novo ponto de vista sobre o uso político do espaço. De outro lado, a crítica radical abertamente inspirada do marxismo, muito desenvolvida nos Estados Unidos, se conferiu como tarefa fundamental adaptar os instrumentos desta doutrina à análise espacial.

A geografia radical e o uso político do espaço

A revista *Hérodote*, lançada por Yves Lacoste, em 1976, constitui o símbolo e o instrumento da difusão do pensamento crítico na França.[10] Desde o seu primeiro número, um artigo central apontava a crise da geografia tradicional, enquanto, simultaneamente, Lacoste publicava seu livro-chave, que se tornou uma pedra angular na constituição da corrente radical.[11] Não é nossa proposta nos demorarmos, aqui, na obra de Yves Lacoste; reteremos dela apenas alguns pontos. O primeiro diz respeito à estrutura da exposição de seus argumentos, que segue uma via similar à utilizada nos textos que apresentavam a Nova Geografia. O segundo se reporta à busca de uma nova legitimidade para a pesquisa geográfica a partir de novos parâmetros, definidos no projeto científico desta tendência radical.

Lacoste inicia seu texto pela crítica à geografia tradicional, aquela que ele identifica como sendo a geografia dos professores. Seu caráter ultrapassado e deficiente, já sublinhado pelos geógrafos da Nova Geografia, é interpretado por Lacoste como a face ideológica oculta deste saber tradicional. Em outros termos, onde a Nova Geografia denunciava apenas uma defasagem histórica e uma incompetência científica, a geografia radical acrescentou uma nova dimensão que ressalta sua operacionalidade política, sua incontestável funcionalidade. A geografia tradicional deixa de ser compreendida como uma etapa ultrapassada do progresso da geografia, para ser vista segundo sua utilida-

---

[10] A revista *Hérodote* é descendente da publicação *Antipode*, que apareceu em 1969 e fez nascer a corrente radical nos Estados Unidos.

[11] "Attention: géographie!", *in Hérodote*, Editorial, n.º 1, jan. 1976, e LACOSTE (Yves), *La géographie ça sert d'abord à faire la guerre*, Maspero, Paris, 1976.

de ideológica.[12] A passagem para o "moderno", segundo Yves Lacoste, não se reduz ao caráter teórico-metodológico, mas integra um novo elemento, fundamental, a natureza política inerente à reflexão espacial.

O argumento da utilidade ideológica é também utilizado por Lacoste para criticar a Nova Geografia, que se apresenta ideologicamente como um discurso científico puro e neutro (tecnocrático). A crítica desta escola não ocupa, no entanto, um lugar de destaque na reflexão de Yves Lacoste, pois a influência da corrente analítica no meio universitário francês foi bastante reduzida. Assim, o essencial da crítica de Lacoste diz respeito à escola francesa de geografia.

Vidal de la Blache foi um dos alvos favoritos da revista *Hérodote,* pois era acusado de haver imposto uma despolitização da geografia em nome de uma falsa cientificidade. A escola vidaliana, segundo Lacoste, privilegiava os fatos imutáveis, excluindo de sua análise as mudanças mais recentes, e mais ainda as relações sociais e de produção. A geografia regional, vista pela escola vidaliana como a geografia por excelência, torna-se, segundo Lacoste, um obstáculo no sentido epistemológico de Bachelard. O conceito de região limita a extensão da reflexão a uma única escala, apagando o papel do capitalismo como a força fundamental da organização do espaço. A crítica de Lacoste a geografia tradicional é, neste sentido, muito mais radical do que a da corrente analítica. A geografia da escola francesa é acusada de ser um saber essencialmente ideológico e deveria, por este motivo, ser rejeitada em bloco.

Por que e para que serve a geografia? Tal era a questão fundamental da geografia crítica na França. A resposta gira em

---

[12] "A crítica que eu fazia do discurso tradicional dos geógrafos era, de fato, o meio de mostrar a utilidade fundamental de verdadeiros raciocínios geográficos, não somente para os militares, mas também para o conjunto dos cidadãos, sobretudo quando eles devem se defender" LACOSTE (Yves), *La géographie ça sert d'abord à faire la guerre,* prefácio à segunda edição, 1982.

torno de duplos termos: aparência e essência, ideologia e prática, geografia dos professores e dos estados-maiores.

De fato, a partir dos anos setenta, a preocupação com o viés político começa a se inscrever mais profundamente no campo de pesquisas geográfico, após um relativo domínio da economia. A geografia radical anglo-saxã, talvez pela aceitação quase irrestrita do marxismo, valoriza num primeiro momento a questão econômica, antes de verdadeiramente penetrar no terreno da análise política, enquanto os geógrafos franceses, talvez por influência do movimento de maio de 68, se lançam neste terreno desde o começo.

Assim, em relação ao marxismo, Lacoste mantém uma posição fortemente ambígua. Ele afirma textualmente que a dimensão espacial nunca foi central na reflexão marxista clássica, tendendo mesmo a desaparecer nos textos mais tardios de Marx. Ele afirma, também, que a análise marxista na geografia corre o risco de supervalorizar a História ou a economia política. A geografia perde, assim, sua capacidade explicativa, quando apela para o marxismo, podendo somente trabalhar com uma causalidade histórica e econômica. Da mesma forma, a incapacidade explicativa da geografia a obriga a recorrer ao instrumento marxista, o que tende paradoxalmente a reforçar a conduta metodológica tradicional vidaliana. Desta maneira, ela não é mais capaz de questionar os bloqueios específicos do discurso geográfico tradicional, mantendo silêncio sobre as questões políticas/espaciais fundamentais. Este comentário se dirigia especialmente ao grupo de geógrafos franceses, capitaneados por Pierre Georges que, embora fossem politicamente filiados ao marxismo, não teriam obtido êxito em renovar metodologicamente a geografia tradicional, segundo Lacoste.

Contudo, a ambigüidade do discurso de Lacoste aparece na medida em que ele também apela para certas categorias e clivagens clássicas da análise marxista. É o caso, por exemplo, do conceito de ideologia definido como falsa consciência, que está na base da crítica de Lacoste à escola francesa de geografia.

Inúmeros outros exemplos podem ser também encontrados em sua obra, como, por exemplo: lutas sociais, crise do sistema capitalista, crise dialética do desenvolvimento histórico, práxis libertária etc.

De fato, parece que Lacoste, sem se afastar completamente da grade de análise marxista, tenta revalorizar a preocupação espacial. Quando se refere ao imperialismo ou às táticas de guerrilhas, ele destaca a importância da análise espacial como um elemento fundamental para a compreensão destes fatos. Saber pensar e combater no espaço, segundo os termos do próprio Lacoste, corresponde, ao que parece, a reconhecer a veracidade das proposições marxistas. Em suma, se o marxismo está tradicionalmente ligado a uma perspectiva explicativa política e histórica, a geografia deve, por sua parte, possuir seu próprio modelo de interpretação, sem, no entanto, romper com o sistema explicativo do marxismo.

Uma das formas explicativas mais importantes da geografia, segundo esta orientação, é a geopolítica. Segundo ele, a disciplina geográfica constituiu-se fundamentalmente em torno da temática geopolítica e, durante todo o séc. XIX, a orientação militar foi predominante, como testemunham os engenheiros-geógrafos de Napoleão I. A geopolítica já estava presente em Humboldt, que tinha até mesmo escrito um tratado a este respeito, da mesma forma que nas obras de Ratzel e Reclus.

O radicalismo francês, tal qual a corrente analítica, foi buscar no passado da geografia as raízes que pudessem corroborar seu ponto de vista atual. A obra de Elisée Reclus foi reapropriada pelos geógrafos radicais como sendo um exemplo de ciência geográfica militante e consciente de seu papel social. Numerosos artigos abordaram a obra, porém muito mais a ação política de Reclus, e a ele foram consagrados alguns livros.[13]

---

[13] Ver número especial da revista *Hérodote*, consagrado a "Elisée Reclus. Un géographe libertaire", n.º 22, jul./set., 1981; GIBLIN (Béatrice), *Elisée Reclus. Pour une géographie*, tese apresentada na Universidade de Paris/Vincennes,

Desta forma, uma vez mais, a legitimidade foi buscada no passado, mostrando que as tradições esquecidas são o símbolo da permanência de uma luta epistemológica. A dinâmica renovada destes "padrinhos" nos faz, sem dúvida alguma, pensar na estrutura de todas as revoluções políticas que criam seus "mártires" e que, em seu nome, exigem reparação. Aliás, a crítica definitiva do pai fundador da geografia clássica, Vidal de La Blache, impunha, sem dúvida, a busca de uma paternidade alternativa.

Em seu posfácio à edição de 1982, Lacoste reexamina suas posições críticas em relação a Vidal de la Blache. Ele afirma que a supervalorização do autor do *Tableau* o fez esquecer que o mesmo homem havia escrito *La France de l'Est*, verdadeiro tratado de geopolítica. De fato, segundo esta nova versão de Lacoste, o bloqueio do viés político na geografia foi obra nefasta dos historiadores, e principalmente de Lucien Fèbvre. Este último, após a morte de Vidal, encerrou a pesquisa geográfica em seu quadro mais estreito, constituindo-se no intérprete da metodologia vidaliana. Seu objetivo era reservar as preocupações políticas e econômicas para a História, que, neste momento, alargava seu campo de pesquisa.[14]

Assim, a reaparição da geopolítica, que sobretudo desde a Segunda Guerra mundial havia sido banida pelos geógrafos, significaria uma reabilitação do campo original da geografia e, através dela, os geógrafos alcançariam de novo a dimensão esquecida da análise política.

Enfim, convém examinar o novo patamar de cientificidade buscado por esta corrente de pensamento. Um primeiro ponto importante é reconhecer que, a despeito de toda a carga crítica em relação à ciência positivista, os geógrafos radicais não re-

---

1971, e "Elisée Reclus: géographie, anarchisme", *Hérodote*, n° 2, 1976, pp. 30-49; e DUNBAR (G. S.), *Elisée Reclus, historian of nature*, Hamden, Connecticut, 1978; SARRAZIN (H.), *Elisée Reclus ou la passion du monde*, La Découverte, Paris, 1985.

[14] Este ponto de vista se encontra também em DOSSE (F.), *L'Histoire en miettes*, La Découverte, Paris, 1987.

nunciaram aos preceitos racionalistas de um saber afirmativo e metódico.[15] Ao contrário, ao denunciar a ciência burguesa como ideológica, o radicalismo pretendia justamente oferecer a possibilidade de um saber mais objetivo, justo e sem máscaras.

Em diversas ocasiões, Lacoste acusa a geografia de ter negligenciado todas as discussões epistemológicas, mas o que ele identifica como uma questão epistemológica assemelha-se mais freqüentemente a uma preocupação deontológica, que destaca a finalidade e o uso do saber geográfico. É neste sentido, por exemplo, que ele critica a dificuldade de divulgar um saber advindo dos estudos de grupos sociais, os quais servem, antes de mais nada, ao exercício do poder daqueles que encomendam estes estudos. Os geógrafos têm o dever de ensinar a pensar o espaço da mesma maneira que os geopolíticos/tecnocratas o fazem. Esta questão se inscreve diretamente na esfera da ética profissional, pois não se trata aí de um desconhecimento, ou de uma verdadeira "carência epistemológica", mas sim de uma "cortina de fumaça" lançada sobre a virtualidade política da análise espacial. Esta análise do espaço, quando não encontra uma rede de comunicação efetiva, torna-se um poder principalmente para os poderosos, preservando as estruturas existentes. A única solução, segundo Yves Lacoste, é inscrever a atitude analítica da geografia em uma prática militante.

Uma nova ciência não pode ser definida somente em termos teóricos na concepção de Lacoste; a prática geográfica é também um elemento primeiro do problema epistemológico. Poder-se-ia dizer que uma revolução científica não se configura somente pela substituição de parâmetros, uma revolução epistemológica deve se desenvolver em consonância com a sociedade. A nova geografia proposta por Lacoste é, ao mesmo tempo, um saber sem disfarce e uma pedagogia militante.

---

[15] Lacoste reconhece, no posfácio à edição de 1982, seu ponto de vista "cientificista", fundamental na época da redação de seu livro. LACOSTE (Yves), posfácio à edição de 1982, *La géographie ça sert d'abord à faire la guerre*, *op. cit.*, p. 1.

Em resumo, o esforço epistemológico de Lacoste repousa sobre uma relação estreita entre espaço e poder político, através de elementos didáticos como a análise de mapas e a consideração dos fenômenos em diferentes escalas. O valor de verdade, segundo a proposição de Lacoste, é função da interação entre a prática científica e a transformação social.

A corrente radical marxista

Esta corrente possui características análogas à precedente. Os geógrafos radicais marxistas, em grande parte de origem anglo-saxã, também fizeram a dupla crítica da geografia tradicional e da Nova Geografia. Eles consideraram igualmente que o saber geográfico produzido anteriormente era fortemente influenciado pela ideologia dominante e se tratava de um saber estratégico manipulado pelos detentores do poder. Assim como o radicalismo francês, a corrente anglo-saxã acreditava que uma revolução científica deveria ser definida por uma nova prática dos geógrafos, resultado de um compromisso social do saber.[16] A grande diferença é a aceitação, pela maior parte dos geógrafos desta corrente, do marxismo como base do estabelecimento desta nova ciência.[17] Esta aceitação introduz elementos sensivelmente diferentes daqueles que constituíam a crítica francesa.

O discurso de Marx e o de seus mais próximos colaboradores são tomados como os textos fundadores desta Nova Geografia. Um bom número de geógrafos investigou minuciosamente

---

[16] O percurso de W. Bunge é, neste sentido, exemplar. Ver RACINE (J. B.), "De la géographie théorique à la révolution: Willian Bunge. L'histoire des tribulations d'un explorateur des continents et des îles d'urbanité, devenu "taxi driver", *Hérodote*, nº 4, 1976, pp. 79-90.

[17] Neste ponto, Bunge figura como exceção, pois acredita que o marxismo produz também uma "redução ideológica" prejudicial à ciência radical. BUNGE (W.), "Perspectives on theoretical Geography", *AAAG*, 1979, nº 69, pp. 169-174, p. 171.

O capital, A crítica da economia política e *A ideologia alemã,* para daí retirar a matéria fundamental da pesquisa geográfica. De um lado, este procedimento conduziu a uma certa redefinição do vocabulário geográfico à luz do discurso marxista; de outro, induziu uma nova abordagem dos problemas tradicionais da geografia, que devia seguir os cortes e o tratamento apresentados nos textos fundamentais do marxismo.

A geografia radical, sob a influência direta do marxismo, propõe um novo modelo de análise espacial que pretende, ao mesmo tempo, ser rigorosamente científico e revolucionário. A construção desta nova geografia segue um caminho semelhante àquele da geografia quantitativa: isto é, em um primeiro momento singulariza-se ao lançar um olhar crítico sobre as correntes que a precederam, e depois, em um segundo momento, estabelece as bases do que deve ser o "verdadeiro" conhecimento geográfico, fundado sobre uma superioridade metodológica:

> "Para os geógrafos marxistas a combinação da perspectiva materialista e do método dialético permite o desenvolvimento de uma teoria não-ideológica; isto é, o materialismo dialético, a base filosófica de uma ciência social verdadeiramente *científica*".[18]

Novamente, a geografia clássica é revisitada criticamente. Segundo Rodolphe De Koninck , o modelo descritivo inspirado por Vidal de La Blache supõe noções de harmonia, de equilíbrio e de evolução estável que servem para dissolver toda explicação em uma espécie de "naturalização" dos processos sociais.[19] As críticas são também dirigidas contra a concepção de Hartshorne, da geografia como sendo uma "ciência-método", defini-

---

[18] PEET (R.), "Introduction", *Radical Geography: Alternative viewpoints on contemporary social issues, op. cit.*, p. 19.

[19] DE KONINCK (R.) "Contre l'idéalisme en géographie", *Cahiers de géographie du Québec*, XXII, 56, pp. 123-145.

da por um ponto de vista particular. Este método, segundo De Koninck, era concebido pela maioria dos geógrafos como uma arte, a arte da descrição, e as monografias eram os objetos onde os geógrafos exerciam seus talentos artísticos literários. Esta perspectiva empobrecedora teria se imposto como a dominante até o advento das críticas modernas, nos anos sessenta. Mesmo Jean Brunhes e Maximilien Sorre, que estavam, no entanto, entre os mais "objetivos" geógrafos da escola francesa, foram objeto de críticas severas, que os acusavam de praticar um idealismo primário em oposição à superioridade da perspectiva marxista. No mesmo sentido, Damette e Schleibling consideram que foi esta "tradição ateórica" e empirista da geografia clássica que conseguiu impedir a difusão progressiva do marxismo na geografia, no curso dos anos sessenta.[20]

A geografia tradicional era, assim, vista como uma ciência reacionária que pretendia afirmar a natureza imutável das relações entre o homem e a Terra. Ela as reduzia aos aspectos naturais mais primários, tentando construir uma ordem ideal sem nenhuma relação com as condições históricas e materiais da sociedade. Por este procedimento, a geografia teria se afastado da busca de leis, capazes de transcender o nível da pesquisa preliminar. O simples estudo de casos ocupou um lugar central na pesquisa tradicional, sem colocar jamais em dúvida o caráter reacionário e limitado deste tipo de saber. Todos estes aspectos definem o saber geográfico tradicional, no mesmo sentido em que Gramsci define a cultura tradicional em oposição à cultura orgânica.

Ainda segundo De Koninck, a crítica moderna, pela via da Nova Geografia, investiu contra o tradicionalismo, sem, no entanto, alcançar os pontos fundamentais, o que teria contribuído para o seu envelhecimento precoce. Ela pretendia ir além da descrição, rumo a uma verdadeira explicação científica, mas,

---

[20] DAMETTE (F.) e SCHEIBLING (J.), "Vingt ans après: La géographie et sa crise ont la vie dure", *op. cit.*, p. 25.

segundo estes geógrafos radicais, caiu na mesma armadilha de um saber não suficientemente crítico, que é objeto da manipulação pelo poder hegemônico. O sucesso dos instrumentos quantitativos não foi acompanhado de uma explicação satisfatória e, segundo a já célebre fórmula, a geografia media parcialmente ou com parcialidade os fatos sociais.

Os geógrafos da Nova Geografia teriam, com efeito, avançado muito em relação à perspectiva tradicional, quando comparados com os "artistas das monografias", segundo os críticos radicais. Todavia, a natureza da explicação permaneceu simplista e fatalista como na corrente clássica. Simplista, pois a explicação sempre apela para idéias mecanicistas, como a da difusão espacial; e fatalista, pois os resultados da pesquisa são sempre apresentados como advindos de um inevitável processo social. Ainda que estes geógrafos ditos "modernos" se interessem efetivamente por temas contemporâneos, eles são, contudo, incapazes de refletir sobre as questões de base dos problemas sociais dos novos tempos. Desta maneira, em lugar de buscar a origem da diferenciação espacial, estes geógrafos, através de seus trabalhos, cooperavam na manutenção das desigualdades e contribuíam simultaneamente para a manutenção de uma ciência defasada e distante dos reais problemas da sociedade.

A Nova Geografia, que se apresentou como uma corrente pragmática e objetiva, possuía para os críticos radicais, por seu caráter ideológico, fortes analogias com a geografia colonial do início do século.[21] Estas abordagens privilegiaram uma descrição minuciosa e uma explicação naturalista, sem que houvesse uma verdadeira preocupação de explicação das estruturas sociais e em que as relações de produção estão sempre ausentes.

---

[21] DE KONINCK (R.), "Contre l'idéalisme en géographie", *Cahiers de géographie du Québec, op. cit.*, p. 129. Para Peet, eles são "os novos liberais". PEET (R.), "The Devent of Radical Geography in the United States", *in Radical Geography: Alternative viewpoints on contemporary social issues, op. cit.*, pp. 20-21.

Segundo Lévy: "Seria, no mínimo, prematuro pretender que a velha dama seja emancipada de repente da *tradição* e que se ponha a marchar com um só movimento. O empirismo, o naturalismo não estão mortos, e as legiões de concursados continuam a encher e a esvaziar as sutis, mas fossilizadas gavetas da explicação de mapa". [22]

Em suma, se a geografia tradicional, assim como a geografia quantitativa sofriam dos mesmos males e limites, a verdadeira revolução do conhecimento geográfico só poderia vir da corrente radical.

"Quando a geografia começou a se observar com o mínimo de distanciamento, percebeu que as fundações que legitimavam sua existência eram extremamente frágeis. Este foi o ponto de partida de uma conduta crítica tão radical quanto nova". [23]

O combate e a defasagem entre a geografia, dita tradicional, e a modernidade são sempre enfatizados nos textos que apresentam a perspectiva radical. Pergunta-se, por exemplo, se a geografia está pronta para intervir no mundo atual, utilizando um instrumental clássico, ultrapassado e tradicional. A resposta é que a condição de realização de uma geografia científica, moderna (técnica e socialmente) e ideologicamente justa é o recurso à utilização de categorias e conceitos inspirados diretamente no marxismo.[24] Segundo Lévy, por exemplo, a evolução da geografia

---

[22] LÉVY (J.), "Des lieux et des hommes: un nouveau départ pour la géographie", *op. cit.*, p. 43 (grifo nosso).

[23] LÉVY (J.), "Des lieux et des hommes: un nouveau départ pour la géographie", *op. cit.*, p. 30.

[24] PEET (R.) ,"The Development of Radical Geography in the United States", *in Radical Geography: Alternative, viewpoints on contemporary social issues, op. cit.*, pp. 16-17, e SMITH (N.), "Geography, Science and Post-Positivism Modes of Explanation", *Progress in Human Geography*, n° 33, 1979, pp. 356-383.

clássica em direção à Nova Geografia se fez sem grandes ruptu-ras. A crise da geografia atual só será, portanto, superada quando uma nova delimitação das exigências "de uma racionalidade moderna na abordagem científica da sociedade" for elaborada. Ele acrescenta, em seguida, que, "a menos que se dê provas de um antimarxismo dogmático, reconhecer-se-á de bom grado, a partir de então, as contribuições fundamentais dos trabalhos de Marx e de Engels sobre um certo número de pontos-chave. (...) Seguindo uma conduta que nos parece ainda hoje bastante moderna, eles produziram modelos suficientemente simples para serem enriquecidos, corrigidos e criticados".[25]

A utilização do conceito de "modo de produção" aparece, então, como o meio que permitiria afastar todo idealismo da análise geográfica. A geografia contribuiria para a compreensão das condições materiais da existência social e, portanto, da constituição de um modo de produção, levando em considera-ção a divisão territorial do trabalho. Finalmente, o reconheci-mento da função ideológica e estratégica inerente ao saber geo-gráfico criaria uma nova prática social e epistemológica. Tendo em conta estes três pontos, o marxismo aparecia como o único campo teórico capaz de dar respostas satisfatórias às novas demandas científicas e sociais. Em oposição à ciência nomotéti-ca, que buscava leis de tendência reducionista, e à geografia tra-dicional clássica, sempre ligada ao estudo do único, a geografia radical propõe uma rede analítica capaz de tecer uma "verdadei-ra aproximação global". Assim, a "nova modernidade" da geo-grafia inspirada pelo marxismo era apresentada como um tercei-ro termo que ultrapassaria as dualidades fundamentais da ciên-cia na modernidade: "O idiográfico contra o nomotético, o her-menêutico contra o explicativo, o literário contra o exato e,

---

[25] LÉVY (J.), "Des lieux et des hommes: un nouveau départ pour la géogra-phie", *op. cit.*, pp. 37-38 (grifo nosso).

finalmente, presente envenenado, a liberdade contra a necessidade: toda esta 'filosofia das ciências humanas' envelheceu".[26]

No quadro da análise marxista, o espaço deve ser considerado como um produto social, isto é, ele só pode ser explicado recorrendo aos aspectos fundamentais que organizam a sociedade. Para o marxismo, estes aspectos são, como vimos precedentemente, as relações de produção e as forças produtivas que compõem o modo de produção. A primeira questão que se impõe aos geógrafos que trabalham sob esta influência é saber se o espaço, enquanto produto social, possui uma verdadeira influência; mais ainda, se é um termo fundador do desenvolvimento da sociedade. A aceitação de um materialismo dialético supõe que o espaço tem um papel tão ativo quanto os outros elementos das esferas da produção e da reprodução social. A geografia radical apela, assim, para o conceito de espaço social, a fim de traduzir aí a idéia de dinâmica social inscrita em um espaço que é, ao mesmo tempo, reprodutor de desigualdades e a condição de sua superação, o reflexo de uma ordem e um dos meios possíveis para transformar esta mesma ordem; enfim, o espaço faz parte da dialética social que o funda.[27] O que é, no entanto, fundamental para a geografia é o estatuto de independência ou de especificidade dos fenômenos espaciais em relação à análise da sociedade tal como é concebida no sistema marxista. Em outros termos, a questão é saber se a geografia pode existir como ciência do espaço com autonomia, ou se ela deverá se curvar às determinações sociológicas e à causalidade histórica. Esta questão suscitou grandes debates na geografia no fim dos anos setenta.[28] Aqueles

---

[26] LÉVY (J.), "Des lieux et des hommes: un nouveau départ pour la géographie", *op. cit.*, p. 37.

[27] A revista *Espace Temps*, criada em 1975, foi uma das porta-vozes desta concepção do espaço social. Ver, por exemplo, PFERTZEL (J. P.), "Marx et l'espace. De l'éxegèse à la théorie", *Espace Temps*, 1981, n.º 18/19/20, pp. 65-77, p. 70.

[28] Ver CLAVAL (P.), "Le marxisme et l'espace", e COLLECTIF DES CHERCHEURS DE BORDEAUX, "A propos de l'article de P. Claval, "Le marxisme et l'espace", *L'espace Géographique*, n.º 3, 1977, pp. 145-164 e 165-177.

que pretendiam ver na utilização do instrumental marxista o abandono da análise espacial foram chamados de "espaciologistas". Os argumentos que defendiam a pertinência da análise marxista para a geografia retornavam sempre à demonstração da dependência do espaço, pois se julgava que o espaço recebia, a cada momento, sua significação concreta a partir dos elementos da produção de um grupo social dado. Assim, destaca-se a preocupação espacial na produção mercantil, na divisão do trabalho, nos preços da produção ou nas taxas de lucro, sem, no entanto, retirar daí uma verdadeira teoria espacial capaz de dar uma autonomia epistemológica à geografia.

De fato, a geografia radical marxista trouxe uma verdadeira contribuição para a análise espacial, acentuando problemas que tinham permanecido estranhos até então, mas, sem chegar a recolocar o objeto da geografia dentro de uma teoria de fato, a crítica radical foi se voltando gradualmente para o tratamento de questões relativas à economia espacial e à geopolítica.

As novas perspectivas da análise marxista

A partir dos anos oitenta, a influência do marxismo na geografia, principalmente anglo-saxã, apresentou novos aspectos e a crítica radical tomou outras direções. Podemos identificar dois períodos principais neste percurso. O primeiro toma o marxismo *ipsis litteris* e tende a ver uma predominância dos fatores econômicos na organização da vida social e do espaço. A categoria "modo de produção" e as formas concretas que estão associadas a ela, "as formações sócio-econômicas", foram freqüentemente assimiladas às formas de organização espacial: "O agente que utiliza, constitui, organiza e transforma o território é a formação social. Uma formação social só pode se constituir em relação a um território e há um processo histórico único de composição da formação social e de seu território".[29] A geografia radical recorreu freqüentemente a este conceito, notadamente para redefinir a noção de região.[30] No capitalismo avançado, no entanto, segundo a análise clássica do marxismo, haveria uma generalização das relações de produção tipicamente capitalista, desencadeando uma perda de "rugosidade" do espaço, que tenderia então a homogeneizar-se. Como se trata de uma análise que confere a primazia aos fatores econômicos, todas as diferenças possíveis do espaço físico se diluem na análise econômico-social. Esta última torna-se a tal ponto predominante no processo explicativo, que o próprio objeto da geografia, o espaço, torna-se um elemento secundário.

As análises urbanas voltam-se resolutamente para uma concepção que dá prioridade aos conflitos cidade/campo, nos quais o urbano tem um papel dominante. Este modelo não se aplica, todavia, muito bem à realidade de diversos países, onde o controle do aparelho do Estado e das principais atividades econômicas é exercido por oligarquias rurais, dentro de uma estrutura totalmente capitalista. Além disso, na teoria marxista clássica, a predominância urbana resulta da hegemonia do capital industrial no processo de acumulação. Contudo, a partir dos anos setenta, a hegemonia é antes exercida pelo capital financeiro, que induz a uma nova dinâmica espacial, com uma flexibilidade, uma rapidez e uma mobilidade espacial desconhecidas da teoria marxista tradicional.

O período que se seguiu tentou ultrapassar estas insuficiências analíticas. Compreendeu-se que a teoria marxista clássica se aplicava ao desenvolvimento do capitalismo do séc. XIX

---

[29] DAMETTE (F.) e SCHEIBLING (J.), "Vingt ans après: La géographie et sa crise ont la vie dure", *La Pensée*, n? 239, 1984, pp. 21-29, p. 27.

[30] Ver, por exemplo, MASSEY (Doreen), "Regionalism: some current issues", *in Capital and Class Review*, n.° 6, London, 1978, trad. port., "Regionalismo: alguns problemas atuais", *Espaço e Debates*, São Paulo, n? 4, 1981, pp. 50-83, e LIPIETZ (A.), *Le capital et son espace*, Paris, Maspero, 1977, pp. 10-11.

na Inglaterra, tornando impossível a mesma análise cem anos depois, dentro de contextos muito diferentes.[31] Problemas, como a composição orgânica do capital e a renda diferencial, alimentavam numerosas controvérsias, sem que se chegasse a um consenso a propósito das novas formas do capitalismo. Em segundo lugar, os geógrafos sentiram que era absolutamente necessário acrescentar uma verdadeira dimensão espacial à análise marxista, dimensão freqüentemente esquecida em favor de uma explicação histórica ou econômica.

A influência de Henri Lefèbvre foi fundamental para a constituição desta transformação na análise geográfica marxista. Ele distinguiu uma dimensão essencial da construção social da realidade, a produção do espaço, através de um novo modelo definido por uma análise fundada sobre a dinâmica própria à espacialidade.[32] Este modelo restituía ao espaço um papel-chave na interpretação da sociedade. Simultaneamente, outros autores marxistas fizeram notar as diferenças entre o fenômenos considerados por Marx na escala de uma unidade de produção e os novos tempos, em que a acumulação, a mais-valia e o desenvolvimento das forças produtivas só podem ser apreendidos em escala mundial.

Para a geografia, estas redefinições do campo de análise marxista introduziram numerosas mudanças. A região, por exemplo, alguns anos antes declarada morta pelos geógrafos em sua forma tradicional, ou simplesmente associada ao conceito de formação sócio-econômica, reencontrou sua importância

---

[31] A este respeito, Damette e Scheibling propõem um "retorno às fontes do marxismo de Marx, aberto e incisivo, atento às nuances e aos movimentos múltiplos da realidade social", e Lévy lembra que o pensamento marxista deve ser "despojado das excrescências barrocas com as quais o vestimos e ao contrário [devemos] enriquecê-lo com aquilo que dele expurgamos abusivamente". LÉVY (J.) "Des lieux et des hommes: un nouveau départ pour la géographie", *La Pensée*, nº 239, 1984, pp. 30-45, p. 40.

[32] LEFEBVRE (H.), *Les temps méprisés*, Stock, Paris, 1975, p. 132. Ver, também, *La production de l'espace*, Anthropos, Paris, 1974.

graças ao conceito de desenvolvimento espacial desigual. O abuso relativo do modelo centro-periferia foi criticado em razão da fetichização espacial que produziu; os grupos sociais concretos ressurgiram nas análises para substituir as abstrações muito gerais, centradas, nos primeiros tempos, nas classes sociais. Enfim, os geógrafos definiram o estudo do capitalismo como sendo uma análise da sociedade dentro de um espaço preciso, tentando, assim, encontrar um lugar para a análise geográfica.

Outra importante mudança consistiu na relativização do peso do "cientificismo" na teoria marxista, limitando a importância do rigor metodológico, da referência às leis e do finalismo profético dos textos fundadores. O importante, deste modo, não é mais chegar a observações gerais, fundadas em leis que regulam a organização do espaço. O fato fundamental que esta tendência acentua é a concepção pela qual o marxismo distingue os oprimidos dos opressores, os dominados dos dominantes, os trabalhadores dos proprietários, e assim por diante. Trata-se, aí, de um humanismo moral, centrado sobretudo na idéia de justiça e de direito. A geografia desta concepção valoriza os temas próximos à cultura e à cidadania.[33]

Por este aspecto, o materialismo histórico e o humanismo moderno partem de uma mesma crítica, a recusa da ciência positivista, e podem, sob alguns aspectos, ser considerados como perspectivas complementares. O materialismo histórico redescobriu a reflexividade de toda ação social e, por conseguinte, a importância de uma análise que leve em conta o valor e o antropocentrismo da vida social. Ao mesmo tempo, o humanismo se desembaraçou do idealismo e do subjetivismo, que caracterizaram as primeiras análises, e recolocou a importância da existên-

---

[33] "Pela primeira vez na História temos ambos os meios, intelectual e técnico, para agir como cidadãos globais", KOBAYASHI (A.) e MACKENZIE (S.), "Introduction: humanism and historical materialism in contemporary geography", *Remaking Human Geography*, KOBAYASHI (A.) e MACKENZIE (S.) ed., Unwin Hyman, Boston, 1988, p. 15.

cia material no centro das interpretações. Segundo Sayer, por exemplo, as possibilidades de diálogo entre estes dois pontos de vista já eram concebidas há muito tempo pela teoria crítica (Habermas, Giddens). Para realizar este debate, basta superar a subjetividade que confunde dois níveis de interpretação, o social com o individual, e afastar o excesso de "cientificismo" do materialismo histórico, pois a explicação científica, por princípio, não se opõe à busca do sentido.[34] No mesmo sentido, D. Ley parte da fragmentação do saber, considerada como característica da modernidade, para identificar os signos de uma nova cooperação que anuncia novas direções para a pesquisa em geografia. Os caminhos da arte e da arquitetura demonstram as possibilidades de uma nova integração do saber, sob o impulso de um pensamento que ultrapassaria a fragmentação moderna. É aí mesmo que ele vê desenhar-se a origem da pós-modernidade. É preciso notar que a "nova integração", proposta neste momento por Ley, é apresentada como "um exame rigoroso do método, bem como o desenvolvimento de conceitos analíticos que transcendem às rígidas categorias estabelecidas nas abordagens mais estreitas e recentes".[35]

O percurso intelectual de David Harvey é, neste sentido, exemplar. Ele abandona uma visão ortodoxa do marxismo e qualquer pretensão de chegar a uma geografia absolutamente teórica e objetiva. Ao mesmo tempo, os temas de suas preocupações atuais estão mais próximos da história das idéias, a despeito do fato de que as categorias do marxismo estejam ainda fortemente presentes em seu discurso. Foi exatamente este percurso que o conduziu do marxismo ao pós-modernismo. Este parece ser também o itinerário de Racine, que nos explica como,

---

[34] SAYER (A.), "On the dialogue between humanism and historical materialism in geography", *Remaking Human Geography*, KOBAYASHI (A.) e MACKENZIE (S.), ed., *op. cit.*, pp. 206-209, p. 209.

[35] LEY (D.), "Fragmentations, coherence, and limits to theory in human geography", *Remaking Human Geography*, KOBAYASHI (A.) e MACKENZIE (S.), ed., *op. cit.*, pp. 227-243, p. 188.

enquanto ainda estava próximo dos termos analíticos do marxismo, já desenvolvia preocupações "humanistas".[36] A geografia abandonou o projeto de construir, por intermédio direto do marxismo, uma ciência total. Hoje, os geógrafos que invocam o marxismo o fazem a partir de uma perspectiva muito mais limitada, como uma filiação ideológica ou como uma inspiração de ordem geral. De qualquer forma, não existe mais a crença em uma via metodológica única, que será aquela da "verdadeira" geografia, e se reconhece a importância e a riqueza de outras condutas possíveis para a geografia.

Assim, a pretensa revolução do saber geográfico pela teoria e a prática marxista mostra claramente sinais de esgotamento. Trata-se, portanto, uma vez mais, de uma revolução científica da modernidade geográfica. Como as outras, esta revolução quis, em seus primórdios, apresentar-se como a ruptura definitiva e final, sucumbindo em seguida sob o peso das expectativas, e acabando, como as outras, por ser substituída por uma outra novidade.

---

[36] "Pensando melhor, tenho a impressão de que os germes destas preocupações são de fato bastante antigos em meus ensinamentos, bem antes que a eles se impusesse o rótulo 'humanista'. É verdade que eu já tinha, desde 1976 pelo menos, procurado derivá-los, não do referencial filosófico humanista, mas da representação marxista da sociedade e do processo de produção do espaço (...) Como evitar, se tal fosse o caso, se a sociedade que produz seu espaço nele se projeta tanto através de séria base infra-estrutural (as condições de sua vida material, meios e relações de produção, como diriam os marxistas), quanto através de tudo o que forma sua superestrutura, na qual Marx nos ensinou a identificar diferentes esferas (religiosa, jurídica, política, ideológica), de se afirmar que uma das chaves de interpretação da organização espacial passava pela leitura no espaço da ideologia da sociedade que a produziu, da ideologia ou mais genericamente de suas representações mentais, de seus valores?", RACINE (Jean-Bernard), "Valeurs et valorisation dans la pratique et l'interprétation humaniste de la géographie", *in* *L'Humanisme en Géographie*, Bailly, A. e Scariatti, R. (org.), *Anthropos*, Paris, 1990, pp. 73-74.

12

O horizonte humanista

"Há tantos romantismos quanto românticos." Esta fórmula pode também ser aplicada para caracterizar o humanismo na geografia. A influência do humanismo, nestes últimos anos, nas ciências sociais, fez nascer uma enorme diversidade de concepções, que se apresentam, todavia, sob o mesmo nome. Uma grande parte das obras escritas seguindo esta orientação metodológica invoca autores diferentes, tentando obter deles novas vias para o conhecimento geográfico. Encontram-se aí tanto marxistas, como L. Althusser, G. Poulantzas, ou ainda, K. Marx e F. Engels, quanto sociólogos e filósofos, como J. P. Sartre, M. Ponty, G. Bachelard, J. Habermas, M. Weber, C. Geertz, A. Giddens, ou ainda, fenomenologistas, como E. Husserl, M. Heidegger e K. Jasper, e até mesmo literatos, como Shakespeare, Goethe e Hesse.

Tal ausência de um programa unitário, às vezes mesmo esta incoerência, caracteriza as obras destes geógrafos que reivindicam a etiqueta de humanistas. A diversidade é freqüentemente interpretada como o produto de um ecletismo voluntário, buscado por esta orientação em função do novo contexto crítico das ciências sociais. Esta corrente segue, assim, a direção dominante na ciência contemporânea, que é a de buscar referências variadas, sem excluir nenhuma via, pois a exclusão é encarada como um risco de limitação e de empobrecimento. Contudo, este ecletismo é inquietante, visto que, ao se estender sobre um campo de proposições tão largo, acaba por criar uma certa ambigüidade em relação às suas propostas, limites e métodos. Se compararmos os discursos humanistas entre si, sua conduta se mostra mais do que ambígua, e mais freqüentemente contém múltiplas contradições e oposições. Cada perspectiva procura impor a superioridade de seu ponto de vista, para fundar o "verdadeiro" humanismo. Poderíamos pensar que, à primeira vista, os pontos de vista são complementares, mas, de fato, em grande parte dos casos eles antes se excluem mutuamente. Assim, se a visão global desta corrente de pensamento pode ter, à primeira vista, uma aparência de ecletismo, o exame mais aprofundado de suas proposições não deixa dúvidas: existem vários humanismos, fundados sobre pressupostos às vezes irreconciliáveis.

Desta maneira, é difícil ver neste movimento uma unidade ou uma uniformidade sobre o plano filosófico-metodológico. No entanto, todos estão de acordo sobre o fato de que existe um movimento geral coerente e integrado. Nossa tarefa essencial é, portanto, tentar reconhecer os fundamentos desta identidade.

Um dos fatores principais de coesão é o fato de que todos compartilham do mesmo ponto de vista crítico a respeito da ciência em sua forma institucionalizada. Tais autores estão de acordo em reconhecer que a forma e o conteúdo da ciência geográfica praticada até os anos setenta são inadequados e insuficientes:

"Ainda que seja possível encontrar suas origens na escola vidaliana de geografia humana e na sociologia urbana de Park, seus verdadeiros primórdios remontam aos anos 70, em reação ao positivismo lógico, à quantificação exagerada, e às explicações mecanicistas, deterministas, reducionistas, de uma geografia sem homem".[1]

Uma vez mais, e como tentamos demonstrar no curso da análise dos outros movimentos na geografia, a conduta das escolas de pensamento é sempre a mesma: primeiro uma crítica, para melhor afirmar, em seguida, a supremacia e a superioridade do novo ponto de vista para a ciência.

No caso da geografia humanista, se todos estão de acordo em refutar o modelo científico anterior, não há, entretanto, um verdadeiro consenso em torno de um novo modelo a adotar. Certos humanistas aproveitam-se inclusive desta ausência de modelo, para afirmar a identidade deste movimento, tomando como argumento que o apego a um procedimento fixo é a prática da ciência que eles querem precisamente condenar. Esta não é, no entanto, a posição dominante, e o fato de que o humanismo tenha precisado ser qualificado de marxista, existencialista ou fenomenológico, é a prova de que nem todos compartilham da proposição de uma ciência sem método.

As diferenças de posição nascem dos diferentes diagnósticos que são feitos da crise do modelo científico. Para uns, é a ciência positivista-lógica que está em jogo, com sua estrutura ideológica, seu formalismo mecanicista, sua falsa objetividade. Para outros, a verdadeira questão encontra-se na racionalidade, seus métodos, sua objetivação generalizadora e sua impossibilidade de interpretar os fatos da cultura. Estas críticas constituem os primeiros passos na busca de novas demarcações.

Há aqueles que se posicionam em favor de uma concepção materialista e aqueles, ao contrário, que retomam os argumen-

---

[1] POCOCK (Douglas), "La géographie humaniste", *Les concepts de la géographie humaine*, BAILLY (A.), *et al.*, Masson, Paris, 1984, pp.139-142, p. 139.

tos do idealismo. Há os que aceitam uma subjetivação deliberada dos processos cognitivos e aqueles que a refutam. Mas, o que é mais importante para a geografia, o espaço, é considerado ao mesmo tempo como o resultado concreto de um processo histórico, e neste sentido ele possui uma dimensão real e física, ou como uma construção simbólica que associa sentidos e idéias. Entre estas duas posições extremas, encontra-se toda uma gama de concepções que evoluem com os pressupostos iniciais de cada inspiração, o espaço sendo visto sob diferentes ângulos: dos valores, da alienação, da distância existencial, do comportamento e do mundo vivido.

Procuraremos ressaltar os aspectos que mostram as ligações desta corrente com um dos pólos epistemológicos indicados no curso de nosso estudo. Nosso objetivo é mostrar, num primeiro momento, as bases deste movimento, ressaltando os aspectos comuns com outros movimentos já analisados; em um segundo momento, tentaremos reconhecer as críticas e as perspectivas trazidas pelo humanismo, relacionando-as aos termos fundadores da modernidade.

Um humanismo crítico

A definição da geografia humanista herda todos os problemas advindos da própria noção de humanismo, que nem sempre é utilizada com os mesmos limites, nem com o mesmo conteúdo. A primeira conotação, a mais forte, faz referência ao movimento que, em ruptura com as tradição da Idade Média, redefiniu a imagem do mundo e da sociedade. A delimitação espaço-temporal do humanismo não é de forma alguma consensual, pois ele exprime uma tendência geral fundada sobre uma mudança de atitude e de concepção que pode ser interpretada de diferentes maneiras. Não é nosso objetivo aqui fazer uma síntese histórica daquilo que foi o humanismo, de suas origens ou das formas locais que ele tomou. O que nos importa é sublinhar algumas de suas características que são atualmente utilizadas.

O primeiro destes aspectos faz referência à oposição entre humanistas e homens de ciência.[2] O texto de Ley e Samuels demonstra esta oposição fundamental e define, através dela, o caráter do humanismo na geografia.[3] O fim da Idade Média fez nascer dois tipos de atitude. A primeira é representada por Descartes, que utiliza a prova da existência das coisas através de um método lógico, o que, para estes autores, exprime uma perspectiva "niilista" e mesmo "desumana". A partir daí, a ciência perde cada vez mais seu caráter humanista, eliminando todos os elementos humanos com exceção da racionalidade. A preocupação racionalista coloca o homem no centro de seus interesses, mas o faz através da naturalização dos valores humanos e utilizando um método que impõe a racionalidade como único valor do ser humano. Esta concepção, largamente difundida pelo positivismo, chega a afirmar que uma ciência verdadeiramente objetiva deve eliminar todos os elementos antropomórficos (Max Planck). É neste sentido que a ciência moderna é responsável pelo abismo criado entre o conhecimento definido como científico e as humanidades. Este mesmo ponto de vista é retomado por historiadores como Gusdorf, que observa, por exemplo, que a Renascença pode ser invocada de forma retrospectiva (por suas referências à Antiguidade) ou de forma prospectiva, pelo surgimento da ciência moderna com Galileu.[4]

Uma segunda atitude nascida do fim da idade Média recolocou o homem no centro de suas preocupações. Um homem

---

[2] Uma leitura histórica desta oposição pode ser encontrada em MANDROU (Robert), *Des humanistes aux hommes de science*, nº 3 (*Histoire de la pensée européenne*), Seuil, Paris, 1973.

[3] LEY (David) e SAMUELS (M. S.), "Contexts of Modern Humanism in Geography", in *Humanistic Geography: prospects and problems*, LEY (David) e SAMUELS (M. S.) ed., Croom Helm, London, 1978.

[4] GUSDORF (Georges), *Les origines des sciences humaines*, Payot, Paris, 1985, p. 499.

considerado em toda a sua complexidade cultural e antropológica, o que faz aparecer novos pontos de vista para compreender o sentido da arte, da literatura, da ciência, da teologia e de todo o conjunto que expressa o campo da atividade humana. O essencial desta nova abordagem é buscar um sentido interior na cultura humana, estando consciente de que, em sendo homem, seu ponto de vista é parcial e antropomórfico.

Comentando a história dos séculos que se seguem à Idade Média, Ley e Samuels se esforçam em demonstrar de que maneira a concepção de uma ciência lógica desvia e altera as conquistas do humanismo da Renascença. Eles reclamam o retorno a esta tradição autêntica, fortemente desnaturada pelo racionalismo lógico.

Tradição, eis a palavra-chave do discurso dos humanistas modernos. Esta noção serve, de início, para evocar a origem perdida da ciência humanista. Serve também de contraponto crítico à idéia de progresso, irremediavelmente inscrita no discurso da ciência lógica. Da mesma maneira, a referência à tradição no humanismo lembra o caráter perverso do desenvolvimento científico, e a evocação de um passado idílico exprime o retorno de um ponto de vista mais humano na definição do progresso. Finalmente, a utilização da tradição, tal como aparece no discurso humanista, traduz-se por uma valorização do estudo dos costumes e hábitos marcados no tempo e que sustentam a importância primordial da cultura, freqüentemente esquecida pela ciência em sua versão racionalista.

O humanismo abre, assim, a via para a retomada do exemplo clássico da Antiguidade. O caráter exemplar desta reapropriação inscreve na consciência humanista uma vocação de continuidade, que serve igualmente na definição de uma nova relação com o mundo e de uma nova dimensão do homem, considerando, sempre, que existe uma evolução contínua e sem rupturas. No entanto, este período também conheceu, através das grandes descobertas, sociedades diferentes. Neste sentido, o humanismo redescobriu, por uma consciência renovada de si mesmo, o outro. Graças a estes contatos, a alteridade tornou-se um dos grandes valores do humanismo moderno. Contrariamente à sociedade medieval, definida por um egocentrismo que via no outro um perigo para o dogma cristão, o humanismo facilitou a emergência da noção de comunidade humana, unida pelo fato de que o homem é sempre criador de cultura em todos os seus horizontes espaço-temporais. No lugar do egocentrismo medieval, o humanismo impôs a idéia de um antropocentrismo. Sem perder de vista a perspectiva de superioridade da sociedade ocidental, o humanismo procede à relativização de seus valores morais e intelectuais pela comparação com outras culturas.

Algumas das características fundamentais do humanismo foram retomadas pela geografia. A primeira concerne à incontornável visão antropocêntrica do saber. Segundo a expressão consagrada, o homem é a medida de todas as coisas e não existe conhecimento objetivo sem a consideração deste pressuposto. A subjetividade do saber é um dos traços mais marcantes do humanismo e deriva diretamente desta concepção antropocêntrica. Na geografia, isto significa que a definição de uma espacialidade não pode ser estabelecida através da objetivação de uma ciência racionalista. O espaço e suas propriedades, distância, fluxo, hierarquia, possuem um sentido que não se reduz a medidas numéricas. Desta maneira, o espaço é sempre um lugar, isto é, uma extensão carregada de significações variadas.[5] Aliás, nota-se que nos textos destes geógrafos a expressão "espaço",

---

[5] A propósito do conceito de lugar, Entrikin faz uma distinção bastante interessante entre uma perspectiva "existencial" humanista, que se opõe a outra "naturalística", mais próxima do racionalismo científico. Identifica, também, no Iluminismo e no Romantismo a filiação fundamental destas duas posições. O mesmo ocorre com relação à distinção entre o que ele chama "a visão centrada" e "a visão descentrada", que valoriza a relação sujeito/objeto na ciência. ENTRIKIN (N.), *The Betweeness of Place: Towards a Geography of Modernity*, J. Hopkins Press, Baltimore, 1991.

muito utilizada pela geografia analítica e radical, é empregada com parcimônia e tende a ser substituída por "lugar", que induz a uma visão mais integrada do espaço com seus valores.

A segunda característica desta corrente é uma posição epistemológica holística. Com efeito, o humanismo refuta vigorosamente o procedimento analítico, acusado de perder a riqueza do todo, limitando-se à análise das partes. O todo não é a soma das partes e o fato de se estudar os fenômenos somente sob certos aspectos não permite dar conta da totalidade fenomenológica. A geografia humanista compreende que, ainda que se parta de um ponto antropocêntrico, a ação humana não pode jamais estar separada de seu contexto, seja ele social ou físico. A relação entre consciência e meio ambiente, e seu grau de implicação recíproca variam de uma quase independência, para os idealistas, a uma quase determinação, para os materialistas. No entanto, por mais extremas que sejam estas duas posições, elas são sempre contextualizadas, seja em relação ao progresso do espírito na História, seja em relação à transformação do espaço pela sociedade.

O terceiro ponto importante para os humanistas é aquele do homem considerado como produtor de cultura — cultura no sentido de atribuição de valores às coisas que nos cercam. Assim, esta cultura só pode ser interpretada a partir do código dos grupos que a criaram. O ato de generalização, necessário a toda tentativa de teorização, conduz sempre a uma perda relativa dos contextos particulares, que são precisamente os elementos fundadores da cultura. É, assim, que a explicação pelo procedimento da generalização toma os fatos por aquilo que não são. As abstrações explicativas lógicas partem, portanto, de premissas globais falsas que reduzem a importância dos verdadeiros artesãos da atividade humana, isto é, a cultura, os valores e as significações. Assim, generalizar significa, para os humanistas, negligenciar as propriedades fundamentais dos contextos particulares. O holismo humanista possui, portanto, uma implicação direta no método de investigação recomendado e adotado para chegar a um verdadeiro conhecimento.

O quarto ponto da concepção humanista da geografia concerne justamente ao método. Se o método lógico e analítico trabalha com abstrações artificiais, somente um procedimento que leva em conta os contextos próprios e específicos a cada fenômeno pode ser considerado como eficiente. Este método chama-se hermenêutica, isto é, a arte de interpretação e, segundo Mircea Eliade, a definição de um novo humanismo não pode privar-se da hermenêutica, único método eficaz de interpretação.[6] Não iremos rever suas características, já precedentemente descritas, mas podemos, agora, refletir sobre as implicações deste método para a geografia.

O geógrafo deve se colocar na perspectiva de um observador privilegiado, capaz de interpretar. Ele dispõe, com efeito, de elementos que o tornam mais sensível à compreensão da atividade humana, notadamente daquela que se exerce espacialmente. A representação espacial significa, aqui, mais do que uma simples indicação da localização dos fenômenos; ela permite, com efeito, resgatar a inteligibilidade que os fatos espaciais adquirem quando são compreendidos a partir de seus contextos próprios. Os grupos humanos, quando se organizam espacialmente, não têm consciência explícita de todos os processos de significação que são atribuídos e vividos cotidianamente no espaço. A tarefa do geógrafo é, portanto, interpretar todo o jogo complexo de analogias, de valores, de representações e de identidades que figuram neste espaço.

As monografias regionais são freqüentemente consideradas como os exemplos maiores deste tipo de conduta. Segundo este modelo, o geógrafo tenta empreender, em uma área determinada, a compreensão dos processos que agem na sua configu-

---

[6] ELIADE (Mircea), *La nostalgie des origines*, Folio-Essais, Gallimard, Paris, 1971, caps. I e IV.

ração. Na maior parte dos casos, é em direção à História que se volta para explicar esta configuração espacial, isto é, em direção ao caminho evolutivo no curso do qual a identidade social se constrói, com seus hábitos, costumes e cultura. Em outros termos, como diz Buttimer, trata-se de reintroduzir, através do humanismo, os conceitos de base da geografia clássica, como os de gênero de vida.[7]

O método hermenêutico, derivado da filologia clássica, tem, como vimos, sua origem na interpretação dos textos fundadores. Este retorno aos textos fundamentais na geografia se manifesta pela nova valorização consagrada aos estudos monográficos. Numerosos geógrafos humanistas aconselham voltar ao método da descrição regional, considerado como o retorno indispensável aos tempos clássicos da geografia, uma concepção segundo a qual a verdadeira geografia estaria escrita nos textos antigos, esquecidos pela marcha conquistadora do racionalismo.

O humanismo na geografia, da mesma forma que as outras correntes de pensamento, foi buscar no passado desta disciplina um exemplo e um apadrinhamento, que servem de ponte entre o passado clássico e estas novas tendências. A obra de Eric Dardel, *L'homme et la Terre*, redescoberta no início dos anos oitenta, assumiu em parte este papel.[8] Tal obra, encarada como "libertadora", é considerada como uma manifestação claramente humanista nos tempos modernos e, portanto, constitui uma *pièce de resistance* ao cientificismo racionalista.

As interpretações da obra de Dardel variam segundo o gênero de humanismo que se pretende valorizar. Certos geógrafos encontram as raízes de uma perspectiva semiológica na proposição de Dardel de "decifrar a Terra como uma escrita". Outros sublinham a influência de Heidegger e, portanto, da fenomenologia, que efetivamente teve um papel importante na

---

[7] BUTTIMER (Anne), "Le temps, l'espace et le monde vécu", *L'Espace Géographique*, 1979, n? 4, pp. 243-254, p. 249.

[8] DARDEL (Eric), *L'homme et la Terre*, Paris, PUF, 1984.

obra de Dardel: ele foi o primeiro tradutor de *O Ser e o Tempo* para o francês. Há ainda geógrafos que se esforçam em valorizar o encontro entre a geografia e a arte, e a indicar uma "geopoética" no discurso de Dardel.[9] Estas diferenças de interpretação sublinham, uma vez mais, a diversidade de pontos de vista do humanismo na geografia.

Enfim, o último ponto sensível para a maior parte dos geógrafos humanistas diz respeito à relação entre a ciência e a arte. Para chegar a uma verdadeira interpretação das culturas, em sua inscrição espacial, o geógrafo deve ser capaz de reunir o maior número de elementos possíveis que tratam dos valores, das significações e das associações construídas por um grupo social. A arte é, em geral, considerada como o meio mais livre e mais espontâneo deste tipo de manifestação. Aquilo que a ciência não chega a reconhecer, devido aos limites impostos pelo método, a arte o consegue por um meio não-racional. Assim, da mesma maneira que os românticos, que consideravam a poesia e a literatura como o berço da expressão dos valores humanos, os humanistas consideram a arte como o elemento de mediação entre a vida e o universo das representações.

Geralmente, invoca-se a arte, mas efetivamente a maior parte dos estudos centra-se na literatura. As tentativas visando a relacionar o universo simbólico da literatura às interpretações geográficas são numerosas. Além disso, em seu conjunto, os textos humanistas dividem-se, em grande parte, entre descrições de experiências do espaço vivido e estudos sobre autores ou obras literárias.

Antes de concluir sobre estes traços comuns às diferentes famílias humanistas, resta-nos, ainda, examinar a questão da relação do humanismo com a modernidade. Em primeiro lugar, este humanismo se define como um humanismo moderno, sublinhando, assim, sua diferença com as manifestações ditas

---

[9] A propósito destas diversas leituras, ver BESSE (Jean-Marc), "Lire Dardel aujourd'hui", *L'Espace Géographique*, 1988, n? 1, pp. 43-46.

clássicas. Esta diferença pode ser interpretada, de certa forma, como a vitória do humanismo no conflito tenaz que o opõe à racionalidade científica. É assim que, sem negar suas origens nem diminuir o peso da tradição, o humanismo moderno, forçado a encontrar argumentos contra o racionalismo, desenvolveu novos métodos e, por isso, procurou novas referências, como o existencialismo ou a fenomenologia.

Certamente, a idéia de modernidade para estes autores possui um sentido diferente daquele conferido à marcha triunfal da razão. Os argumentos dos humanistas contra este tipo de progresso acentuam a idéia de uma ciência sem ética e de uma tecnologia perversa. O melhor dos mundos do racionalismo é, segundo este ponto de vista, falso e perigoso. A verdadeira modernidade dos humanistas é feita da renovação da imagem do mundo, que recoloca o homem no centro de sua cultura particular. O homem moderno está no centro do mundo, como no fim da Idade Média, só que agora consciente da relatividade espaço-temporal desta centralidade.

A modernidade, para os humanistas, é o período que marca a libertação do homem pela descoberta dos valores morais e intelectuais. Estes compõem o verdadeiro ambiente humano, que é diferente da pura natureza. Desta descoberta, aparece a vinculação à idéia de povo, de nação, e a vontade de equilíbrio e de harmonia, elementos que são característicos deste reencontro do homem com sua cultura. A modernidade humanista marca, também, o triunfo do espírito sobre a razão e a valorização dos *studia humanitatis*, as ciências do espírito, que substituem o mito da ciência positiva. Estas ciências do espírito fundam uma pedagogia que tem como objetivo "tornar a consciência mais humana". O advento dos novos tempos é, portanto, encarado como o término de um processo gradual de educação e de progresso contínuo, no qual a ruptura é marcada pelo triunfo das idéias humanistas sobre o racionalismo.

Todas estas características de equilíbrio, de harmonia, de

retorno às fontes, de valorização da cultura e de refutação do racionalismo fazem parte do discurso dos geógrafos filiados ao horizonte humanista. Para melhor compreender o papel destas características no seio da geografia, nos parece importante seguir algumas tendências que, depois de alguns anos, aí se desenvolveram. A divisão das tendências no interior do humanismo é delicada, pois os limites entre as diferentes orientações são bastante fluidos.[10] Certos autores recusam até serem associados a uma tendência precisa.[11] Nesta apresentação, selecionamos dois tipos de matrizes, em vez de tendências particulares, para guiar nossa análise. A primeira, inspirada por um certo psicologismo cultural e pela semiologia, define-se como um estudo do espaço vivido. A segunda diz respeito à abordagem que aproxima a fenomenologia e a geografia.[12]

O espaço vivido, uma proposta de humanização da geografia

O estudo sobre os espaços vividos começou a se desenvolver na França independentemente e sem relação com o humanismo fenomenológico anglo-saxão, como nos explica A. Frémont em seu prefácio.[13] De fato, as referências fundamentais dos trabalhos sobre o espaço vivido são variadas e parecem ser

---

[10] Buttimer, por exemplo, nota a diversidade de conteúdos presentes na expressão "experiência vivida". BUTTIMER (Anne), "Le temps, l'espace et le monde vécu", *L'Espace Géographique*, 1979, n? 4, pp. 243-254, p. 244.

[11] É o caso de Frémont, por exemplo, que recusa o rótulo de geografia humanista, pois, segundo ele, esta geografia tem desenvolvimentos nos quais ele não se reconhece. FRÉMONT (Armand), "Vingt ans "d'espace vécu", *in L'Humanisme en géographie*, BAILLY (A.) e SCARIATI (R.), Anthropos, Paris, 1990, p. 13.

[12] A geografia da percepção inscreve-se, também, em uma perspectiva de analisar o espaço a partir da experiência vivida. Ela parte da mesma maneira de uma crítica aos princípios teóricos analíticos e utiliza uma metodologia inspirada na semiologia, Cf. DOWNS (R. M.), "Geographic Space Perception: Past Approaches and Future Prospects", *Progress in Geography*, 1970, n? 2, pp. 65-108. Contudo, esta perspectiva da percepção não é agrupada tradicionalmente à corrente humanista.

[13] FRÉMONT (A.), *La région, espace vécu*, PUF, Paris, 1976.

antes inspiradas pelas ciências sociais do que por uma filiação filosófica precisa. Este movimento do espaço vivido se nutriu essencialmente de uma bibliografia francesa, e seus suportes mais fortes são aqueles da escola francesa de geografia da primeira metade deste século, sobretudo os de Vidal de La Blache e de Pierre Deffontaines.[14]

Em sua já clássica obra, A. Frémont pretende renovar e revalorizar o estudo das regiões sob o ângulo do espaço vivido, isto é, tomando o espaço como uma dimensão da experiência humana dos lugares. Ele nos explica que o espaço vivido visa a substituir a noção de um espaço alienador, definido ao mesmo tempo por uma atitude de nostalgia do passado e por uma febre futurista de planificação. Desta maneira, o espaço vivido torna-se uma categoria que acentua a constituição atual dos lugares, dedicando uma atenção especial às redes de valores e de significações materiais e afetivas.

Há, portanto, uma valorização de uma dimensão freqüentemente esquecida pela geografia racionalista, que trata o espaço como simples extensão ou como conjunto de entidades físicas puras. A perspectiva racionalista é acusada de esquecer que o espaço é cotidianamente apropriado pelos grupos que nele habitam e lhe conferem dimensões simbólicas e estéticas. Assim, olhar o espaço sob um ângulo objetivo e generalizador é arriscar deixar de lado toda uma série de aspectos que dão sentido e espessura a ele, tais como o sentimento de pertencimento, as imagens dos lugares, a dinâmica identitária, a experiência estética, etc.

A despeito das críticas violentas dirigidas contra a geografia racionalista, o espaço vivido é visto como uma das dimensões da geografia, o racionalismo como uma outra, e esta pluralidade é considerada como necessária e complementar. É esta, aliás, a opinião pessoal de Frémont, que, por várias vezes, reafirma a dívida

---

[14] Vidal de La Blache é também citado pelos geógrafos anglo-saxões como um exemplo fundamental de um trabalho que se aproxima da metodologia do humanismo moderno.

da geografia em relação à ciência racionalista, responsável, segundo ele, pelo progresso desta disciplina.[15] A categoria espaço vivido propõe, assim, um novo foco para o objeto geográfico, uma perspectiva que acentua um outro ponto de vista, sem contudo excluir completamente a conduta racionalista da geografia. Assim, a abordagem do espaço vivido busca seu próprio método, esforçando-se em ressaltar aspectos que não são estudados pelo método lógico. Frémont se voltou, então, para o passado, e recomendou um retorno ao antigo método que tinha caracterizado a escola francesa de geografia, acrescentando que "a novidade pode ser uma velha dama".[16] O outro aspecto desta recuperação metodológica é dado pela noção de combinação regional que, segundo Frémont, está no centro do método geográfico. Sem dúvida, para Frémont, como para a maior parte dos outros autores que trabalharam com a noção de espaço vivido, o mais importante é renovar os laços da geografia moderna com uma tradição esquecida em benefício de uma ciência exclusivamente racional.

O retorno às tradições confere aos estudos monográficos uma nova atualidade, e a noção de espaço vivido aparece freqüentemente associada à de região. Aliás, certas teses regionais, como a de Birot, são vistas como exemplos eloqüentes de que o humanismo é um traço presente na geografia há muito tempo.[17]

---

[15] Este é, aliás, o mesmo ponto de vista sustentado por TUAN (Yi-Fu), "Humanistic Geography", *AAAG*, 1976, vol. 66, n? 2, pp.266-276; por BUTTIMER (Anne), "Le temps, l'espace et le monde vécu", *op. cit.*, p. 243, e por LEY(David) e SAMUELS (M. S.), *Humanistic Geography: Prospects and Problems*, Croom Helm, London, 1978.

[16] FRÉMONT (A.), *La région, espace vécu, op. cit.*

[17] "O exemplo do Minho nos mostra, também, que uma verdadeira região geográfica é alguma coisa única... Eis o motivo pelo qual, se as geografias físicas e humanas são ciências naturais, desde que classificam tipos reproduzidos em um certo número de exemplares intercambiáveis, a geografia regional é uma arte que se emprega em evocar verdadeiras individualidades. Isto não acontece sem o sentimento de simpatia do biógrafo por seu herói, de amor por aquele que não se verá duas vezes", BIROT (Pierre), *Le Portugal, étude de géographie régionale*, Paris, A. Colin, p. 77.

O sentimento de simpatia, estabelecido entre o geógrafo e a região que ele estuda, é um dos elementos centrais da concepção monográfica compartilhada pelos defensores do espaço vivido. A região, que define, ao mesmo tempo, um espaço de pertencimento e de inclusão a uma comunidade dada, inscreve também a inteligibilidade do sentimento regional vivido pelos signos identitários. Assim, a compreensão de uma região é obrigatoriamente definida por uma relação de empatia entre o pesquisador e este espaço.

É neste momento que aparece a ruptura no esquema clássico da ciência racionalista para a relação sujeito/objeto. Com efeito, na perspectiva do espaço vivido, o sentimento de proximidade e de identidade está na base da comunicação entre dois sujeitos: o pesquisador e a região. A consciência do primeiro sujeito é sensível e compreensiva à do segundo sujeito, definida pela vida regional, suas representações, valores e ritos, e só poderá ser inteligível se for vivida também pelo pesquisador.

O espaço vivido deve, portanto, ser compreendido como um espaço de vida, construído e representado pelos atores sociais que circulam neste espaço, mas também vivido pelo geógrafo que, para interpretar, precisa penetrar completamente este ambiente. Cada geógrafo deve possuir "sua" região, "seu" espaço, e a proximidade física e afetiva são elementos fundamentais nesta conduta.[18]

Segundo este ponto de vista, é difícil falar de uma metodologia geral que possa dar conta de todas as especificidades do universo estudado. A metodologia dos programas de pesquisa deve se limitar a algumas grandes linhas de orientação, pois cada interpretação depende diretamente do tipo de realidade

---

[18] "Na geografia humanista, a personalidade, a intuição e a reflexão do pesquisador são explicitamente valorizadas para evitar os a prioris do método científico. O objetivo central da abordagem holística é o homem, o ser que vive o mundo, para compreender as estruturas e as significações do espaço vivido e abordar assim questões raramente colocadas". POCOCK (Douglas), "La géographie humaniste", *op. cit.*, p. 140.

estudada. Esta é, aliás, a visão de Frémont, que, em lugar de caracterizar o movimento do espaço vivido por uma unidade metodológica, prefere privilegiar alguns temas que, imagina, podem ser desenvolvidos pela geografia segundo este ponto de vista. A ciência geográfica, definida pelo viés do espaço vivido, não tenta criar leis nem observar regularidades generalizadoras. Seu ponto de partida é, ao contrário, a singularidade e a individualidade dos espaços estudados. Ela também não procura avançar resultados prospectivos e normativos, como as ciências ditas racionalistas. Seu objetivo principal é fornecer um quadro interpretativo às realidades vividas espacialmente. A objetividade não provém de regras estritas de observação, mas do uso possível das diversas interpretações na compreensão do comportamento social dos atores no espaço. Por seu contato e por sua participação direta no conjunto de significações criadas em uma comunidade espacial, o geógrafo torna-se um personagem ativo no próprio desenvolvimento desta comunidade. Contudo, ele deve ter a consciência explícita de seu engajamento pessoal e, portanto, da impossibilidade de um distanciamento "objetivo" com relação a seu campo de pesquisa.

Na literatura anglo-saxã, encontra-se uma posição análoga na abordagem do *meaning of place* ou *sense of place*. Esta representa igualmente um mergulho no universo de significações, percebendo o espaço em todas as suas acepções da vida social. Como no caso do espaço vivido, o *meaning of place* pressupõe um sentimento de empatia entre o pesquisador e o objeto de investigação, e considera o espaço como uma dimensão simbólica fundamental na existência humana.

Em sua apresentação do espaço vivido, Frémont nos faz, ainda, notar a grande influência da psicologia no estabelecimento de sua conduta metodológica. Ele rejeita, de saída, a psicologia do tipo behaviorista e sua pretensão de conhecer o comportamento humano objetivamente pela redução ao esquema de estímulos/respostas. Reconhece, todavia, a importância fundamental da psicologia genética e da psicanálise como dois elementos de base para a investigação do vivido.

Como sabemos, um dos grandes problemas da filosofia e da epistemologia concerne à estrutura e ao funcionamento do espírito, isto é, à constituição da individualidade e da personalidade e seus comportamentos. O humanismo, que contextualiza todas as coisas a partir da cultura, é obrigado, também, a interrogar-se sobre a natureza dos fenômenos da personalidade e do comportamento. Assim, ele trata de um objeto interior, a personalidade ou a individualidade, e a questão que se coloca é a de saber quais podem ser as garantias para conhecê-las verdadeiramente. A psicologia nos responde, sugerindo que, em razão da impossibilidade de tratá-las diretamente, o espírito só se deixa conhecer através de seu comportamento e de sua linguagem.

Na abordagem behaviorista, o comportamento é definido como o conjunto de respostas previsíveis a estímulos dados, isto é, o comportamento humano pode ser representado por equações diretas. Assim, o estudo do comportamento é acessível a uma conduta objetiva, que reconhece uma mesma estrutura para todos os organismos, do mais simples ao mais complexo.

Para a psicologia genética de Piaget e para a psicanálise, o comportamento humano não pode ser estudado independentemente da consciência, que diferencia a conduta humana daquela dos outros organismos. O humanismo se coloca ao lado destas concepções, que consideram que os fatos humanos possuem uma dimensão que lhes é própria, e condena o behaviorismo como uma nova tentativa de "naturalizar" os fenômenos humanos, tentativa advinda da ciência do tipo racionalista.

Na perspectiva humanista, o que importa analisar é menos o espírito, do que aquilo que ele manifesta. Todo comportamento tem uma significação, mesmo quando se inscreve fora da ordem dominante, como no caso dos problemas da personalidade. A manifestação de um sentido não é acompanhada necessariamente da consciência explícita deste sentido. Mesmo manifestando-se através de expressões físicas, palavras, gestos, sonhos, tais fenômenos estão ligados ao universo simbólico interior, do qual o sentido é parcialmente inconsciente.

De maneira análoga, na geografia, a paisagem, a região e os lugares, a despeito de suas características físicas, apreendidas imediatamente, são, de fato, estruturados por uma rede simbólica complexa. Esta rede é composta de valores, de representações, de imagens espaciais vividas e, para ser percebida, demanda um trabalho de interpretação aprofundado. A chave fundamental desta interpretação é o comportamento e a linguagem que, juntos, estruturam o código de expressão deste universo simbólico. A análise deste código não pode ter pretensões universais, válidas para todos os casos, pois cada unidade manifesta, de uma maneira diferente, estas forças simbólicas, que são a fonte primária da análise.[19]

Freud utiliza uma metáfora espacial para demonstrar a circulação complexa do sentido entre as diversas instâncias da consciência:

"A representação mais simples deste sistema, e para nós a mais cômoda, é a representação espacial. Assemelhamos, portanto, o sistema do inconsciente a uma grande antecâmara, na qual as tendências psíquicas se comprimem como seres vivos. Contígua a esta antecâmara está uma outra peça, mais estreita, uma espécie de salão, na qual reside a consciência. Mas, na entrada da antecâmara, no salão, vela um

---

[19] Este gênero de reflexão é, por vezes, interpretado na geografia de uma maneira fortemente subjetiva, sensivelmente diferente daquela proposta pela psicanálise. Para Frémont, por exemplo, "uma paisagem como a floresta de Ecouves na Normandia é freqüentada e percebida de formas muito diferentes por um lenhador, por um agente [*des eaux et forêts*], um caminhante solitário, um viajante apressado, um amante da caça, um camponês [*des lisières*] ou um turista das multidões dominicais. FRÉMONT (A.), "Vingt ans d'espace vécu", *op. cit.*, p. 22.

guardião que inspeciona cada tendência psíquica, impõe-lhe a censura e a impede de entrar no salão se ela o desagrada. Se o guardião impede a passagem de uma dada tendência desde o umbral, ou se ele a faz ultrapassá-lo novamente depois de haver penetrado no salão, a diferença não é grande e o resultado é praticamente o mesmo. (...) Mas as tendências que o guardião permitiu transpor o umbral não se tornam por isso necessariamente conscientes; elas podem tornar-se se conseguirem atrair para si o olhar da consciência".[20]

A geografia humanista, sobretudo a que privilegia o espaço vivido, trata exatamente das representações de ordem simbólica que estruturam uma atitude e uma concepção dadas em relação a um espaço de referência. A ordem simbólica não está ligada à racionalidade, da mesma forma que os comportamentos e as atitudes no espaço também não advêm desta racionalidade. É por isso que toda análise que pretende ter acesso às verdadeiras motivações do comportamento social no espaço não pode partir de modelos lógicos gerais. O método de interpretação, à imagem daquele da psicanálise, consiste em resgatar o sentido a partir daquilo que circula entre a esfera da ação e a da representação, projetado sobre o espaço. Para utilizar a mesma metáfora de Freud, o intérprete deve circular entre a antecâmara e o salão, para reconhecer quais são os parâmetros de escolha do guardião que vela sobre o umbral. Para chegar a esta interpretação, é preciso compreender o código complexo de signos e representações simbolizado no espaço. Este procedimento metodológico tem duas conseqüências fundamentais: em primeiro lugar, a unidade do método não implica uma universalidade dos resultados. O intérprete trata de individualidades, de personalidades,

---

[20] FREUD (Sigmund), *Introduction à la psychanalyse*, Payot, 1988, p. 276.

isto é, de formas únicas e particulares. Como nas monografias, cada espaço possui seus elementos próprios, que agem com pesos diferentes em cada caso, na estruturação das personalidades regionais. A geografia humanista reafirma, portanto, o lugar central do estudo do único e do excepcional na geografia:

> "Os lugares, entretanto, formam a trama elementar do espaço. Eles constituem, sobre uma superfície reduzida e em torno de um pequeno número de pessoas, as combinações mais simples, as mais banais, mas também talvez as mais fundamentais das estruturas do espaço: o campo, o caminho, a rua, a oficina, a casa, a praça, o cruzamento... Como diz muito bem o termo, pelos lugares, os homens e as coisas *se localizam*".[21]

Em segundo lugar, a análise da ordem simbólica passa pelo estudo de tudo o que pode estar carregado de sentido, ou pelo estudo de tudo aquilo por onde as significações transitam. Segundo Frémon, "cada lugar significa uma combinação de elementos econômicos, ecológicos, sociológicos e demográficos sobre um espaço reduzido, o lugar é visualizado como uma forma que se integra à paisagem local e regional. O que ele representa deve ser decodificado mais ou menos como uma linguagem, a linguagem dos homens falando com o espaço como meio de expressão".[22]

A psicanálise moderna lacaniana afirma que há um discurso do inconsciente manifestado na linguagem. Este discurso se funda pelo contato com outrem e se elabora somente através de uma relação vivida e interiorizada com uma outra consciência. Segundo Lacan, a esfera do imaginário é uma ficção real e vivi-

---

[21] FRÉMONT (A.), *La région, espace vécu*, *op. cit.*, pp. 99-100.

[22] *Idem*, p. 115.

da. Para chegar a compreendê-la, é preciso colocar-se em consonância com o outro, mesmo quando a comunicação ultrapassa as possibilidades de interpretação racional.[23] A função empática da arte inscreve-se neste gênero de comunicação, que utiliza um vocabulário inconsciente para fazer transitar sensações reais e vividas sob a aparência de irrealidades. A valorização da arte pelos geógrafos humanistas explica-se exatamente por esta dimensão do conhecimento espontâneo, inconsciente e nãoracional.

O recurso a uma metodologia tão estranha aos princípios racionalistas confere à geografia humanista um estatuto científico bastante particular. De fato, esta concepção não tem nenhuma preocupação de generalização, de criação de um sistema teórico rígido ou de objetivação. De uma certa maneira, o humanismo, sob esta forma, acredita que quanto mais o conhecimento humano se desenvolve, mais ele se aproxima da inexatidão e da incerteza.

O humanismo fenomenológico: ecletismo e ambigüidades

Muitas características da abordagem do espaço vivido são similares àquelas da geografia fenomenológica. A diferença fundamental é que no caso desta última há uma vontade clara de legitimidade, que passa pelo recurso aos princípios da fenomenologia. Esta vontade se exprime por um esforço de colocar em paralelo o discurso geográfico e as bases teóricas da fenomenologia. Desta maneira, nota-se que os textos geográficos mais representativos desta corrente fenomenológica começam sempre demonstrando a viabilidade desta união, que seria alcançada pelo intercruzamento de noções clássicas da geografia com as bases metodológicas e conceituais da fenomenologia.

---

[23] LACAN (J.), *Ecrits* I, Seuil, Paris, 1987, p. 101.

A apresentação desta corrente seguirá um percurso parecido com aquele utilizado para as outras análises precedentes. Isto significa dizer que a ênfase será dada à estrutura dos textos, tentando resgatar-lhes os componentes fundamentais que estabelecem esta nova maneira de ver a geografia. Assim, em primeiro lugar, precisamos reconhecer os argumentos com os quais esta corrente se apresentou como uma alternativa para o conhecimento geográfico. Em segundo lugar, é importante mostrar o vínculo entre este encontro da geografia e da fenomenologia, e a dualidade fundamental da modernidade.

Uma das primeiras referências à fenomenologia na geografia encontra-se em Sauer, em seu artigo sobre a morfologia da paisagem. Contudo, Sauer não utilizou a expressão fenomenológico para manifestar qualquer engajamento com esta corrente filosófica. Esta expressão parece querer simplesmente significar, no discurso de Sauer, a importância que ele dava aos aspectos de ordem cultural no estudo das paisagens.

É somente a partir do início dos anos setenta, com a publicação sucessiva dos artigos de Relph e de Yi-Fu Tuan, que a aplicação dos conceitos da fenomenologia à geografia se manifesta com clareza.[24]

Segundo Relph, a fenomenologia é fundamentalmente um método. Este método já teria provado sua riqueza em outros domínios disciplinares e poderia, portanto, revelar-se frutífero para o projeto humanista que revaloriza aspectos esquecidos na geografia tradicional. Relph sublinha dois pontos que, segundo ele, já dariam uma nova dimensão aos estudos geográficos na perspectiva fenomenológica. O primeiro é o caráter de utilidade de todo fato cultural, sempre inscrito dentro de uma perspectiva prática, ativa ou potencial. O segundo ponto é o incontornável

---

[24] RELPH (Edward), "An Inquiry into the Relations Between Phenomenology and Geography", *The Canadian Geographer*, 1970, vol. XIV, nº 3, pp. 193-201, e TUAN (Yi-Fu), "Geography, Phenomenology, and the Study of Human Nature", *The Canadian Geographer*, 1971, vol. XV, nº 3, pp. 181-193.

caráter antropocêntrico de todo conhecimento, do que se deriva que uma explicação só é satisfatória na medida em que é fundada sobre a compreensão das intenções e das atitudes humanas. Assim, a fonte legítima do conhecimento é a explicação centrada sobre as experiências vividas cotidianamente, e contextualizadas a partir dos instrumentos culturais que lhes são relativos.

Segundo Relph, há tantas geografias quantas são as percepções do mundo. Cada grupo social compreende seu espaço em relação aos hábitos e ao código de valores que lhe é próprio e que derivam dos diversos gêneros de vida. No entanto, existe um ponto de vista mais ou menos geral ou consensual nestas percepções e, portanto, há a possibilidade de estabelecer um conhecimento geográfico geral. Este conhecimento é, todavia, o resultado de experiências originais, logo particulares. Por exemplo, no caso da paisagem, é possível estabelecer um conceito geral, tomando elementos que estão constantemente presentes nela, mas a compreensão do conceito remete sempre à experiência pessoal de cada um com relação às características gerais enunciadas pelo conceito. Desta maneira, a explicação constitui-se em uma espécie de troca de sentido entre uma idéia geral e a experiência vivida. Este procedimento contesta, portanto, a objetividade da ciência, e propõe que a subjetividade seja assumida como base para todo conhecimento.

Segundo Relph, a perspectiva fenomenológica poderia resolver, em razão mesmo de sua aceitação da subjetividade, o problema da dicotomia geográfica entre o homem e a natureza: "O homem e o mundo constituem uma unidade através de suas mútuas implicações, então é a intencionalidade que fornece sentido ao mundo e somente através do exame destas intenções poderemos tentar compreender esta unidade".[25] Ele considera

---

[25] RELPH (Edward), "An Inquiry into the Relations Between Phenomenology and Geography", *op. cit.*, p. 197.

que a abordagem fenomenológica é capaz de produzir a unificação do campo geográfico por intermédio de uma nova concepção do conhecimento oposta àquela recomendada pelo racionalismo objetivista. A nova importância da fenomenologia é dada pela compreensão do *lived world*, que relativiza a verdade única do método racional. Relph conclui seu texto, afirmando que "aqui está um corpo de fatos e uma variedade de relações que demonstram um caminho para a pesquisa, que não precisa, pois, se restringir às limitações do racionalismo".[26] Desta maneira, segundo ele, mesmo que a geografia continue a se obstinar a preferir o método racionalista, a despeito das enormes possibilidades da fenomenologia, esta última serviria, ao menos, como um poderoso instrumento de crítica à ciência racional.

Os trabalhos de Yi-Fu Tuan partem de uma mesma crítica da ciência objetiva. A ciência clássica, segundo ele, minimiza a importância e o papel da consciência humana para o conhecimento. A fenomenologia, ao contrário, dá a possibilidade de restabelecer o contato entre o mundo e as significações, por possuir a verdadeira medida da subjetividade; segundo suas próprias palavras, "conhecer o mundo é conhecer a si mesmo".[27]

Para Tuan, haveria duas formas de produzir o conhecimento: a intelectual e a existencial. A primeira trata do mundo como uma coleção de objetos, busca resgatar dele uma ordem, uma hierarquia, e seu objetivo final é o de produzir uma classificação teórica. Na forma existencial, o mundo é composto por *purposeful beings* e o objetivo maior é reconhecer "o domínio da vontade e a busca de sentido". Na geografia, a estas duas formas correspondem dois modelos de ciência: o modelo ambientalista e o existencialista, ou ainda, o modelo nomotético e o modelo idiográfico.

A ciência clássica nomotética, segundo Tuan, não é com-

---

[26] *Idem*, p. 198.

[27] TUAN (Yi-Fu), "Geography, Phenomenology, and the Study of Human Nature", *op. cit.*, p. 181.

pletamente desprovida de importância. Através deste modelo de ciência, a geografia chegou a estabelecer um de conhecimento necessário e importante. A contribuição do geógrafo humanista, todavia, é fundamental e complementar, pois ele busca compreender o mundo humano estudando as relações entre os homens e a natureza, seu comportamento geográfico e seus sentimentos e idéias frente ao espaço e aos lugares.

Os geógrafos fenomenologistas, como os da escola do espaço vivido, procuram revalorizar o conceito clássico de lugar.[28] Este conceito toma no discurso humanista a forma de um ponto no espaço onde todas as significações culturais e individuais se concentram. Segundo Tuan, o lugar "encarna a experiência e as aspirações do povo".[29] Da mesma maneira, Buttimer define o lugar como sendo o espaço do cotidiano, onde o corpo se coloca em relação direta e harmônica com o mundo.[30]

As similaridades nos discursos dos geógrafos fenomenólogos não apagam suas diferenças. Estas diferenças já se fazem sentir pelo grau variável de penetração dos conceitos da filosofia fenomenológica ou pela diversidade das fontes bibliográficas de onde cada um tirou seus conceitos.

Assim, Tuan se ocupa fundamentalmente da essência dos conceitos como o espaço, o homem e a experiência. A partir desta perspectiva eidética, ele procura definir algumas características fundamentais para a geografia. Parece que sua conduta foi inspirada diretamente pelas idéias de Husserl, notadamente pelo

---

[28] Para Hartshorne, este conceito poderia ter duas acepções: a primeira, definida como genérica, advinha de uma classificação comparativa; a segunda, ele a chamou específica, pois se tratava da síntese singular das localizações. As críticas endereçadas a Hartshorne pelos defensores da corrente teórica recaem justamente sobre esta concepção específica dos lugares, que se aproxima do conceito de lugar retomado pelos humanistas. HARTSHORNE (R.), *The Nature of Geography, op. cit.*, pp. 378-395.

[29] TUAN (Yi-Fu), "Space and Place: Humanistic Perspective", *Progress in Geography*, 1974, vol. 6, pp. 212-252, p. 213.

[30] BUTTIMER (Anne), "Grasping the Dynamism of Lifeworld", *AAAG*, 1976 vol. 66, n? 2, pp. 277-292, p. 285.

princípio de variação. A concepção de Buttimer, pelo relevo que dá à noção vidaliana do homem-habitante, aproxima-se daquela de Heidegger, de quem, aliás, ela tomou emprestado o conceito de "dwelling". A influência de Merleau Ponty também se faz sentir na obra de Buttimer, pela vontade de analisar a relação entre o corpo e o espaço, que ela considera como o fundamento do homem no mundo. Relph, por sua vez, inspira-se na concepção husserliana de *Lebenswelt*, para afirmar a importância da experiência vivida e a irrefutabilidade do antropocentrismo.

Aquilo que mais caracteriza os textos da geografia humanista, como vimos precedentemente, é o consenso crítico a respeito da ciência dita objetiva e racionalista. A filosofia fenomenológica queria efetivamente se constituir em uma solução intermediária entre a ciência formalista e abstrata e o exagero do relativismo, sobretudo nas ciências sociais, denominadas ironicamente como psicologismo, sociologismo e historicismo. Contudo, é preciso notar que, originalmente, a fenomenologia refuta tanto o objetivismo de uma ciência racionalista, quanto o subjetivismo nascido das correntes intuicionistas do início deste século.

Assim, se a refutação do modelo clássico da ciência positiva foi objeto de um largo consenso, o mesmo não ocorreu com o método de resolução dos problemas ligados ao subjetivismo, método que muitas vezes possui os traços de anti-racionalismo. A este respeito, que tem uma importância central, uma certa ambigüidade persiste, o que é, no mínimo, problemático para a definição da influência fenomenológica na geografia.

A conduta de Yi-Fu Tuan, por exemplo, pretende estabelecer o sentido particular de cada cultura em relação a seu espaço. No entanto, em um dado momento de sua análise, Tuan não hesita em utilizar as oposições binárias universais (morto-vivo, luz-obscuridade, indivíduo-sociedade, etc.), como se elas fizessem parte de um pensamento eidético fenomenológico. Esta abordagem possui profundas semelhanças com o pensamento da antropologia estrutural de Lévi-Strauss.[31] Sem dúvida alguma, este raciocínio é, portanto, fundado sobre princípios claramente diferentes, até mesmo irreconciliáveis, em relação a uma conduta fenomenológica. Entrikin, aliás, acentua exatamente a confusão feita por alguns humanistas entre os conceitos de estrutura e essência. Ele sustenta que esta combinação entre estudos fenomenológicos/existencialistas e o estruturalismo é, sem dúvida alguma, impossível.[32]

A filosofia fenomenológica propõe um verdadeiro conhecimento a partir de uma experiência originária pelo viés da redução fenomenológica, que procura o essencial na experiência particular. O meio utilizado nesta perspectiva é a descrição minuciosa, despojada de todo preconceito. Este procedimento, que consiste em afastar todos os pressupostos, deve afastar também os conceitos e as categorias universais como aquelas citadas por Tuan, as quais estão em total contradição com os preceitos de base da fenomenologia clássica. Para Entrikin, a utilização de uma linguagem disciplinar é em si mesma uma contradição com a "descrição pura", pois esta utilização implica desde já a referência a um sistema de pressuposições. Segundo ele, o método fenomenológico apresenta, assim, um obstáculo quase intransponível para as ciências sociais.

O discurso dos geógrafos humanistas próximos da fenomenologia revela-se também ambíguo, quando se trata de determinar o lugar do subjetivismo na ciência. Buttimer, por exemplo, em várias ocasiões faz referência à importância da intersubjeti-

---

[31] As analogias são absolutamente evidentes, sobretudo no que diz respeito ao texto "Struturalisme et écologie", cap. III, de LÉVI-STRAUSS (C.), *Le regard éloigné*, Plon, Paris, 1983. A despeito do fato da publicação tardia na França, este texto foi escrito e publicado alguns anos antes, durante a estada de Lévi-Strauss nos Estados Unidos.

[32] ENTRIKIN (J. N.), "Contemporary Humanism in Geography", *AAAG*, 1976, vol. 66, n? 4, pp. 615-632, p. 628.

vidade como sendo o único meio de superar a divisão do conhecimento em dois mundos, tal como foi introduzida na ciência positivista. Contudo, Buttimer não hesita em interrogar-se sobre a importância da experiência subjetiva para a compreensão dos fenômenos. Ela sugere, também, que cada geógrafo comece por estabelecer um projeto biográfico, a fim de apreender seus próprios ritmos biológicos a partir de suas experiências cotidianas. Aliás, em um de seus textos, ela conclui que "é difícil conceber um outro caminho antes que nós geógrafos tenhamos conduzido uma pesquisa sobre nossas próprias vidas cotidianas".[33]

Uma outra técnica apresentada por Buttimer consiste em imaginar autores estudando problemas diferentes daqueles que se confrontavam em seu contexto histórico. Assim, depois de ter examinado as características fundamentais da obra de Vidal de La Blache, Buttimer tenta reconstruir o pensamento lablacheano na sociedade urbano-industrial contemporânea. Ela conclui, estabelecendo a hipótese da reflexão de Vidal de La Blache dentro de um contexto urbano atual:

"O estudo da civilização urbana envolveria três passos básicos. Primeiro seria examinada a ecologia da população urbana, em segundo lugar seus padrões de atividade externa (gêneros de vida), e em terceiro lugar um estudo dos valores, atitudes e cognições de diversos indivíduos e grupos (...) uma abordagem vidaliana procuraria explorar os mundos sociais de grupos de cidadãos, suas atitudes, hábitos e valores".[34]

Os textos de Vidal de La Blache sobre as questões urbanas que Buttimer examina não compreendem justamente aquele no

---

[33] BUTTIMER (Anne), "Le temps, l'espace et le monde vécu", *op. cit.*, p. 251.

[34] BUTTIMER (Anne), "Charism and Context: The Challenge of La Géographie Humaine", *in Humanistic geography: Prospects and Problems*, LEY (David) e SAMUELS (M. S.), ed., Croom Helm, London, 1978, p. 66.

qual este autor manifestou seu interesse pelo papel das cidades em um sistema urbano-regional.[35] Neste estudo, não há nenhuma referência aos gêneros de vida, à ecologia urbana ou à análise de valores. Ao contrário, Vidal de La Blache faz uma análise "objetiva" das funções urbanas, consideradas como organizadoras do espaço regional. Ele utiliza conceitos, como os de funcionalidade e de nodalidade, para dar conta da reestruturação do espaço francês a partir da urbanização crescente.

O subjetivismo e até mesmo o irracionalismo marcam, desde o início, a geografia humanista, mas são nos textos mais atuais que estes traços aparecem mais marcantes e explícitos. O comentário de Ley, segundo o qual "há um risco de passar da revelação da ambigüidade para a celebração da ambigüidade", é, neste sentido, quase premonitório.[36]

Bailly, por exemplo, na apresentação de uma obra coletiva sobre a geografia humanista, definiu-a como uma "maneira de conceber a geografia que apela, para além das lógicas da razão, para aquelas do mundo sensível", e acrescenta que "o humanismo é, assim, a irrupção do mundo poético no mundo científico e a tomada de consciência da explicação necessária de sua própria subjetividade". Em sua conclusão, Bailly retorna a este assunto, e afirma que "este pequeno livro é, portanto, uma porta aberta para uma geografia que não tem mais vergonha de sua subjetividade".[37] De fato, todos os textos do livro estão fortemente inclinados a acentuar o papel da subjetividade. O próprio estilo dos autores é um dos signos desta nova atitude, visível, por exemplo, na insistência em utilizar a primeira pessoa do singular como marca da individualidade de seus discursos. Nestes

---

[35] VIDAL DE LA BLACHE (P.), "Les régions françaises", *op. cit.*

[36] LEY (David), "Social Geography and Social Action", *in Humanistic geography: Prospects and problems*, LEY (David) e SAMUELS (M. S.) ed., Croom Helm, London, 1978, p. 44.

[37] BAILLY (A.) e SCARIATI (R.), *L'Humanisme en géographie*, Anthropos, Paris, 1990, pp. 9-11.

333

novos autores, a idéia de uma complementaridade entre a fenomenologia e a ciência dita formalista, pregada por numerosos textos nos anos 70/80, foi substituída pela negação absoluta de diálogo.

O subjetivismo e o anti-racionalismo, tomados como elementos de base do conhecimento, dificilmente podem entrar no quadro de uma ciência institucionalizada. A via alternativa proposta por estes autores é o reencontro da ciência com a arte. Deste reencontro surge um novo horizonte de interpretação que apela para os sentimentos, para as projeções e representações individuais, temas que não podem ser aceitos sem problemas pela fenomenologia clássica. Além disso, a despeito do rótulo fenomenológico, os partidários destas novas tendências procuram suas fontes nos domínios mais variados: poetas, escritores, antropólogos e filósofos de orientações diversas.

É por isso que influências de outras contracorrentes, diferentes da fenomenologia, se fazem sentir fortemente no discurso atual da geografia humanista. Os sentimentos, a introspecção pura, "a invenção" das paisagens e a sublimação da figura do autor fazem pensar em algumas proposições nascidas, por exemplo, no romantismo. Aliás, a união entre a ciência e a arte constituiu um dos temas mais importantes deste movimento, que considerava a poesia como o produto humano mais pleno de sentido.

Outra característica inspirada no romantismo é a nostalgia que os autores mais atuais da geografia humanista pregam. Esta nostalgia se manifesta nas exaltações da geografia clássica, ou na desvalorização da sociedade moderna, urbana e industrial. A crítica feita por Tuan do gênero de vida urbano, o conceito de *sheratonitation* de Relph, a proposta de renovação do estudo dos gêneros de vida de Buttimer, e o elogio ao método das monografias regionais são algumas das manifestações eloqüentes desta nostalgia. Sem dúvida, este sentimento faz parte da valorização da tradição, que se opõe aos signos da modernidade, uma das características gerais do humanismo.

De fato, parece que Relph está com a razão, quando afirma que o humanismo não traz nada de essencialmente novo para a geografia, e que suas maiores contribuições se situam na valorização do mundo humano cotidiano e na crítica essencial que faz da ciência racionalista. Neste sentido, a posição de Entrikin sobre os limites e a importância da geografia humanista ganha força. Depois de ter examinado profundamente os princípios da fenomenologia, Entrikin observa que

"o consenso entre geógrafos humanistas parece ser de que nenhum método é aceitável, somente um entre todos é capaz de obter uma compreensão das metas, das intenções, dos sentidos e dos valores que o homem atribui ao seu meio ambiente. Este método sugerido pelos humanistas é intuitivo, para 'entrar na mente' dos indivíduos que estão sendo estudados. Talvez seja injusto procurar por um método na literatura de um grupo que ataca o positivismo justamente pela sua excessiva rigidez metodológica. Ainda assim, os humanistas têm reconhecido problemas de comunicação nesta abordagem que permanece obscura do ponto de vista metodológico".[38]

Ele afirma, também, que é impossível estabelecer um pensamento geral a partir da intuição, e que as eventuais conclusões da fenomenologia na geografia só podem estar carregadas de subjetivismo. Conseqüentemente, Entrikin afirma que a contribuição da fenomenologia limita-se a uma crítica da ciência racionalista. Assim, esta corrente fenomenológica deve ser vista muito mais como um meio de renovação da ciência dita objetiva, do que como uma via alternativa para estabelecer uma base autônoma para a geografia, como querem certos autores.

---

[38] ENTRIKIN (J. N.), "Contemporary Humanism in Geography", *op. cit.*, p. 629.

A conclusão de Entrikin antecipa em alguns anos reflexões similares, expressas, desta vez, no próprio interior do movimento humanista. Levy afirma, por exemplo, que "os únicos estudos sérios que emanam dos geógrafos fenomenologistas passados ou vindouros são aqueles que seguem as veredas, por vezes de difícil acesso, desta disciplina, não para passar no crivo de uma fenomenologia mal compreendida, a pretensa 'realidade do mundo vivido', mas para melhor aprofundar nossa relação com a linguagem da vida, da arte, e da ciência".[39]

Nesta perspectiva, a fenomenologia integra-se perfeitamente ao movimento de ruptura recorrente na modernidade. Trata-se de um intervalo crítico que já anuncia a próxima renovação. A analogia proposta por Sanguin a este respeito é bastante esclarecedora: ele nos apresenta o combate crítico da fenomenologia contra a ciência lógica como similar àquele do romantismo contra o monopólio intelectual do Século das Luzes.[40]

Este movimento já manifesta, sob o peso das críticas de suas ambigüidades, alguns sinais de estafa. O mais evidente deles é o abandono gradual das perspectivas anteriormente alinhadas às posições humanistas. Todavia, os argumentos críticos fundamentais desta corrente já começam a se organizar em um outro campo de batalha. Trata-se do pós-modernismo, que renova toda esta tradição crítica, característica de todas as outras contracorrentes precedentes. A geografia pós-moderna apresenta-se como a legítima herdeira desta tradição e, em seu nome, traz os novos termos da condenação da ciência racionalista, anunciando, ao mesmo tempo, que desta vez a ruptura é definitiva. Se, todavia, a modernidade se alimenta exatamente

---

[39] LEVY (Bernard), "L'apport de la philosophie existentielle à la géographie humaniste", *in* BAILLY (A.) e SCARIATI (R.), *L'Humanism en géographie*, *op. cit.*, p. 86.

[40] SANGUIN (André-Louis), "La géographie humaniste ou l'approche phénoménologique des lieux, des paysages et des espaces", *Annales de Géographie*, 1981, n? 501, pp. 560-57, p. 560.

deste combate ou, ainda, se as mudanças impostas pelos críticos destas contracorrentes constituem justamente o meio de se renovar a idéia mítica da renovação, então estamos ainda longe de ultrapassar o sistema da modernidade, a despeito de todas as aparências e manifestos.

Conclusão

"O novo, de qualquer maneira, é o mal, pois é aquele que quer conquistar, derrubar as fronteiras, abater as antigas piedades; só o velho é bom."
— Nietzsche, *Gai Savoir*, p. 35.

O pensamento de Nietzsche é freqüentemente apresentado como uma das primeiras manifestações antimodernistas na filosofia, notadamente por sua pretensão de ultrapassar o dualismo fundador do pensamento ocidental moderno. O bem e o mal, o novo e o antigo, o inteligível e o sensível fazem parte, segundo Nietzsche, de um falso sistema de oposição que ele gostaria de ver substituído por uma continuidade dinâmica, em que a apreciação do "valor dos valores" levaria a uma outra concepção do real, desembaraçado destes antagonismos artificiais.

Mostramos, ao longo deste trabalho, que no desenvolvimento da geografia os antagonismos abundam: geografia geral/regional; matemática/descritiva; explicativa/compreensiva; sistemática/do particular; objetiva/subjetiva; da forma/do conteúdo; moderna/tradicional. Estes antagonismos, a despeito de suas diferenças, podem ser analisados como a expressão de uma dualidade fundamental entre dois pólos epistemológicos característicos da modernidade e correspondentes a duas concepções diferentes da atividade científica. As crises recorrentes da geografia, interrogando-se sobre seu caráter científico e seu caráter moderno, são de fato os elos desta cadeia fundamental que a ligam, irremediavelmente, ao espírito desta modernidade. A permanência de uma dualidade fundamental na história da geografia não deve, entretanto, mascarar o fato de que esta dualidade foi vivida de forma diferente, segundo os diversos períodos. De fato, a geografia clássica esforçava-se para conciliar os dois termos desta dualidade e reconhecia nela uma complementaridade ou uma coexistência necessária no campo de pesquisas geográfico. Esta aceitação foi violentamente rejeitada pelos geógrafos modernos, que sistematicamente excluíram um destes pólos e atribuíram validade a somente um deles. Cada corrente moderna reivindicou para si a responsabilidade de pôr fim às dicotomias, proclamando a morte de um de seus termos. Todos estes movimentos modernos fizeram também apelo à mesma estrutura de argumentação, invocando a força do novo e do revolucionário, e fazendo *tabula rasa* dos antigos antagonismos.

Nietzsche, em seu antimodernismo, trouxe a idéia de um eterno retorno, inspirada na estrutura dos mitos. Esta idéia se opõe à força do devir de um universo sem finalidade, onde só a vontade é criativa em oposição ao espírito da modernidade, onde, segundo sua fórmula, "tudo se repete sem que nada cesse de se modificar".

O desenvolvimento da geografia, tal como foi apresentado ao longo deste trabalho, procura mostrar como a fórmula nietzscheana pode ser eloqüente para caracterizar o desenvolvimento de uma geografia moderna. De fato, as correntes do pensamento geográfico moderno articulam-se em torno de uma estrutura similar, na qual são encontradas a mesma refutação da tradição ou do antigo, uma mesma pretensão a ultrapassar as "velhas" dicotomias, e uma mesma certeza de alcançar uma verdade científica superior. Assiste-se também, no desenvolvimento de cada uma destas correntes, a uma intenção de legitimação do novo ponto de vista, pela tentativa de refundar as raízes da "verdadeira geografia moderna", através de uma revalorização de certos elementos ou personagens esquecidos nos relatos do passado disciplinar.

Ao contrário da maior parte dos historiadores da geografia, que sublinharam o progresso e as mudanças que marcaram o pensamento geográfico moderno, nós nos dedicamos a colocar em evidência o que havia de comum nos diferentes movimentos que caracterizaram o desenvolvimento da disciplina neste período. Assim, sem negar o caráter inovador de certas questões e desenvolvimentos, a tentativa foi de mostrar que ao ritmo da mudança se superpõe também um ciclo de retorno a ele. Isto é ainda mais interessante, quando percebemos que as "revoluções" na geografia partiram sempre do anúncio de uma ruptura definitiva ou do rompimento deste ciclo. Entretanto, ao recorrerem à mesma dinâmica, estas correntes reforçaram ainda mais esta estrutura fundamental, que procuravam ultrapassar.

Não podemos passar em silêncio o paralelismo entre a estrutura dos mitos e esta que percebemos no desenvolvimento do pensamento geográfico. É, pois, tentador argüir que a modernidade, erigindo-se em mito, oferece os meios de perdurar, sobre o modo do "eterno retorno", para além das diferentes roupagens sob as quais ela pode se revestir. O mito da modernidade, construindo-se na oposição entre o tradicional e o novo, resulta no fato de que a circularidade própria aos mitos poderia apenas ser rompida ao preço da renúncia da valorização do novo e a seu sistema de legitimação. Desta maneira, é também ilusório tentar escapar desta retórica do novo refugiando-se no discurso da tradição, pois sabemos que a tradição, ela também, se integra no sistema da modernidade como um dos momentos do ciclo e é, portanto, portadora dos germes de um novo vindouro.

A pós-modernidade, a última destas correntes, anuncia o fim dos tempos modernos, mas, fazendo-se herdeira de certos momentos da tradição, inscreve-se, mesmo a contragosto, no ciclo da modernidade. Vemos, aliás, desenhar-se no horizonte da pós-modernidade a continuação do ciclo, na reação dita neomoderna ou hipermoderna que restabelece vínculos com o racionalismo. Além disso, ao estigmatizar a racionalidade como a característica fundamental da modernidade, e se opondo diretamente a ela, o movimento pós-moderno não reconhece que esta racionalidade não é o apanágio exclusivo da modernidade, é somente uma determinada utilização desta faculdade, um valor que lhe é conferido como instrumento da criação de novos mundos, isto sim, constitutivo do movimento moderno.

Ultrapassar a modernidade significa, assim, renunciar à estrutura das revoluções, à sua dinâmica; significa tomar consciência de que o novo é um discurso sobre as coisas que traz nele mesmo a crônica anunciada de seu envelhecimento. Não se trata, no entanto, de um retorno à geografia clássica, aquela que não envelhece jamais, uma vez que este classicismo só adquire sentido no quadro de um sistema de renovação permanente como o da modernidade.

A argumentação precedente não deve ser compreendida como a solução para ultrapassar a modernidade e seu ciclo. Ao contrário, talvez o reconhecimento da ausência de uma "nova" solução seja o que permitiria aceitar, em toda a sua plenitude, a força criativa do devir.

No começo deste trabalho, partimos da afirmativa de que a geografia é um discurso sobre a ordem do mundo. Sem negar a correspondência deste discurso com a realidade, nosso estudo sugere, também, que a forma deste discurso esclarece também muito sobre esta ordem. Esperamos, assim, ter contribuído para demonstrar que tanto o fazer a geografia, quanto o falar sobre ela estão irremediavelmente associados à ordem do mundo.

Bibliografia

ACKERMAN (E.), "Geographic training, wartime research, and immediate professional objectives", *AAAG*, n.º 35, 1945, pp. 121-143.

ALAIN, *Idées: Introduction à la philosophie. Platon, Descartes, Hegel, Comte*. Flammarion, Paris, 1983.

ARON (R.), *La philosophie critique de l'histoire*, Vrin, Paris, 1969.

BACHELARD (Gaston), *La formation de l'esprit scientifique*. Vrin, Paris, 1938.

BACHIMON (P.), "Physiologie d'un langage. L'organicisme au début de la géographie humaine", *Espaces Temps*, n.º 13, 1979, pp.75-103.

BACON (F.), *Du progrès et de la promotion des savoirs*, Gallimard, Paris, 1991.

BAILLY (A.) *et al.*, *Les concepts de la géographie humaine*. Masson, Paris, 1984.

BAILLY (A.), SCARIATI (R.), *L'Humanisme en géographie*, Anthropos, Paris, 1990.

BENREKASSA (Georges), *La Politique et sa mémoire: le politique et l'histoire dans la pensée des Lumières*, Paris, Payot, 1983.

BENREKASSA (Georges), *Montesquieu, la liberté et l'histoire*, Biblio essais, Paris, 1987.

BERDOULAY (V.), "The Vidal-Durkheim debate", *in* LEY e SAMUELS (dir.), *Humanistic geography. Prospects and problems*, London, 1978, pp. 77-90.

BERDOULAY (V.), *La formation de l'école française de géographie (1870-1914)*, Blibliothèque Nationale, Paris, 1981.

BERDOULAY (V.), "The contextual approach", *in* STODDART (D. R.), *Geography, Ideology & Social Concern* (ed.), Basil Blackwell, Oxford, 1981, pp. 8-16.

BERDOULAY (V.), "La métaphore organiciste: contribution à l'étude du langage des géographes", *Annales de géographie*, n? 507, 1982, pp. 573-586.

BERDOULAY (V.), "Idées aristotéliciennes et effet-discours dans la géographie d'origine méditerranéenne" *Annales de géographie*, n? 542, 1988, pp. 404-418.

BERDOULAY (V.), *Des mots et des lieux. La dynamique du discours géographique*, ed. CNRS, Paris, 1988.

BERDOULAY (V.) e SOUBEYRAN (O.), "Lamarck, Darwin et Vidal: aux fondements naturalistes de la géographie humaine", *Annales de Géographie* n?s 561-562, 1991, pp. 617-634.

BERGER (P.) e LUCKMANN (T.), *The social construction of reality*, Hamondsworth, New York, 1967; (trad. port.) *A construção social da realidade*, Vozes, Petrópolis, 1976.

BERGSON (H.), *Matière et mémoire: essai sur la relation du corps à l'esprit: doctrine de la continuité de la vie spiri-*

tuelle perçue par le souvenir pur, P.U.F. (col. Quadrige), Paris, 1990.

BERGSON (H.), *L'évolution créatrice*, P.U.F. (col. Quadrige), Paris, 1991.

BERLIN (I.), *Vico and Herder. Two studies in the history of ideas*, Hogart Press, London, 1976; (trad. port.) *Vico e Herder*, Ed. UNB, Brasília, 1982.

BERLIN (I.), *A contre-courant: Essais sur l'histoire des idées*. Albin Michel, Paris, 1988.

BERMAN (M.), *All that is solid melts into air*, Simon Schuster, New York, 1986; (trad. port.) *Tudo que é sólido desmancha no ar*, Cia. das Letras, São Paulo, 1986.

BERQUE (A.), "Milieu, trajet de paysage et déterminisme géographique", *L'Espace Géographique* n? 2, 1985, pp. 99-104.

BERRY (B.), "Approaches to Regional Analysis: A Synthesis", *AAAG*, n? 54, 1964, pp. 2-11.

BERRY (B.), "Revolutionary and Counter-revolutionary Theory in Geography. A ghetto commentary", *Antipode*, n? 4, 1972, pp. 31-33.

BERRY (B.), "A paradigm for modern geography", *in* CHORLEY (R. J.) (ed.), *Directions in geography*, Londres, 1974, pp. 3-22.

BERRY (B.), "Review of H. M. Rose (ed.) Perspectives on Geography, Geography of the Ghetto, Perceptions, Problems and Alternatives", *AAAG*, n? 64, 1974, pp. 342-345.

BERRY (B.), "Review of Social Justice and the City of David Harvey", *Antipode*, n? 6, 1974, pp. 142-145.

BERTRAND (G.) e DOLLFUS (O.), "Le paysage et son concept", *L'Espace géographique*, n? 3, 1973, pp. 161-163.

BESSE (Jean-Marc), "Idéologie pour une géographie, Vidal de la Blache", *Espaces Temps*, n° 12, 1979, pp. 71-94.

BESSE (Jean-Marc), "Lire Dardel aujourd'hui", *L'Espace Géographique*, n° 1, 1988, pp. 43-46.

BIROT (Pierre), *Le Portugal, étude de géographie régionale*, A. Colin, Paris, 1950.

BISHOP (Paul), "Popper's principle of falsiability and the irrefutability of the Davisian cycle", *Professional Geographer*, n° 32, 1990, pp. 310-315.

BOUGON (P.) "Genet recomposé", *Magazine littéraire*, n.° 286, 1991, pp. 46-48.

BOUTROUX (E.), *La philosophie de Kant* (cours professé à la Sorbonne en 1896-1897), Vrin, Paris, 1968.

BOYER (P.), *Le romantisme allemand*, M. A. ed., Paris, s/d.

BRAITHWAITE (R. B.), *in* LEWIS (ed.), *G. E. Moore Essays in Retrospect*, Muihead Library of Philosophy, London, 1970.

BREHIER (E.), *Histoire de la philosophie*, P.U.F., 4 tomos (col. Quadrige), Paris, 1986.

BROC (Numa), "Peut-on parler de géographie humaine au XVIII.ème siècle en France?", *Annales de Géographie*, n.° 425, 1969, pp. 57-75.

BROC (Numa) *La Géographie des Philosophes. Géographes et voyageurs français au XVIIIème siècle*. Ophrys, Paris, 1975.

BROC (Numa), "La pensée géographique en France au XIX.ème siècle: continuité ou rupture?", *Revue géographique des Pyrénées et du Sud-Ouest*, Tomo 47, 1976, pp. 225-247.

BROC (Numa), *La géographie de la Renaissance. 1420-1620*, Ed. du C.T.H.S., Paris, 1980.

BROWN (Richard), *Clefs pour une poétique de la sociologie*, (trad. Clignot), Actes Sud, Paris, 1989.

BRUNET (R.), *Les phénomènes de discontinuité en géographie*, CNRS, Paris, 1970.

BRUNET (R.), "Pour une théorie de la géographie régionale", *in La pensée géographique française contemporaine*. Mélanges offerts à André Meynier, Presses Universitaires de Bretagne, 1972, pp. 649-662.

BRUNET (R.), "Spatial Systems and Structures. A Model and a Case Study", *Geoforum*, VI, (2), 1975, pp. 95-103.

BRUNHES (J.), La Géographie Humaine, Alcan, Paris, 1920.

BRUNSCHWIG (H.), *Société et romantisme en Prusse au XVII.ème siècle*, Flammarion, Paris, 1973.

BUNGE (W.), "Theoretical Geography", *Lund Studies in Geography*, The Royal University of Lund, Gleerup pbs, 1962, pp. 1-13.

BUNGE (W.), "Perspectives on theoretical Geography", *AAAG*, n.º 69, 1979, pp. 169-174.

BUREAU (Luc), *Entre l'Eden et l'Utopie: Les fondements imaginaires de l'espace québécois*, Québec/Amérique, Montreal, 1984.

BURKEHARDT (Richard W.), *The spirit of system; Lamarck and evolutionary biology*. Cambridge, 1977.

BURTON (Ian), "The Quantitative Revolution and Theoretical Geography", *The Canadian Geographer*, VII (4), 1963, pp. 151-162.

BUTTIMER (A.), *Society and milieu in the french geographic tradition*, AAAG, monograph series, n.º 6, Chicago, 1971.

BUTTIMER (A.), "Grasping the Dynamism of Lifeworld", *AAAG*, 1976, vol. 66, n.º 2, pp. 277-292.

BUTTIMER (A.), "Charism and Context: The Challenge of La Géographie Humaine", *in Humanistic Geography: Prospects and Problems*, LEY (D.) e SAMUELS (M.S.) (ed.), Croom Helm, London, 1978, pp. 58-76.

BUTTIMER (A.), "Le temps, l'espace et le monde vécu", *L'Espace Géographique*, n.º 4, 1979, pp. 243-254.

BUTTIMER (A.), "On people, paradigms, and 'progress' in geography", *in Geography, Ideology & Social Concern*, STODDART (D. R.) (ed.), Basil Blackwell, Oxford, 1981, pp. 81-98.

BUTTIMER (A.), *The practice of geography*, Clark University Press, New York, 1983.

BUTZER (K. W.), "Hartshorne, Hettner, and The Nature of Geography", *Reflections on Richard Hartshorne's The Nature of Geography*, ENTIKIN (N.) e BRUNN (S.) (eds.), *AAAG* (spe.), 1989, pp. 35-52.

CANGUILHEM (G.), *La connaissance de la vie*, Vrin, Paris, 1965.

CAPEL (Horacio), *Filosofia y ciencia en la geografia contemporanea*, Barcanova, Barcelona, 1981.

CARATINI (R.), *La philosophie*, 2 tomes, Seghers, Paris, 1984.

CASSIRER (E.), *La philosophie des Lumières*, Fayard, Paris, 1966.

CASSIRER (E.), *An Essay on Man*; (trad. port.) *Antropologia filosófica*, Mestre Jou, São Paulo, 1977.

CHATELET (F.), *La philosophie*, 4 tomos, Paris, Marabout, 1979.

CHAUNU (P.), *La civilisation de l'Europe des Lumières*, Paris, Flammarion, 1982.

CHOAY (F.), *L'urbanisme, utopies et réalités: Une anthologie*, Seuil (col. Points), Paris, 1965; (trad. port.) *Urbanismo: utopias e realidades: uma antologia*. Perspectivas, São Paulo, 1979.

CHRISTALLER (W.), *Die zentralen Orte in Süddeutschland*, Iena, 1933; (trad. ingl.), *Central Places in Southern Germany*, Prentice Hall, New Jersey, 1966.

CLAVAL (P.), *La pensée géographique*, Sorbonne, Paris, 1972.

CLAVAL (P.), *Eléments de géographie humaine*, Librairies Téchniques, Paris, 1974.

CLAVAL (P.), *Essai sur l'évolution de la géographie humaine*, Belles Lettres, Paris, 1976.

CLAVAL (P.), "Le marxisme et l'espace" *L'Espace Géographique*, n.º 3, 1977, pp. 145-164

CLAVAL (P.), Préface du *Tableau de la géographie de la France*, Tallandier, Paris, 1979.

CLAVAL (P.), *Les mythes fondateurs des sciences sociales*, Puf, Paris, 1980.

CLAVAL (P.), "Epistemology and the History of Geographical Thought", *in Geography, Ideology & Social Concern*, STODDART (D. R.) (ed.), Basil Blackwell, Oxford, 1981, pp. 227-239.

CLAVAL (P.), "Les grandes coupures de l'histoire de la géographie", *Hérodote*, n.º 25, 1982, pp. 129-151.

CLAVAL (P.), *Géographie humaine et économique contemporaine*. PUF, Paris, 1984.

CLAVAL (P.), "Causalité et géographie", *Espace Géographique*, n.º 2, 1985, Paris, pp. 109-115.

CLAVAL (P.), "Les géographes français et le monde méditerranéen", *Annales de géographie*, n.º 532, 1988, pp. 385-403.

CLAVAL (P.), "Forme et fonction dans les métropoles des pays avancés", *in* BERQUE (A.), *La qualité de la ville. Urbanité française, urbanité japonaise*, Maison Franco-Japonaise, Tokio, 1987, pp. 56-65.

CLOZIER (R.), *Les étapes de la géographie*, PUF, col. Que sais-je?, Paris, 1949.

COLLECTIF DES CHERCHEURS DE BORDEAUX, "A propos de l'article de P. Claval 'Le marxisme et l'espace'", *L'Espace Géographique*, n.º 3, 1977, pp. 165-177.

COMPAGNON (A.), *Les cinq paradoxes de la modernité*, Seuil, Paris, 1990.

CURRY (M.), "Post-modernism, language, and the strains of modernism", *AAAG*, vol. 81, n.º 2, 1991, pp. 210-229.

CUVILLIER (A.), *Cours de philosophie*, Armand Colin/Livre de poche, 2 tomos, Paris, 1954.

DAGONET (F.), *Une épistémologie de l'espace concret néo-géographique*, Vrin, Paris, 1977.

DAINVILLE (F.), *La géographie des Humanistes*. Beauchesne, Paris, 1940.

DAMETTE (F.) e SCHEIBLING (J.), "Vingt ans après: La géographie et sa crise ont la vie dure", *La Pensée*, n.º 239, 1984, pp. 21-29.

DARDEL (Eric), *L'Homme et la Terre*. PUF, Paris, 1984.

DEAR (M.), *State, territory and reproduction: planning in a postmodern era*, UFRJ, Rio de Janeiro, 1988.

DE KONINCK (R.), "Contre l'idéalisme en géographie" *Cahiers de géographie du Québec*, XXII (56), 1978, pp. 123-145.

DE KONINCK (R.), "La géographie critique", *in* BAILLY *et al.* (org.), *Les concepts de la géographie humaine*, Masson, Paris, 1984, pp. 121-131.

DELEUZE (G.), "A quoi reconnaît-on le structuralisme?", *in* CHATELET (F.) (dir.), *La philosophie au XX.ème siècle*, Paris, Marabout, 1979, pp. 291-329.

DELEUZE (G.) e GUATTARI (F.), *Qu'est-ce que la philosophie?*, Minuit, Paris, 1991; (trad. port.) *O que é a filosofia?* Ed. 34, Rio de Janeiro, 1993.

DERRIDA (J.), "La mythologie blanche, la métaphore dans le texte philosophique", *Poétique*, n.º 5, 1971.

DESCARTES (R.), *Discours de la méthode*, Flammarion, Paris, 1966.

DESCARTES (R.), *Méditations métaphysiques*, Librairie Larousse, Paris, 1973.

DIDIER (B.), *Le Siècle des Lumières*, MA ed., Paris, 1987.

DILTHEY (W.), *L'édification du monde historique dans les sciences de l'esprit*, CAF, Paris, 1988.

DOMENBACH (Jean-Marie), *Enquête sur les idées contemporaines*, Seuil, Paris, 1987.

DOSSE (F.), *L'Histoire en miettes*, La Découverte, Paris, 1987.

DOSSE (F.), *Histoire du structuralisme*, 2 tomos, La Découverte, Paris, 1991.

DOWNS (R. M.), "Geographic Space Perception: Past Approaches and Future Prospects", *Progress in Geography*, n.º 2, 1970, pp. 65-108.

DUMAS (J. L.), *Histoire de la pensée; Philosophies et philosophes*, 3 tomos, Tallandier, 1990.

DUMONT (Louis), *Essais sur l'individualisme. Une perspective anthropologique sur l'idéologie moderne*, Seuil, Paris, 1983; (trad. port.) *Individualismo: uma perspectiva antropológica da ideologia moderna*. Rocco, Rio de Janeiro, 1993.

DUNBAR (G. S.), *Elisée Reclus, historian of nature* Hamden, Connecticut, 1978.

DURAND-DASTES (François), "La complexité de l'ensemble des options possibles", *Espace Géographique*, n.º 2, 1985, pp. 105-108.

ECO (U.), "Rationalisme et irrationalisme", *Encyclopaedia Universalis*, vol. II, pp. 144-148.

EHRARD (Jean), *L'idée de nature en France à l'aube des Lumières*, Flammarion, Paris, 1970.

ELIADE (Mircea), *La nostalgie des origines*, Folio-Essais, Galimard, Paris, 1971.

ELIAS (N.), *La dynamique de l'Occident*, Presses Pocket, Paris, 1969.

ENTRIKIN (J. N.), "Contemporary Humanism in Geography", *AAAG*, vol. 66, n.º 4, 1976, pp. 615-632.

ENTRIKIN (J. N.), "Carl O. Sauer, philosopher in spite of himself", *Geographical Review*, n.º 74, 1984, pp. 387-408.

ENTRIKIN (J. N.), "The Nature of Geography in Perspective", *Reflections on Richard Hartshorne's The Nature of Geography*, ENTRIKIN (J. N.) e BRUNN (S.) (eds.), *AAAG* (spe.), 1989, pp. 1-15.

ENTRIKIN (J. N.), *The Betweeness of Place: Towards a Geography of Modernity*, J. Hopkins Press, Baltimore, 1991.

FARGE (A.), *Vivre dans la rue à Paris au XVIII.ème siècle*, Gallimard, Paris, 1992.

FEBVRE (Lucien), *La Terre et l'évolution humaine*, La Renaissance du Livre, Paris, 1922.

FERRY (L.) e RENAULT (A.), *La pensée 68*, Gallimard, Paris, 1985.

FERRY (L.), *Homo aestheticus*, Grasset, Paris, 1990.

FEYERABEND (P.), *Science in a free society*, NBL, Londres, 1978.

FEYERABEND (P.), *Contre la méthode*, Seuil (col. Points), Paris, 1987; (trad. port.) *Contra o método*, Francisco Alves, Rio de Janeiro, 1989.

FINKIELKRAUT (A.), *La défaite de la pensée*, Gallimard, Paris, 1987; (trad. port.) *A derrota do pensamento*, Paz e Terra, São Paulo, 1989.

FORMANN (P.), "A cultura de Weimar", *Cadernos de História e Filosofia da Ciência*, Campinas, 1984.

FOUCAULT (Michel), *Les mots et les choses* (trad. port.), *As palavras e as coisas*, Portugália, Lisboa, 1976.

FREMONT (A.), *La région, espace vécu*, PUF, Paris, 1976.

FREMONT (A.) *et alii, Géographie Sociale*, Masson, Paris, 1984.

FREMONT (A.), "Vingt ans d'espace vécu", *in L'Humanisme en géographie*, BAILLY (A.) e SCARIATI (R.), Anthropos, Paris, 1990, pp. 13-22.

FREUD (S.), *Nouvelles conférences sur la psychanalyse*, Gallimard, Paris, 1936.

FREUD (S.), *Introduction à la psychanalyse*, Payot, Paris, 1988.

GALE S. e OLSSON G. (eds.), *Philosophy in geography*, Reidel, Dordrecht, 1979.

GEERTZ (C.), *A Interpretação das culturas*, Zahar, Rio de Janeiro, 1973.

GIBLIN (Béatrice), *Elisée Reclus. Pour une géographie*, thèse présentée à l'Université de Paris/Vincennes, 1971.

GIBLIN (Béatrice), "Elisée Reclus: géographie, anarchisme", *Hérodote*, n.º 2, 1976, pp. 30-49.

GOFFMAN (E.), *The presentation of self in everyday life*, New York, 1959; (trad. port.) *A representação do eu na vida cotidiana*. Vozes, Petrópolis, 1992.

GOMBRICH (E.), *Histoire de l'art*, Flammarion, Paris, 1982.

GOULYGA (A.), *Kant, une vie*, Aubier, Paris, 1985.

GOUROU (Pierre), "Le déterminisme physique dans 'L'Esprit des Lois', *L'Homme, révue française d'anthropologie*, 1963, pp.5-11.

GREGORY (D.), "Postmodernism and politics of social theory", Environment and Planning, *Society ans Space*, n.º 4, 1987, pp. 245-248.

GRIGG (D.), "Regions, models and classes", *in* CHORLEY (R. e HAGGETT (P.), *Models in Geography*, (ed.) Methuen, Londres, 1967, pp. 461-510.

GRIGG (D.), "The Logic of Regional Systems", *AAAG*, n.º 55, 1965, pp. 465-491.

GUINBURG (J.), *O Romantismo*, Stylus 3, Rio de Janeiro, 1985.

GUSDORF (G.), *Les principes de la pensée au siècle des lumières* Payot, 1971.

GUSDORF (G.) *L'évenement des sciences humaines au siècle des lumières*, Payot, 1973.

GUSDORF (G.), *Naissance de la conscience romantique au Siècle des lumières*, Payot, Paris, 1976.

GUSDORF (G.), *De l'histoire des sciences à l'histoire de la pensée*, Payot, Paris, 1977.

GUSDORF (G.), *La conscience révolutionnaire: Les idéologues*, Payot, Paris, 1978.

GUSDORF (G.), *Les fondements du savoir romantique*, Payot, Paris, 1982.

GUSDORF (G.), *Les origines de l'herméneutique*, Payot, Paris, 1988.

HABERMAS (J.), *Connaissance et intérêt*, Gallimard, Paris, 1976.

HABERMAS (J.), *Raison et légitimité*, Payot, Paris, 1978.

HABERMAS (J.), "La modernité: un projet inachevé", *La Critique*, XXXVII (413), 1981, pp. 950-967.

HABERMAS (J.), *L'Espace Public*, Payot, Paris,1988.

HAGGETT (P.) e CHORLEY (R. J.), "Models, paradigms and the new geography", *in* CHORLEY (R.) e HAGGETT (P.), *Models in Geography* (ed.) Methuen, Londres, 1967, pp. 19-42.

HAGGETT (Peter), *Locational Analysis in Human Geography*, E. Arnold, Londres, 1968, (trad.) *L'analyse spatiale en géographie humaine*, A. Colin, Paris, 1973.

HAKEN (H.) e WUNDERLIN (A.), "Le chaos déterministe", *La Recherche*, n.º 21, 1990, pp. 1248-1255.

HAMPSON (N.), *L'Europe au Siècle des Lumières*, Seuil (col. Points), Paris, 1978.

HARTSHORNE (Richard), *The Nature of Geography*, University of Minnesota Press, 1939.

HARVEY (D.), *Explanation in Geography*, E. Arnold, Londres, 1969.

HARVEY (D.), "A commentary on the comments" *Antipode*, n.º 4, 1972, pp. 36-41.

HARVEY (D.), "Discussion with Brian Berry", *Antipode*, n.º 6, 1974, pp. 145-148.

HARVEY (D.), "Review of B. J. Berry The Human Consequences of Urbanisation", *AAAG*, n.º 65, 1975, pp. 99-103.

HARVEY (D.), "The geography of capitalist accumulation: A reconstruction of the marxian theory", *Radical Geography: Alternative viewpoints on contemporary social issues*. PEET (R.) ed., Methuen, London, 1977, pp. 263-292.

HARVEY (D.), *Social justice and the city* (1973) (trad. port.) *A justiça social e a cidade*, Hucitec, São Paulo, 1980.

HARVEY (D.), *The condition of postmodernity*, Basil Blackwell, Oxford, 1989.

HAZARD (P.), *La pensée européenne au XVIII.ème siècle*, Fayard, Paris, 1963.

HEGEL (G. W.), *Science de la logique*, livre premier, trad. Jankélévitch, Paris, Galimard, 1949.

HEGEL (G. W.) *Leçons sur la philosophie de l'histoire*, Vrin, Paris, 1967.

HEMPEL (C. G.), *Eléments d'épistémologie*, A. Colin, Paris, 1972.

HERDER (J. G.), *Idées sur la philosophie de l'histoire de l'humanité*, Agora, Paris, 1991.

HOBSBAWM (E.), *et al.*, *The invention of the traditions*, Corda ed., London, 1985.

HUCH (R.), *Les romantiques allemands*, Pandora, 2 tomos, Paris, 1978.

HUISMAN (B.) e RIBES (F.), *Les philosophes et la nature*, Bordas, Paris, 1990.

HUMBOLDT (Alexander von), *Cosmos. Essai d'une description physique du monde*, 4 tomos (tr. H. Faye), Gide et J. Baudry Libraires-Editeurs, Paris, 1848.

HUMBOLDT (Alexander von), *Voyage aux régions équinoxiales du nouveau continent fait en 1799*, Club des Libraires de France, Paris, 1961.

HUMBOLDT (Alexander von), *L'Amérique espagnole en 1800 vue par un savant.* (Présentation Jean Tulard), Calmann-Lévy, Paris, 1965.

HUSSERL (E.), *Idées directrices pour une phénoménologie*, Gallimard, Paris, 1989.

JACOB (Christian), *Géographie et ethnographie en Grèce ancienne*, Armand Colin, Paris, 1991.

JAMES (Preston), "Geography" in *Encyclopaedia Britannica*, vol. X, 1960, pp. 144-150.

JAMES (Preston), *All possible worlds: A history of geographical ideas*, New York, 1972.

JANKÉLÉVITCH (V.), *Henri Bergson*, PUF, Paris, 1959.

JAUSS (H. R.), "La modernité dans la tradition littéraire" *Pour une esthétique de la réception*, Gallimard (col. Tel), Paris, 1978, pp. 158-209.

KANT (E.), *Prolégomènes à toute métaphysique future qui pourra se présenter comme science.* Vrin, Paris, 1967.

KANT (E.), *Critique de la raison pure*, Garnier-Flammarion, Paris, 1987; (trad. port.) *Crítica à razão pura*, Nova Cultural, São Paulo, 1991.

KOBAYASHI (A.) e MACKENZIE (S.), "Introduction: humanism and historical materialism in contemporary geography", *Remaking Human Geography*, KOBAYASHI e MACKENZIE (ed.), Unwin Hyman, Boston, 1988, pp. 1-15.

KUHN (Thomas), *La structure des révolutions scientifiques*. Champs Flammarion, Paris 1983.

LACAN (J.), *Ecrits* I, Seuil, Paris,1987.

LACOSTE (Yves), "La Géographie", *in La philosophie des sciences sociales* CHATELET (F.)(dir.), Hachette, Paris, 1973, pp. 242-302.

LACOSTE (Yves), *La géographie ça sert d'abord à faire la guerre*, Maspero, Paris, 1976; (trad. port.) *A geografia serve antes de mais nada para fazer a guerra*. Papirus, Campinas, 1988.

LADRIERE (J.), *La Dynamique de la recherche en sciences sociales*, PUF, Paris, 1974.

LECOURT (D.), *Contre la peur: De la science à l'éthique, une aventure infinie*, Hachette, Paris, 1990.

LEFEBVRE (H.), *Les temps méprises*, Stock, Paris, 1975.

LEFEBVRE (H.), *La production de l'espace*, Anthropos, Paris, 1974.

LEGROS (R.), *L'idée d'humanité: Introduction à la phénoménologie*, ed. Grasset, Paris, 1990.

LEWTHWAITE (Gordon R.), "Environmentalism and Determinism", *AAAG*, vol. 56, n.º 1, mars 1966, pp. 1-23.

LEVI (Jacques), "Des lieux et des hommes: Un nouveau départ pour la géographie", *La Pensée*, n.º 239, 1984, pp. 30-45.

LÉVI-STRAUSS (C.), *Les structures élémentaires de la parenté*, PUF, Paris, 1967.

LÉVI-STRAUSS (C.), *Anthropologie structurale I*, Plon, Paris,

1957; (trad. port.) *Antropologia estrutural.* Tempo Brasileiro. Rio de Janeiro, 1975.

LÉVI-STRAUSS (C.), *Le regard éloigné*, Plon, Paris,1983.

LEVY (Bernard), "L'apport de la philosophie existentielle à la géographie humaniste", *in* BAILLY (A.) e SCARIATI (R.) (org.), *L'Humanisme en géographie*, Anthropos, Paris, 1990, pp. 77-86.

LEY (David) e SAMUELS (M. S.), "Contexts of Modern Humanism in Geography", *in Humanistic Geography: Prospects and Problems*, LEY (David) e SAMUELS (M.S) ed., Croom Helm, London, 1978, pp. 1-17.

LEY (David), "Social Geography and Social Action", *in Humanistic Geography: Prospects and Problems*, LEY (David) e SAMUELS (M. S.) ed., Croom Helm, London, 1978, pp. 41-57.

LEY (David), "Fragmentations, coherence, and limits to theory in human geography" *Remaking Human Geography*, KOBAYASHI e MACKENZIE (ed.), Unwin Hyman, Boston, 1988, pp. 227-243.

LIPIETZ (A.), *Le capital et son espace*, Paris, Maspero 1977; (trad. port.) *O capital e seu espaço.* Nobel, São Paulo, 1987.

LIPIETZ (A.), "The Structuration of Space: The Problem of Land and Spatial Policy", *Regions in Crisis*, CARNEY *et alii* (org.), Croom Hell, London, 1980, pp. 60-75.

LIPOVETSKY (G.), *L'empire de l'éphémère: la mode et son destin dans les sociétés modernes*, Gallimard, Paris, 1989; (trad. port.) *O império do efêmero: a moda e seu destino nas sociedades modernas.* Cia. das Letras, São Paulo, 1991.

LIVINGSTONE e HARRISON, "Immanuel Kant, subjectivism, and human geography: a preliminary investigation", *Tran-*

sactions of the Institute of Britsh Geographers, n.º 6, 1981, pp. 359-374.

LIVINGSTONE (David), "The moral discourse of climate: historical considerations on race, place and virtue", *Journal of Historical Geography*, n.º 17, 1991, pp. 413-434.

LUKERMANN (F.), "The Nature of Geography: Post Hoc, Ergo Propter Hoc?", *Reflections on Richard Hartshorne's The Nature of Geography*, ENTRIKIN (J. N.) e BRUNN (S.) (eds), *AAAG* (spe.), 1989, pp. 53-68.

LYOTARD (J.-F.), *La Phénoménologie*, PUF, col. Que sais-je?, Paris, 1966; (trad. port.) *A fenomenologia*, DIFEL, São Paulo 1967.

LYOTARD (J.-F.), *La condition postmoderne*, Minuit, Paris, 1979.

MAFFESOLI (M.), *Aux creux des apparences*, Plon, Paris, 1990.

MANDROU (R.), *Des humanistes aux hommes de science: XVI et XVII.ème siècles*, Seuil (col. Points), Paris, 1973.

MARGOLIN (Jean Claude), "Humanisme", *in Encyclopaedia Universalis*, Paris, 1990, pp. 601-603.

MARK (B.), "Geographical Determinism in Fin-de-siècle Marxism: Georgii Plekhanov and the Environmental Basis of Russian History", *AAAG*, vol. 81, n.º 2, 1991, pp. 3-23.

MARKUSEN (A.), "Região e Regionalismo: un enfoque marxista", *Espaço e Sociedade*, n.º 1, 1981, pp. 61-99.

MARTIN (G. J.), "The Nature of Geography and the Schaefer-Hartshorne Debate" *Reflections on Richard Hartshorne's The Nature of Geography*, ENTRIKIN (J. N.) e BRUNN (S.) (eds.), *AAAG* (spe.), 1989, pp. 69-90.

de MARTONNE (E.), *Traité de géographie physique*, 3 tomos, Armand Colin, Paris, 1909.

MARX (Karl), *Contribution à la critique de l'économie politique*, ed Sociales, Paris, 1977; (trad. port.) *Para a crítica da economia política*. Abril Cultural, São Paulo, col. Os Pensadores, 1982.

MASSEY (Doreen), "Regionalism: some current issues", *in Capital and Class Review*, n.º 6, London, 1978; (trad. port.) "Regionalismo: alguns problemas atuais", *Espaço e Debates*, São Paulo, n.º 4, 1981, pp. 50-83.

MAY (J. A.), *Kant's concept of geography and its relation to recent geographical thought*, University of Toronto Press, Toronto, 1970.

MEYNIER (A.), *Histoire de la pensée géographique en France*, PUF, Paris, 1969.

MINGUET (Charles), *Alexandre de Humboldt. Historien et géographe de l'Amérique espagnole (1799-1804)*, Faculté des Lettres et des Sciences Humaines, Maspero, Paris, 1969.

MONLEON (Jacques de), *Marx et Aristote: Perspectives sur l'homme*, FAC ed., Paris, 1984.

MULLINS (Nicholas), "Développement des disciplines scientifiques: origines internes ou externes du changement", *Sociologie et Société*, n.º 7, 1975, pp. 133-142.

NICOLAS-OBADIA (G.), *Carl Ritter et la formation de l'axiomatique géographique*, Belles Lettres, Paris, 1974.

NICOLAS-OBADIA (G.), *L'Espace Originel; axiomatisation de la géographie*. Peter Lang, Berne, 1984.

PEET (R.), "Introduction" *Radical Geography. Alternative Viewpoints on Contemporary Social Issues*, Methuen, Londres, 1978, pp. 1-5.

PEET (R.), "The Development of Radical Geography in the United States", *Radical Geography. Alternative Viewpoints on Contemporary Social Issues*, Methuen, Londres, 1978, pp. 6-30.

PEET (Richard), "The Social Origins of Environmental Determinism", *AAAG*, n.º 75, 1985, pp. 309-333.

PFERTZEL (J. P.), "Marx et l'espace. De l'exegèse à la théorie" *Espace Temps*, n.º 18/19/20, 1981, pp. 65-77.

PIAGET (J.), *Logique et connaissance scientifique*, Gallimard, Paris, 1967.

PINCHEMEL (P.), "Géographie et déterminisme", *Bulletin de la société belge d'études géographiques*, n.º 2, 1957, pp. 211-225.

PINCHEMEL (P.), "L'histoire de la géographie", *Encyclopaedia Universalis, op. cit.*, pp. 445-448.

PINCHEMEL (P.), "Histoire et épistémologie de la géographie", *Recherches géographiques en France*, Comité National Français de Géographie, 1980, pp. 5-10.

PINCHEMEL (P.), ROBIC (M.-C.) e TISSIER (J.-L.), *Deux siècles de géographie française*, choix de textes, CTHS, Paris, 1984.

PLATT (R. S.), "Determinism in Geography", *AAAG*, vol. 38, 1948, pp. 126-132.

POCOCK (Douglas), "La géographie humaniste", *Les concepts de la géographie humaine*, BAILLY (A.) *et al.* (org.), Masson, Paris, 1984, pp. 139-142.

POLLAK (Michel), "Sociologie de la science", Science et société, *Encyclopaedia Universalis*, vol. IV, 1990, pp. 625-629.

POMEAU (R.), *L'Europe des Lumières*, Stock, Paris, 1991.

POMIAN (Krzysztof) (org.), *La querelle du déterminisme*, Le débat/Gallimard, Paris, 1990.

POPPER (K.), *Objective knowledge. An evolutionary approach.* Clarendon Press, Oxford, 1972.

POPPER (K.), *La logique de la découverte scientifique*, Payot, Paris, 1978.

PRED (A.), "Straw men, straw houses" *AAAG*, vol. 82, n.º 2, 1992, pp. 305-308.

PRIGOGINE (I.) e STENGERS (I.), *La nouvelle alliance*, Gallimard, Paris, 1979; (trad. port.) *A nova aliança: a metamorfose da ciência*. Ed. da UNB, Brasília, 1986.

QUAINI (M.), *Marxismo e geografia*, Paz e Terra, Rio de Janeiro, 1979.

RACINE (J. B.), "De la géographie théorique à la révolution: William Bunge. L'histoire des tribulations d'un explorateur des continents et des îles d'urbanité, devenu 'taxi driver'", *Hérodote*, n.º 4, 1976, pp. 79-90.

RACINE (J. B.), "Valeurs et valorisation dans la pratique e l'interprétation humaniste de la géographie", *in* BAILLY (A.) e SCARIATI (R.) (org.), *L'Humanisme en géographie*, Anthropos, Paris, 1990, pp. 73-74.

RAFFESTIN (Claude) e BRESSO (Mercedes), *Travail, Espace Pouvoir*, Ed. L'Age d'Homme, Lausanne, 1979.

RAFFESTIN (C.), "Paysage et territorialité", *Cahiers de géographie du Québec, spécial* 53-54, 1982.

RAFFESTIN (C.) e TRICOT (C.), *Le véritable objet de la science dans la recherche scientifique*, Maloine éditeur, Paris, 1983.

RAGON (M.), *Histoire de l'architecture et de l'urbanisme modernes*, 2 tomos, Casterman, Paris, 1986.

RATZEL (Friedrich), *La géographie politique — Les concepts fondamentaux*, textos escolhidos por François Ewald, Fayard, Paris, 1987.

RATZEL (Friedrich), "Le sol, la société et l'Etat", *in La géographie politique — Les concepts fondamentaux*, textos escolhidos por François Ewald, Fayard, Paris, 1987, pp. 203-215.

RELPH (Edward), "An Inquiry into the Relations Between

Phenomenology and Geography", *The Canadian Geographer*, vol. XIV, n.º 3, 1970, pp. 193-201.

RESENDE (A.), *Curso de filosofia*, Rio de Janeiro, Zahar, 1986.

RITTER (Carl), *Introduction à la géographie générale comparée*, (tr. D. Nicolas-Obadia), Cahiers de Besançon, n.º 22, Besançon, 1974.

RUBY (C.), *Le champ de bataille: post-moderne/néomoderne*, L'Harmattan, Paris, 1990.

RUSSELL (B.), *A history of western philosophy*. Counterpoint, London, 1961.

RUSSELL (B.), *My Philosophical Development*. Unwin Hyman, Londres, 1985.

SALA-MOLINS (L.), *Les misères des Lumières: sous la Raison, l'outrage*, Robert Laffont, Paris, 1992.

SANGUIN (André-Louis), "La géographie humaniste ou l'approche phénoménologique des lieux, des paysages et des espaces", *Annales de Géographie*, n.º 501, 1981, pp. 560-587.

SANTOS (Milton), *Por uma geografia nova*, HUCITEC, São Paulo, 1978.

SARRAZIN (H.), *Elisée Reclus ou la passion du monde*, La Découverte, Paris, 1985.

SAUER (Carl O.), "The Morphology of Landscape", University of California, vol. 2, 1925, republicado em *Land and Life: A selection from writings of Carl Ortwin Sauer*, University of California, 1963, pp. 315-350.

SAUER (Carl O.), "Foreword to historical geography", *AAAG*, n.º 31, 1941, pp. 1-24.

SAYER (A.), "On the dialogue between humanism and historical materialism in geography", *Remaking Human Geography*, KOBAYASHI e MACKENZIE (ed.), Unwin Hyman, Boston, 1988, pp. 206-226.

SCHAEFER (F.), "Exceptionalism in Geography: A Methodological Examination", *AAAG*, vol. XLIII, n.º 3, 1953, pp. 226-249.

SCHAEFFER (Jean-Marie), *L'art de l'âge moderne: l'esthétique et la philosophie de l'art du XVIII.ème siècle à nos jours*. Gallimard, Paris, 1992.

SION (J.), "L'art de la description chez Vidal de La Blache", *Mélanges de philologie, d'histoire et de littérature offerts à Joseph Vianey*, Les Presses de France, Paris, 1934.

SMITH (N.) ,"Geography, Science and Post-Positivist Modes of Explanation", *Progress in Human Geography*, n.º 33, 1979, pp. 356-383.

SMITH (N.) "Geography as Museum: Private History and Conservative Idealism", *Reflections on Richard Hartshorne's The Nature of Geography*, ENTRIKIN (J. N.) e BRUNN (S.) (eds.), *AAAG* (spe.), 1989, pp. 91-120.

SOJA (E.), "The socio-spatial dialectic", *AAAG*, n.º 70 (2), 1980, pp. 207-225.

SOJA (E.), *Postmodern geographies: the reassertion of space in critical theory*, Bristol, 1989.

SPINOZA, *Ethique*, Flammarion, Paris, 1965.

STODDART (D. R.), "Darwin's impact on geography", *AAAG*, n.º 56, 1966, pp. 683-698.

STODDART (D. R.), "Organism and ecosystem as geographical models", *in* CHORLEY (R.) e HAGGETT (P.), *Models in Geography* (ed.), Methuen, Londres, 1967, pp. 511-548.

STODDART (D. R.), "Ideas and Interpretation in the History of Geography", *Geography, Ideology and Social Concern*, STODDART (D. R.) ed., Basil Blackwell, Oxford, 1981, pp. 1-7.

SYMANSKY (R.), "The Manipulation of ordinary langage", *AAAG*, n.º 66, 1976, pp. 605-614.

SZONDI (P.), "L'herméneutique de Sclheiermacher" *Poésie et poétique de l'idéalisme allemand*, Gallimard, 1975, pp. 291-315.

THUILLIER (P.), "Goethe l'hérésiarque", *La recherche*, 7 (64), février 1976, pp. 147-157.

THUILLIER (P.), "De la philosophie à l'électromagnètisme: le cas de OErsted", *La Recherche*, n.º 219, mars 1990, pp. 344-351.

TUAN (Yi-Fu), "Geography, Phenomenology, and the Study of Human Nature", *The Canadian Geographer*, vol. XV, n.º 3, 1971, pp. 181-193.

TUAN (Yi-Fu), "Space and Place: Humanistic Perspective", *Progress in Geography*, vol. 6, 1974, pp. 212-252.

TUAN (Yi-Fu), "Humanistic Geography", *AAAG*, vol. 66, n.º 2, 1976, pp. 266-276.

ULLMO (Jean), *La pensée scientifique moderne*, Champs Flammarion, Paris, 1969.

VATTIMO (G.), *Ethique de l'interprétation*, La Découverte, Paris, 1991.

VERNANT (J.-P.), *Mito e pensamento entre os gregos*, Difusão Européia, São Paulo, 1973.

VEYNE (Paul), *Comment on écrit l'histoire*, Seuil, Paris, 1979

VIDAL DE LA BLACHE (P.), "Le principe de la géographie générale", *Annales de géographie*, 5 (20), 1896, pp. 129 142.

VIDAL DE LA BLACHE (P.), "La géographie politique à propos des écrits de M. Frédéric Ratzel", *Annales de géographie*, 7 (32), 1898, pp. 97-111.

VIDAL DE LA BLACHE (P.), "Les conditions géographiques des faits sociaux", *Annales de géographie*, 11 (55) 1902, pp. 13-23.

VIDAL DE LA BLACHE (P.), *Tableau de la Géographie de la France*, Hachette, Paris, 1903.

VIDAL DE LA BLACHE (P.), "Régions françaises", *Revue de Paris*, n.º 6, 1910, pp. 821-849.

VIDAL DE LA BLACHE (P.), "Les genres de vie dans la géographie humaine", *Annales de géographie*, 20 (111), 1911, pp. 193-212.

VIDAL DE LA BLACHE (P.), "Des caractères distinctifs de la géographie", *Annales de géographie*, 22 (124), 1913, pp. 289-299.

VIDAL DE LA BLACHE (P.), *Principes de géographie humaine*, Armand Colin, Paris, 1921.

VOLNEY, *Tableau du climat et du sol des Etats-Unis*, Oeuvres de Volney, Didot, Paris, 1876.

VOYE (L.), "Les images de la ville. Questions au post-modernisme", *Espaces et sociétés*, n.ºs 57-58, 1989, pp. 73-86.

WEBER (Max), *Essais sur la théorie de la science*. Plon, Paris, 1965.

WHITTLESEY (D. S.), "The horizon of geography", *AAAG*, n.º 35, 1945, pp. 1-36.

WILSON (E.), *Rumo à estação Finlândia*, Cia. das Letras, São Paulo, 1987.

WITTGENSTEIN (L.), *Tractatus logico-philosophicus*, Gallimard, Paris, 1961.

Este livro foi impresso no
Sistema Digital Instant Duplex da Divisão Gráfica da
DISTRIBUIDORA RECORD DE SERVIÇOS DE IMPRENSA S.A.
Rua Argentina, 171 - Rio de Janeiro/RJ - Tel.: (21) 2585-2000

GEOGRAFIA E MODERNIDADE

LEIA TAMBÉM:

A Condição Urbana
O lugar do olhar

Paulo Cesar da Costa Gomes

GEOGRAFIA E MODERNIDADE

14ª EDIÇÃO

Rio de Janeiro | 2024

Copyright © 1996 by Paulo Cesar da Costa Gomes
Capa: projeto gráfico de Leonardo Carvalho

2024
Impresso no Brasil
Printed in Brazil

CIP-Brasil. Catalogação-na-fonte
Sindicato Nacional dos Editores de Livros, RJ.

G616g
14ª ed.
	Gomes, Paulo Cesar da Costa
	    Geografia e modernidade / Paulo Cesar da Costa Gomes.
	– 14ª ed. – Rio de Janeiro: Difel, 2024.
	    368p.
	
	    ISBN 978-85-286-0546-4
	
	    1. Geografia – Filosofia. I. Título

95-1562	CDD – 910.01 CDU – 910.1

Todos os direitos reservados à:
DIFEL – selo editorial da
EDITORA BERTRAND BRASIL LTDA.
Rua Argentina, 171 – 3º andar – São Cristóvão
20921-380 – Rio de Janeiro – RJ
Tel.: (21) 2585-2000

Não é permitida a reprodução total ou parcial desta obra, por
quaisquer meios, sem a prévia autorização por escrito da Editora.

Atendimento e venda direta ao leitor:
sac@record.com.br

[As mudanças na geografia] Resultam ao mesmo tempo de motivações na ordem da pesquisa, na exposição, na representação dos fatos e dos movimentos, e dos debates onde ressurge sempre a oposição entre "antigos" e "modernos". Pierre Georges, Prefácio a *Deux siècles de géographie française*, p. 7.

Nós queríamos, pois, demonstrar que as descontinuidades estão na natureza das coisas e dos processos de evolução — e não somente no espírito do pesquisador —, depois ver que partido deve ser tirado destas observações no plano do raciocínio. Roger Brunet, *Les phénomènes de discontinuités en géographie*, p. 11.

O aparecimento de uma "nova geografia" foi forte e persistentemente proclamado por quase todas as gerações de geógrafos desde os tempos antigos. Freqüentemente, o adjetivo indica apenas que algumas novas informações estão ao alcance, mas ocasionalmente há inovações genuínas de técnicas ou método ou, ainda, de conceitos que ensejam um alargamento da compreensão de uma espécie de ordem no espaço terrestre. Algumas vezes, uma "nova geografia" significa que todo um mundo novo foi trazido à luz. Preston James, *All possible world*, p. 505.

Sumário

Introdução   9

Parte 1: O DEBATE DA MODERNIDADE   17
1. Os dois pólos epistemológicos da modernidade   19
2. Os elementos da estrutura do mito da modernidade   48
3. A evolução do racionalismo moderno e o pensamento da natureza   67
4. As contracorrentes   93

Parte 2: A DINÂMICA DUAL NO CONTEXTO DA GEOGRAFIA CLÁSSICA   125
5. Os fundamentos filosóficos da geografia científica   127
6. A emergência da dualidade no discurso dos fundadores da geografia moderna   149
7. Racionalismo e legitimidade científica: o caso do determinismo   175
8. Vidal: um cruzamento de influências   192
9. A renovação crítica   223

Parte 3: O ADVENTO DOS TEMPOS MODERNOS 247

10. O horizonte lógico-formal na geografia moderna 249
11. O horizonte da crítica radical 274
12. O horizonte humanista 304

Conclusão 339

Bibliografia 343

Sumário

Introdução	9
Parte 1: O DEBATE DA MODERNIDADE	17
1. Os dois pólos epistemológicos da modernidade	19
2. Os elementos da estrutura do mito da modernidade	48
3. A evolução do racionalismo moderno e o pensamento da natureza	67
4. As contracorrentes	93
Parte 2: A DINÂMICA DUAL NO CONTEXTO DA GEOGRAFIA CLÁSSICA	125
5. Os fundamentos filosóficos da geografia científica	127
6. A emergência da dualidade no discurso dos fundadores da geografia moderna	149
7. Racionalismo e legitimidade científica: o caso do determinismo	175
8. Vidal: um cruzamento de influências	192
9. A renovação crítica	223

Parte 3: O ADVENTO DOS TEMPOS MODERNOS 247

10. O horizonte lógico-formal na geografia moderna 249

11. O horizonte da crítica radical 274

12. O horizonte humanista 304

Conclusão 339

Bibliografia 343

Introdução

Há aproximadamente três anos, um debate sobre a reforma do ensino secundário francês relançou uma antiga discussão em torno do papel e da importância da manutenção da geografia no currículo do ensino básico. Argumentos bastante conhecidos vieram novamente à tona: a geografia nunca teria produzido resultados suficientes para fazê-la figurar ao lado das disciplinas "verdadeiramente" científicas; ela pretende integrar quase todos os ramos do saber, mas na verdade não ultrapassa o patamar das relações banais entre natureza e cultura; jamais teria se libertado dos estreitos limites de uma tautologia empirista; e se satisfaz com análises simplistas de relações superficiais, sem se elevar ao nível de abstração requerido pela ciência moderna; enfim, ela seria uma ciência "abortada", segundo os julgamentos críticos mais severos.[1]

Em resposta, os geógrafos sublinharam os progressos relativos aos diversos domínios incriminados pelos críticos, evocando notadamente a introdução de novas técnicas, o caráter mais operacional dos conceitos recentes, assim como o papel

---

[1] Esta foi, por exemplo, a opinião do conhecido sociólogo francês, Pierre Bourdieu, um dos intelectuais nomeados pelo ministério público francês na comissão que estudava a reformulação da grade de ensino secundário.

da geografia na definição de políticas de reorganização do território. A resposta enfatizou, portanto, os aspectos relacionados à modernização de seus métodos, a nova perspectiva prospectiva e, sobretudo, a ruptura que foi operada com aquilo que se identifica como sendo a "velha" geografia. O prestígio e a legitimidade se justificariam, assim, pela conformidade ao modelo normativo de ciência, e sua modernidade se exprimiria nas técnicas sofisticadas (imagens de satélite, tratamento informático de dados, sistemas de informações geográficas etc.) e nos métodos que ela emprega.

Geografia e modernidade, eis o eixo central da questão. Assim, saber se a geografia é uma ciência consiste, em um certo sentido, em meditar sobre o caráter moderno desta disciplina. Se aceitarmos, no entanto, a idéia de que a ciência de uma época se inscreve necessariamente na representação do mundo desta época e se aceitarmos, ainda, que a geografia tem justamente como principal tarefa apresentar uma imagem renovada do mundo, parece evidente que a geografia e a modernidade estejam intimamente ligadas. Ao nível do ensino secundário, por exemplo, ela tem por meta apresentar uma visão global e coerente do mundo, em que a dinâmica dos fenômenos naturais e as relações homem-natureza, ou sociedade-território, são articuladas à luz de uma perspectiva que nos é contemporânea. Neste sentido, o professor de geografia se aproxima da imagem do aedo grego que, através dos seus cantos, reatualizava a ordem do mundo através das aventuras dos deuses e heróis no interior de longas cosmogonias. Assim como o geógrafo atual, estes poetas descreviam a imagem do mundo e forneciam, ao fazê-lo, uma explicação da multiplicidade, uma cosmovisão. Trata-se de uma dimensão freqüentemente negligenciada do saber geográfico como produtor e difusor de uma cosmovisão moderna.

Que ela tenha obtido êxito ou não em estabelecer relações necessárias, leis ou teorias, a geografia é o domínio do saber que procura integrar natureza e cultura dentro de um mesmo campo de interações. Que outra disciplina moderna poderia reivindicar este papel e esta competência? A filosofia se dedicou a esta tarefa durante séculos. Ela, aliás, tem origem nas questões colocadas pelos pré-socráticos sobre o que reuniria a dispersão. Tratava-se da primeira grande aventura da razão como possibilidade de conferir uma ordem ao espetáculo da natureza em toda a sua multiplicidade. O geógrafo herdou estas preocupações e as reatualiza na compreensão do mundo atual. As cosmogonias modernas podem ser lidas nos manuais, nos tratados e nos atlas geográficos, as modernas odisséias são, portanto, escritas todos os dias nas obras geográficas.

Se a existência de relações entre o discurso geográfico e o espírito da época pode ser facilmente estabelecida, a leitura do sentido do "moderno" é bem menos evidente. Assim, a análise da modernidade geográfica deve, talvez, primeiramente passar pelo estudo das diferentes significações do conceito mesmo de moderno.

Este campo possui uma dinâmica bem mais complexa, pois uma desconfiança crescente em relação ao projeto "moderno" emerge nos últimos anos, desconfiança que se traduz no questionamento dos modelos de ciência sob diferentes aspectos. As duas últimas décadas são, aliás, marcadas por um discurso que procura uma explicação geral na idéia de crise — crise econômica, política, social e, a que nos interessa de mais perto, crise da ciência. O recurso a esta idéia faz intervirem implicitamente diversas outras noções: falência, esgotamento e incapacidade. Nessa via, este discurso se obriga a anunciar algo de novo, uma solução substitutiva que, em princípio, poderá preencher as lacunas associadas ao diagnóstico mesmo da crise. Trata-se de uma explicação que possui sempre uma dupla face: de um lado, a condenação do antigo; do outro, o anúncio da supremacia do novo.

Essa estrutura recorrente no discurso científico tem já há alguns anos conseguido arregimentar progressivamente novos adeptos. Em outros termos, a constatação de uma ciência insuficiente, limitada, pretensiosa e frágil é objeto de um verdadeiro consenso e os argumentos avançados são aceitos sem muitos protestos ou controvérsias. Existe mesmo um vocabulário próprio associado a esta idéia de crise e ciência positiva, determinista e racional; constitui denominações que praticamente perderam seus significados primitivos, servindo tão-somente para caracterizar o descrédito em relação a um certo tipo de ciência.

A ciência condenada, algumas vezes caricaturalmente, é a "ciência moderna", nascida do projeto iluminista e institucionalizada dentro de uma vertente positivista e normativa. Por positivista, se entende um saber sistemático que acredita na possibilidade de afirmar proposições a partir de um certo grau de precisão e dentro dos limites de uma linguagem lógica, ou seja, de uma maneira positiva. Por normativo, se compreende que esta possibilidade só existe quando são seguidas determinadas regras e condutas. Este tema será retomado adiante; por enquanto, é necessário ter em mente a importância do método e do reconhecimento de sua legitimidade como base desta concepção de ciência.

A associação entre a eclosão da modernidade e a formação de uma ética científica moderna, baseada nas discussões metodológicas, é imediata, existindo mesmo uma relação de reciprocidade entre esses dois acontecimentos. A modernidade fundou uma "ciência nova" (como dizia Bacon), e esta ciência constitui o espírito mesmo daquilo que se denomina de modernidade.

É natural que, no momento em que se anuncia o esgotamento das idéias que nutriam o projeto da modernidade, a ciência seja um dos alvos privilegiados e que as condições de superação façam necessariamente menção à redefinição de seu papel, de sua importância e de seus limites.

Há alguns anos, a idéia segundo a qual estaríamos no fim da modernidade ganha terreno e, nesta via, se afirma a emergência de um novo período, a pós-modernidade. Este movimento foi primeiramente identificado na arquitetura, em seguida outras manifestações se fizeram presentes em outros domínios artísticos e hoje fala-se mesmo de uma ciência pós-moderna. É certo que a natureza e a rápida difusão desta denominação tornam difícil a diferenciação entre o que seria um simples efeito de moda superficial e o que revelaria uma verdadeira transformação de fundo na sociedade. Isto não impede, no entanto, que algumas características deste movimento possam ser identificadas em diversas esferas de atividades.

Uma das primeiras manifestações é o questionamento do poder da razão em assegurar o prosseguimento do projeto da modernidade e, mais radicalmente, é a legitimidade mesma deste projeto que está sob suspeita. O sistema da racionalidade, com todos os seus derivados, constitui em verdade o grande mal-estar destes anos pós-modernos, derivando daí a filiação anti-racional ou irracional alardeadas por diversas obras contemporâneas. O questionamento da ciência, de seus métodos, de seu poder hegemônico é imediato, e a refutação deste modelo é vista como a primeira condição para a superação que conduz do moderno ao pós-moderno.

A geografia é freqüentemente acusada de estar atrasada em relação aos principais debates epistemológicos. A despreocupação teórica é comumente apontada para testemunhar a fraqueza da pesquisa em geografia e a falta de prestígio em relação às outras ciências sociais. No que diz respeito a esta corrente de contestação ao modelo clássico de ciência, os geógrafos, muito cedo, começaram a participar do debate.[2] Aliás, desde os anos setenta, uma corrente "humanista" exerce uma influência considerável sobre o pensamento geográfico. Esta endereça à ciência

---

[2] Ver, por exemplo, DEAR (M.), *State, territory and reproduction: planning in a postmodern era*, UFRJ, Rio de Janeiro, 1988 (1ª ed. *Society and Space*, 1986); CLAVAL (Paul), "Forme et fonction dans les métropoles des pays avancés", in BERQUE (A.), *La qualité de la ville. Urbanité française, urbanité japonaise*, Maison Franco-Japonaise, Tokio, 1987, pp. 56-65; GREGORY (D.), "Postmodernism and politics of social theory, Environment and Planning", *Society and Space* n. 4, 1987, pp. 245-248; HARVEY (D.), *The condition of postmodernity*, Oxford, Basil Blackwell, 1989; SOJA (E.), *Postmodern geographies*, Bristol, 1989.

um certo número de questões e de críticas aparentadas às que são levantadas pelo debate da pós-modernidade.

A pronta participação dos geógrafos neste debate se deve em parte ao fato de que as discussões sobre a pós-modernidade incidem freqüentemente sobre temas caros à tradição geográfica: o espaço, o urbano, o planejamento, o regionalismo, a escala local, a natureza etc. A geografia, que tem seus objetivos acadêmicos inscritos no projeto da modernidade, se sente naturalmente interpelada pelo questionamento do qual ela é simultaneamente o objeto e o sujeito, e se preocupa, portanto, em buscar as possibilidades, os meios e os limites de um novo quadro contextual e conceitual.

Para medir a influência do pós-modernismo sobre a geografia, é importante talvez considerar primeiramente a natureza da "geografia moderna", avaliar o progresso, as heranças e, por que não, a legitimidade da manutenção de uma tradição que construiu a identidade desta disciplina. Uma geografia pós-moderna é obrigatoriamente tributária de seu passado e, em uma certa medida, reafirma sua tradição, sem a qual as noções de continuidade e de transformação nos escapariam. A tendência pós-modernista, que se insinua na geografia, impõe, assim, um olhar retrospectivo, uma espécie de balanço do que foi a geografia moderna.

A identidade geográfica foi muitas vezes procurada através da tentativa de definição de seu objeto científico. Outras vezes, foi no método ou no "espírito geográfico" que se acreditava estar situada a especificidade desta disciplina. De qualquer maneira, a individualidade geográfica foi freqüentemente analisada segundo um ponto de vista interno, em oposição a um ponto de vista externo que a definiria em relação às outras disciplinas.

Este trabalho tem por objetivo seguir o desenvolvimento da geografia durante os dois últimos séculos, em suas múltiplas relações com o projeto da modernidade. A definição progressiva do objeto da geografia, assim como as transformações metodológicas que contribuíram em sua constituição, são desta forma os objetos privilegiados nessa análise. Todavia, não se trata aqui de buscar uma individualidade intrínseca ou reflexiva, mas sim aquela que se forjou no interior de um contexto epistemológico geral.

Para a consecução desse programa, duas tarefas fundamentais se impõem: primeiramente a identificação/caracterização do projeto da modernidade e suas modificações; após, é necessário mostrar em que medida a geografia se integra a este projeto moderno, buscando definir como as influências epistemológicas mais gerais foram traduzidas no vocabulário específico desta disciplina.

Assim, a primeira parte desta discussão se consagra à identificação dos eixos gerais que presidiram os principais debates metodológicos na ciência moderna, ou seja, seus pólos epistemológicos. Para consegui-lo, foi necessário estabelecer e precisar ao mesmo tempo os limites, o método e o alcance da abordagem aqui adotada. Assim, após traçar um breve quadro das modificações trazidas pelos tempos modernos em alguns domínios da vida social, apresentamos uma exposição da evolução científica, no interior da qual se desenham duas tendências opostas que, acreditamos, caracterizam o desenvolvimento do pensamento geográfico moderno.

A segunda e a terceira partes se debruçam sobre certas questões recorrentes no seio da geografia e para as quais foram concebidas diferentes respostas, desenhando-se o contorno de diversas correntes nesta disciplina. De um lado, este percurso foi guiado, pelo olhar de alguns geógrafos que trataram, em diferentes momentos, dos problemas metodológicos na geografia, e, de outro lado, ele seguiu, ainda que parcialmente, as idéias filosóficas que contribuíram para forjar o contexto intelectual geral, no interior do qual a geografia evoluiu.